U0344119

沉淀法回收砷理论与工艺

THEORY AND TECHNOLOGY OF
ARSENIC RECOVERED BY
PRECIPITATION METHOD

郑雅杰◎著

中南大学出版社
www.csupress.com.cn
·长沙·

图书在版编目(CIP)数据

沉淀法回收砷理论与工艺／郑雅杰著. —长沙：中南大
学出版社，2021.5

ISBN 978 - 7 - 5487 - 4126 - 8

Ⅰ. ①沉… Ⅱ. ①郑… Ⅲ. ①砷—回收技术—研究
Ⅳ. ①X758

中国版本图书馆 CIP 数据核字(2020)第 262128 号

沉淀法回收砷理论与工艺
CHENDIANFA HUISHOU SHEN LILUN YU GONGYI

郑雅杰　著

□责任编辑	史海燕	
□责任印制	易红卫	
□出版发行	中南大学出版社	
	社址：长沙市麓山南路	邮编：410083
	发行科电话：0731 - 88876770	传真：0731 - 88710482
□印　　装	湖南省众鑫印务有限公司	

□开　　本	710 mm×1000 mm 1/16　□印张 15.25　□字数 307 千字	
□版　　次	2021 年 5 月第 1 版　□2021 年 5 月第 1 次印刷	
□书　　号	ISBN 978 - 7 - 5487 - 4126 - 8	
□定　　价	80.00 元	

图书出现印装问题，请与经销商调换

作者简介

郑雅杰，出生于1959年7月，湖南省常德人。博士，中南大学二级教授、博士生导师，中国有色金属行业协会专家、中国有色金属产业技术创新战略联盟专家及湖南有色金属行业协会冶金与环境专家，新疆维吾尔自治区行业领军人才，河南省三门峡市行业领军人才。

作者主要从事铜电解工艺及理论、铁资源高效利用、砷污染控制等研究，其研究成果在我国有色金属冶炼和环境保护行业得到广泛应用，在我国有色金属冶炼和环境保护技术发展中起到了积极作用。

培养硕士和博士研究生共计55名，获得中国授权发明专利24项。国内外公开发表学术论文160余篇，其中SCI检索50篇。获得省部级科技进步奖6项，国家科技进步二等奖1项。

前言 /
Foreword

由于人类经济活动，例如含砷矿山的开采、含砷有色金属的冶炼、硫酸及医药、农药、化工产品的生产等，产生含砷废水或含砷溶液，这些含砷废水或者溶液排放到水体中，对环境产生污染、对人体产生毒害。砷对生物体危害较大，可通过多种途径进入有机体和积累在人体中，使人砷中毒，甚至引发更严重的疾病，如心血管疾病，结膜炎，肝系统、神经系统和呼吸系统疾病，皮肤癌，肾癌，肝癌，肺癌和膀胱癌等。在水溶液中砷主要以 As(V) 和 As(III) 形式存在。国内外含砷废水处理方法主要有化学沉淀法、物理法、生物法、电解法和氧化法等，其中化学沉淀法被广泛采用。化学沉淀法处理含砷废水，最大缺点是产生大量含砷危险固体废弃物，而且细菌氧化促使砷渣中砷溶解于水体，造成二次污染。国家要求对含砷危险固体废弃物进行集中安全填埋与处置，而含砷危险固体废弃物安全填埋和处置费用高，大大增加了企业生产成本。

作者长期从事砷污染控制与资源化研究，本书为含砷废水资源化的系统专业著作，在全面论述含砷废水处理技术的基础上，为应用最广的沉淀法处理含砷废水所得砷酸钙、砷酸铜、砷酸铁、砷酸锌以及硫化砷沉淀的热力学稳定性、水溶性建立了理论体系，从理论上指出复合盐有利于含砷废水的沉淀。对含砷废水沉淀物的浸出与浸出液还原建立了动力学模型，系统研究了不同沉淀砷及其沉淀物回收三氧化二砷工艺，指出了含砷废水处理的方向。采用沉淀法从含砷废水中回收三氧化二砷，使含砷废水资源化，砷渣大大减少，有利于综合生产成本的降低，并达到控制和治理含砷废水污染的目的。沉淀法回收砷对于治理和控制含砷废水污染具有极其重要的现实意义和应用价值。特别是针对有色金属冶炼行业，冶金产生的含砷废水酸度高、砷浓度高、重金属成分复杂，含砷废水成为有色冶金突显的环境问题，该著作为沉淀法治理和控制有色金属冶炼含砷废水污染的理论及技术基础。

致谢弟子们在导师指导下进行了谨慎细致的研究工作，取得了丰厚的研究成果。尤为致谢龙华博士和徐蕾硕士两位弟子，他们为本著作的图表编制与编排付出了辛勤劳动，正是两位弟子的付出才使本著作顺利完成编写。同时感谢彭超群教授的热情建议。

郑雅杰

2020 年 8 月

目录 /
Contents

第 1 章　概论

1.1　砷的矿物[1-4]

砷广泛分布于自然界,但地壳中砷含量低,其丰度仅为 4.0(Si 丰度为 10^6)。全世界已探明的砷资源中,中国占 70%,居世界首位,而我国砷资源主要分布于广西、云南、湖南三省、自治区,占全国总保有储量的 68.9%。目前自然界已发现的砷矿物有 300 多种,常见的矿物类型有砷化物矿、硫化物矿、氧化物矿和砷酸盐矿。另外,还含少量自然砷。

1.1.1　砷化物矿

砷化物矿有:

砷黄铁矿:别名毒砂,外文名称 Arsenopyrite,化学成分为 FeAsS,理论含 34.3% Fe,46.1% As,19.6% S,属于单斜或三斜晶系的砷化物矿。晶体通常为致密块状和粒状的集合体,颜色呈锡白色至钢灰色,条痕为黑灰色,具有金属光泽,不透明。砷黄铁矿的硬度为 5.5~6.0,密度为 5.9~6.3 g/cm³;该矿物灼烧后具有磁性,锤击后发出蒜臭味。砷黄铁矿是分布最广泛的一种硫砷化物,并且常常与有色金属硫化矿物伴生,在我国主要分布于湖南、江西、云南等地。

图 1-1　砷黄铁矿

斜方砷铁矿:主要成分为砷化铁,外文名称为 Loellingite,化学式为 FeAs₂,含 72.8% As 和 27.2% As,为斜方晶系。晶体通常呈块状或粒状的集合体,颜色呈银白色至钢灰色,条痕为炭黑色,不透明,具有金属光泽。斜方砷铁矿的硬度为5.0~5.5,密度为7.0~7.4 g/cm³,熔化温度为980~1040℃,断口不平时可溶于硝酸。斜方砷铁矿的主要产地为美国富兰克林和科罗拉多等地。

硫砷铜矿:为铜和砷的硫化物,是砷矿的主要矿物组成之一,外文名称为Enargite,化学组成为 Cu_3AsS_4,含48.8%Cu和19.0%As,为斜方晶系。晶体通常为致密块状和粒状的集合体,颜色呈钢灰色,或带黄、灰的黑色,条痕为黑灰色,不透明,具有弱金属光泽。硫砷铜矿的硬度为3.5,相对密度为4.3~4.5,溶于王水。硫砷铜矿主要分布于秘鲁、智利、阿根廷、菲律宾和美国。

辉砷镍矿:是一种镍砷硫化物矿物,外文名称为Gersdorffite,化学组成为NiAsS,含35.4%Ni,45.3%As,也经常含铁和钴等元素,属于等轴晶系。晶体呈八面体或立方体,其集合体呈粒状、块状或叶片状,颜色呈银灰色至钢灰色,条痕为黑灰色,不透明,具有金属光泽。辉砷镍矿的硬度为5.5,相对密度为5.6~6.2。

红砷镍矿:别名红镍矿,外文名称为Nickeline,化学成分为NiAs,含43.9%Ni和56.1%As,也含少量Cu、Sb、Co和Fe等元素,为六方晶系。晶体通常呈致密块状集合体,颜色呈淡铜红色,条痕褐黑色,具有金属光泽,不透明。红砷镍矿硬度为5~5.5,相对密度为7.6~7.8,熔点为968℃,具有良好的导电性,且易溶于硝酸和王水。红砷镍矿的主要产地为中国、瑞士和德国。

图1-2 斜方砷铁矿

图1-3 硫砷铜矿

图1-4 辉砷镍矿

图1-5 红砷镍矿

1.1.2 硫化物矿

硫化物矿有：

雌黄：外文名称为 Orpiment，化学成分为 As_2S_3，含 60.9%As 和 39.1%S，有时也含微量 V、Se 和 Hg 等元素，属于单斜晶系。晶体常见的形态为短柱状或板砖，集合体呈块状、梳状和粉状等，颜色呈柠檬黄，条痕为鲜黄色，具有金刚光泽至油脂光泽，在空气中颜色会变暗淡。雌黄硬度为 1~2，密度为 3.4~3.5 g/cm^3，熔点为 320℃，灼烧时发出臭蒜味。我国雌黄的主要产地为湖南、云南、贵州、四川、甘肃和陕西。

图 1-6 雌黄

雄黄：别名鸡冠石，外文名称为 Realgar，化学成分为 As_4S_4，含 70.1%As 和 29.9%S，成分固定，杂质较少，属于单斜晶系。晶体常呈短柱状，柱面上有细纵纹，颜色呈橘红色，条痕为淡橘红色，晶面上具有金刚光泽，断面上为树脂光泽，透明至半透明。雄黄硬度为 1.5~2，密度为 3.6 g/cm^3，熔点低。我国雄黄主要产地在湖南、云南和陕西。

图 1-7 雄黄

1.1.3 氧化物矿

氧化物矿有：

砷华：俗称砒石，外文名称为 Arsenolite，化学成分为 As_2O_3，含 75.7%As 和 24.3%O，属于等轴晶系。晶体呈细小的八面体，通常呈土状、雪花状或皮壳状集合体，颜色呈无色或白色，有时带淡红或淡黄色，条痕为淡黄色或白色，具有玻璃光泽至金刚光泽。砷华硬度为 1.5，密度为 3.7~3.9 g/cm^3，烧灼时发出蒜臭味，溶解度大，稳定性差。人工合成的三氧化二砷称为砒霜。

图 1-8 砷华

1.1.4 砷酸盐矿

砷酸盐矿有：

臭葱石：属于磷铝石族矿物，为含水的砷酸铁，外文名称为 Scorodite，化学成分为 $FeAsO_4 \cdot 2H_2O$。臭葱石属斜方晶系，单晶粒径为 0.1 ~ 0.5 mm，常呈粒状集合体，偶呈小晶簇产出，集合体大小为 3 ~ 5 mm。臭葱石颜色一般呈浅绿或灰绿色、淡黄色、白色，条痕白色，玻璃光泽，性脆，断口贝壳状，硬度为 3.5，

图 1 - 9 臭葱石

实测相对密度为 3.1。臭葱石作为固砷矿物，最主要的性能就是其稳定性，但由于制备方法与条件等不同，臭葱石的溶度积在 $10^{-19.86}$ 至 $10^{-25.83}$ 之间，臭葱石中 As 含量 ≥ 30%。

砷铅矿：外文名称为 Mimetite，化学组成为 $Pb_5(AsO_4)_3Cl$，属于六方晶系。晶体呈柱状，常呈纺锤状和圆筒状，有时呈针状，其结合体呈肾状、球状、粒状和葡萄状，颜色呈黄至黄褐、橙黄、白色或无色，条痕为白色，松脂光泽，呈半透明。砷铅矿与钒铅矿和磷氯铅矿同属砷铅矿族矿物，砷铅矿的硬度为 3.5，相对密度为 7.0 ~ 7.2，为次生矿物。砷铅矿

图 1 - 10 砷铅矿

是一种相对难溶和热力学稳定的矿物，在低砷和铅总浓度下其稳定性范围涵盖整个自然水 pH 范围，但可溶于强酸。

1.1.5 自然砷

自然砷：外文名称为 Arsenic，化学成分为 As，含量为 98%，含少量 Sb、Ni、Fe 和 Ag 等元素，为三方晶系。晶体呈束状和粒状，其结合体大多表现为不规则状，颜色呈灰黑色，条痕为锡白色，在空气中很快变为暗灰色。自然砷具有玻璃

图 1 - 11 自然砷

光泽，但不透明，其硬度为 3.0 ~ 4.0，密度为 5.6 ~ 5.8 g/cm^3，易被氧化，加热或敲打有大蒜味。

1.2 砷及其化合物的性质[1-3,5-11]

砷位于元素周期表第 4 周期第 VA 族，元素符号为 As，原子序数为 33，相对原子质量为 74.92。砷是具有金属光泽的暗灰色固体，只有一种稳定同位素 As^{75}，其他都不稳定，半衰期很短，其中 As^{72} 和 As^{74} 可作正电子源，As^{76} 和 As^{77} 为 β 射线源，适用于痕量实验和活性分析。砷元素电子结构为 $[Ar]3d^{10}4s^24p^3$，由最外层电子结构可知砷主要氧化态为 −3、0、+3 和 +5，对应的无机含砷物质类别分别为砷化氢、单质砷、亚砷酸盐和砷酸盐，其毒性顺序为砷化氢 > 亚砷酸盐 > 砷酸盐 > 单质砷，而无机砷毒性大于有机砷。

1.2.1 单质砷

单质砷是一种半金属(性质介于金属与非金属之间)，它有 3 种同素异形体，分别为灰砷、黄砷和黑砷，其中灰砷是室温下最稳定的单质砷，由于它具有金属光泽和物性，故也习惯称为"金属砷"，高纯金属砷几乎无毒。黄砷是毒性最大和最不稳定的单质砷，在光照或轻微加热下可快速转化为金属砷，而黑砷加热到一定温度也能转化为金属砷。将砷蒸气(正四面体的 As$_4$ 分子，As—As 距离为 243.5 pm)迅速冷至低温即得黄砷。它是立方晶形，由呈四面体的 As$_4$ 单元组成。它不溶于水，溶于 CS$_2$(溶解度：0℃，4 g；46℃，11 g；80℃，0.8 g)。它是亚稳态的，见光很快转变为灰砷。有汞存在下，于 100 ~ 175℃ 加热无定形砷，可得到一种与黑磷等构的多晶，称为黑砷。它是正交的，由结合双层的原子链组成。每个砷原子与 2 个最近的和 1 个稍远的砷原子相邻，层与层之间的键比灰砷中的弱。在 280℃ 以上单向地变为灰砷。灰砷具有较好的传热和导电性能，因为在垂直于分子层方向上原子的相互作用较弱，导致其单晶导电性和导热性各向异性。表 1-1 为单质砷的物理性质。

表 1-1 单质砷的物理性质

项目	数值	项目	数值
密度(金属砷)/(g·cm^{-3})	5.73	升华热/(kJ·mol^{-1})	31.97
密度(黄砷)/(g·cm^{-3})	1.97	线性热膨胀系数/K^{-1}	5.6×10^{-6}
密度(黑砷)/(g·cm^{-3})	5.73	比热(25℃)/[J·(kg·K)$^{-1}$]	328
熔点(28 atm①)/℃	817	电阻(0℃)/(Ω·cm)	2.6×10^{-5}
沸点(0.1 MPa)/℃	613	电负性	2.0
熔化热/(kJ·mol^{-1})	27.74	热导率(25℃)/[W·(m·K)$^{-1}$]	50.2

注：1 atm = 1.01×10^5 Pa。

单质砷不溶于水、醇和酸类,但溶于硝酸和热硫酸中。常温下,灰砷在空气中是稳定的,黄砷则被氧化,同时发出冷光,但加热时灰砷和多晶砷都能与氧、硫和卤素等非金属化合,生成三价化合物,如灰砷在空气中加热到200℃时出现磷光,400℃时燃烧,呈蓝色火焰,形成三氧化二砷烟雾,有大蒜气味,而砷与氟还能生成五氟化物。在水存在条件下,氯和溴首先将砷氧化为亚砷酸,然后氧化为砷酸。室温下砷与浓盐酸不反应,热盐酸使砷缓慢转化为三氯化砷。稀硝酸氧化砷生成亚砷酸,浓硝酸和王水氧化砷生成砷酸,次氯酸钠溶液能溶解砷,冷稀硫酸与砷不起反应,但与热浓硫酸反应生成亚砷酸酐(三氧化二砷)和二氧化硫。熔碱与砷反应生成亚砷酸盐并析出氢气,但碱的水溶液不与砷作用。在高温下砷也能与大多数金属反应,生成合金或金属化合物,所得物质的典型组成是 M_9As、M_5As、M_4As、M_3As、M_2As、M_3As_2、M_5As_3、M_4As_3、MAs、M_3As_4、M_2As_3 等。由于这些物质化学计量的多样性、结构的复杂性和化学键的中间特性,将它们分类是很困难的。但也正因它们具有有趣结构或有价值的物理性质而受到人们的注意。

1.2.2 三氧化二砷

三氧化二砷(As_2O_3)是砷的三价氧化物,又称为氧化亚砷,相对分子质量为197.84,它是氧化砷矿物砒石、砷华和白砷石的主要化学组分。三氧化二砷剧毒,无臭无味,外观呈白色霜状粉末,俗称砒霜。它存在多种晶型,如立方晶体、斜方晶体、单斜晶体和无定形玻璃体。立方晶体的相对密度为3.87,熔点为312℃;斜方晶体的相对密度为4.15,熔点为270℃,沸点为450℃;单斜晶体的相对密度与斜方晶体相同,其熔点为315℃,随之升华;无定形玻璃体是三氧化二砷蒸气在175~250℃冷凝时形成的,生产上容易造成管道堵塞。工业品三氧化二砷因杂质不同,可能略显灰色、红色或黄色,主要为立方晶体。三氧化二砷可溶于水,但在水中溶解度小,随温度的升高其溶解度增大,水溶液呈弱酸性,表1-2为不同温度下三氧化二砷的溶解度表。

表1-2 不同温度下三氧化二砷在水中的溶解度　　　　　　　　　g/100 g 水

温度/℃	10	20	30	40	60	80
三氧化二砷	1.5	1.8	2.3	2.9	4.3	6.1

三氧化二砷属于两性氧化物,可与酸和碱反应生成亚砷酸和亚砷酸盐。三氧化二砷可溶于碱金属氢氧化物、盐酸、甘油和乙醇中,在酸性溶液中 As(Ⅲ) 主要以 H_3AsO_3 形式存在,在碱性溶液中,根据 pH 的不同,分别主要以 $H_2AsO_3^-$、$HAsO_3^{2-}$ 和 AsO_3^{3-} 形式存在于水溶液中。H_3AsO_3 易脱水转化为 As_2O_3,而 As_2O_3

溶于水形成 H_3AsO_3，两者之间存在沉淀溶解平衡。三氧化二砷常温下很稳定，不易被氧化，而在温度高于 100℃ 条件下可被氧气氧化为五氧化二砷，碱性溶液中也易被氧化为 As(Ⅴ)。高温下，三氧化二砷可被碳还原为单质砷，在氧存在条件下也可以与金属氧化物反应生成砷酸盐。

1.2.3　五氧化二砷

五氧化二砷（As_2O_5）为砷的五价氧化物，相对分子质量为 229.84，为白色无定形结晶粉末，熔融后呈玻璃状。五氧化二砷相对密度为 4.32，易溶于水，20℃ 时其溶解度为 230 g/100 g 水，该物质易吸潮形成砷酸，溶于酸、碱和醇，不溶于液体 SO_3 中。五氧化二砷热稳定性较差，升高温度至熔点（300℃）附近，五氧化二砷将分解转化为三氧化二砷，其蒸气可使氯化氢氧化分解为氯气。五氧化二砷可被氢气还原为三氧化二砷和单质砷，也能被碳还原，另外，遇到铅和锌等强还原性金属可被还原为单质砷或金属砷化物。五氧化二砷溶于水，在不同 pH 条件下其存在形式不同，主要存在形式包括 H_3AsO_4、$H_2AsO_4^-$、$HAsO_4^{2-}$ 和 AsO_4^{3-}，另外，在酸性溶液中可表现出强氧化性，可将 S(Ⅳ) 氧化为 S(Ⅵ)。

1.2.4　砷酸

砷酸（H_3AsO_4）为三元弱酸，相对分子质量为 150.95，溶于水后分步电离，与 $H_2AsO_4^-$、$HAsO_4^{2-}$ 和 AsO_4^{3-} 共存，其电离平衡常数 K_1、K_2 和 K_3（25℃）分别为 6.0×10^{-3}、1.1×10^{-7} 和 3.0×10^{-12}。砷酸酸性强于亚砷酸，但比磷酸弱。砷酸为无色至白色透明的细小板状结晶，具有潮解性，易溶于水，可溶于碱、甘油和乙醇，不溶于液氨，熔点为 36℃，相对密度为 2.0~2.5。砷酸具有一定的氧化性，但在酸性溶液中氧化能力不强。砷酸在 100℃ 失水变成焦砷酸（$H_4As_2O_7$），温度进一步升高，则转化为偏砷酸（$HAsO_3$），温度达到 500℃，可完全脱水。

1.2.5　砷酸盐

十二水砷酸钠：化学式为 $Na_3AsO_4 \cdot 12H_2O$，为白色六角晶体，相对密度为 1.76，熔点为 86.3℃，在空气中稳定，可溶于水和甘油，溶于水呈碱性，不溶于乙醚，微溶于乙醇。表 1-3 为不同温度下砷酸钠在水中的溶解度，可见随着温度的升高其溶解度逐渐增大。

砷酸氢二钠：化学式为 $Na_2HAsO_4 \cdot 7H_2O$，相对分子质量为 312.01，为无色单斜晶系晶体，相对密度为 1.86，熔点为 56.3℃，可溶于水，微溶于乙醇。加热可失去结晶水，升温至 50℃ 约失去 5 个结晶水，在 100℃ 时，结晶水可全脱除。砷酸氢二钠在 200℃ 转化为 $Na_4As_2O_7$。

表1-3 不同温度下砷酸钠在水中的溶解度 g/100 g 水

温度/℃	10	20	25	30	40	50	60	80
砷酸钠	16.1	25.7	—	35.9	46.6	56.2	95.2	154.0

亚砷酸钠:灰白色固体,其工业品不是单一组分,由偏亚砷酸钠($NaAsO_2$)、正亚砷酸钠(Na_3AsO_3)、三氧化二砷(As_2O_3)和酸式砷酸钠(Na_2HAsO_3)等组成,其基本分子式可写为 $NaAsO_2$ 或 $NaAsO_2 \cdot nAs_2O_3$,$0.305 < n < 0.34$。亚砷酸钠相对密度为 3.40~3.49,具有微潮解性,且在空气中易吸收二氧化碳逐渐形成硬块。它易溶于水,难溶于酒精,且溶于水呈碱性,在水溶液中具有强还原性。

砷酸铅:工业上习惯将酸式砷酸铅($PbHAsO_4$)称为砷酸铅,它由正砷酸铅[$Pb_3(AsO_4)_2$]和酸式砷酸铅组成,其中酸式砷酸铅含量高于95%。砷酸铅为白色或无色透明、单斜晶系板状或菱形结晶,或无定形粉末,其中板状晶体相对密度为 5.94,菱形晶体(15℃)为 6.07,无定形晶体为(20℃)5.79。硝酸铅不溶于水,可溶于硝酸和碱液,温度高于200℃不稳定,在280℃以上失水生成焦砷酸铅。

1.3 砷的用途

砷分布较广,古人早已发现砷的化合物可作为颜料和药物。我国西周时代已用雌黄(As_2S_3)绘画织物,战国时代已用雄黄(As_4S_4)和礜石(FeAsS)治病。在欧洲,公元1世纪,希腊医生曾用焙烧砷的硫化物矿制得三氧化二砷作为药物。罗马博物学家 Pliny 记下了在金矿和银矿中发现砷的硫化物,并称它为 Auripigmentum(Anri,金黄色;pigmentum,颜料;整个词的意思就是"金黄色的颜料"),Orpiment(雌黄)一词就是由它演变来的。由于砷及其化合物的剧毒性及其对环境的污染,大大限制了砷产品的开发和利用。常见含砷产品有三氧化二砷、五氧化二砷、砷酸钠、金属砷和亚砷酸铜等,而三氧化二砷生产量是衡量一个国家砷产量的重要标准。表1-4为近5年来世界主要三氧化二砷生产国及年产量。2019年全球三氧化二砷的总产量为3.3万t,其中,中国三氧化二砷产量为2.4万t,占全球总产量的72.7%。结合表1-4可见,我国是全球最大三氧化二砷生产国,近5年来总产量变化不大。砷化合物毒性较大,它的使用量受到一定程度的限制,但由于独特的性质,在很多领域具有广泛应用,如木材防腐、农业、玻璃和陶瓷、医药、合金、半导体和军工等领域[8,12-15]。

表 1-4 近 5 年来世界主要三氧化二砷生产国及年产量　t

国家	2015	2016	2017	2018	2019
比利时	1000	1000	1000	1000	1000
玻利维亚	50	50	40	40	40
中国	25000	25000	25000	24000	24000
伊朗	—	—	—	110	110
日本	45	45	45	45	40
摩洛哥	8500	7000	7600	6000	6000
纳米比亚	—	1900	1900	1900	700
俄罗斯	1500	1500	1500	1500	1500
世界总计(约)	36000	36500	37000	35000	33000

（1）木材防腐剂

含砷化合物在木材防腐方面有广阔的前景，经其处理后的木材防腐效果好，对人、畜无害。含砷化合物木材防腐剂按元素组合分类主要分为以下三大类：铬-铜-砷型防腐剂（CCA），铵-铜-砷型防腐剂（ACA）和氟-铬-砷-酚型防腐剂（FCAP），其中 CCA 是目前应用最广泛和防腐效果最好的含砷木材防腐剂。CCA于 1933 年发明，经其处理后的木材可使用 50 年以上，且对环境无害，而未经处理的木材平均寿命仅 1.8~3.6 年，利用 CCA 每年可给美国减少经济损失 70 亿美元以上。CCA 中的"CCA-C"氧化物型木材防腐剂被认为是目前的最佳配方，含CrO_3 47.5%、CuO 18.5%、As_2O_3 34.0%。在木材防腐方面，砷化合物防腐剂仍有很大的应用前景，全世界生产的三氧化二砷大部分用于制备木材防腐剂。

（2）玻璃工业

砷由于具有特殊的光电特性，在玻璃工业中具有广泛的应用，如用于制作光材料管、光存储器和开关元件等。在器皿玻璃、光学玻璃及玻璃纤维原料中加入少量白砷和一定量 $NaNO_3$，使玻璃液得到澄清和脱色，可以提高玻璃制品的化学均匀性、透明度并改善玻璃的导热性。含砷特种玻璃品种已不断发展，如国外$As-S-Fe$ 系玻璃，是一种红外线光学材料；苏联研制的 As_2O_3-S-Se 玻璃是一种优质电解质材料；日本研究了一种含砷 14.5% 的半导体玻璃，具有高的热电动势和光电性，以及良好的抗蚀性。

（3）农业

无机砷农药原料易得，制造简便，更重要的是无机砷农药对于某些农作物有独特的杀虫效果，因而不能完全被有机农药所取代。由于无机砷农药毒性大，对环境的危害较大,在农药市场占据的比例逐渐减少,毒性相对较小和生产工艺相对更简单的有机砷农药的开发逐渐增多,已开发出来的有机砷农药主要为甲基砷类农药,如甲基砷酸锌和甲基砷酸钙等。在有机农药领域,我国农药工作者合成了几种高效低毒的有机砷杀菌剂,用于对水稻、棉花和森林的某些细菌性病害的防治。

(4)合金制造

在某些合金中加入适量的元素砷,能有效地改善合金的物理化学性能。例如:铅锑蓄电池的阳极栅板用 Pb – Sb 合金易腐蚀,且在浇铸时合金易产生偏析现象。加入少量砷于合金中,可减少合金的偏析,提高蓄电池寿命 20% ~ 50%。在黄铜和铝黄铜 3 种牌号(772、701、680)的合金铜管中,加入 0.05% 的元素砷后,可提高铜管的抗海水腐蚀能力。此铜管被沿海各电厂广泛用作冷却水管。根据大连第二发电厂,原不加砷的铝黄铜管使用寿命不到半年,改用 772 铝黄铜管后,使用寿命可延至 7 ~ 8 年。加入砷铅基合金能提高合金硬度,增加耐磨性能。蒸汽机车摇连杆套上的轴瓦采用 Sn – Pb 合金,不但增加锡的用量,而且耐磨性较差。铁道科学院曾实验成功 As – Sb – Sn – Pb 合金,其中含 As 0.8% ~ 1.2%、Sb 13%、Sn 7%,其余为铅。加入砷后能减少合金偏析,使合金结构致密,具有较高的耐磨性能。另外在印刷合金中加砷,可增加硬度和铸造性能。GaAs 是极具代表性的第二代半导体材料,具有光电转化效率好、抗辐射能力强和耐高温性好的优点。

(5)医药行业

砷是我国一种传统中药,其中应用最为普遍且最早的是雄黄(As_4S_4),而砒霜(As_2O_3)作为药物也有较长的使用历史。含砷中药如砒霜和雄黄等具有杀虫、解毒、蚀疮、祛腐等功效。含砷中药组成的方剂有白降丹、青金散、二味拔毒散等,都是外科、皮肤科常见的外用药物。近些年来,砷试剂在临床治疗方面取得了大量研究成果,大量临床实践和基础研究证明多种砷试剂在皮肤病、抗癌和肿瘤治疗等方面具有很好的发展前景,如用于治疗急性早幼粒细胞白血病和抗肝癌等。

1.4 砷的毒性及砷污染

1.4.1 砷的毒性

单质砷的毒性很小,它经消化道进入人体后,几乎不被吸收就随粪便排出体外。1975 年许多营养学家将砷列入高级动物必需或可能必需的微量元素,并认为低浓度砷有利于机体生长繁殖,但与其他元素一样,有严格的剂量关系,过量则有毒性并致癌[16, 17]。

砷化合物几乎都是剧毒物。内服 0.1 g As_2O_3（砒霜）使人致死，空气中砷的最高许可浓度为 0.0003 mg/L。不同形态的砷具有不同的毒性，其毒性顺序由大到小为 AsH_3，As（Ⅲ），As（Ⅴ），MMA（甲基胂），DMA（二甲基胂），AB（砷甜菜碱）。显然，在砷的化合物中 AsH_3 是最毒的。其中，As（Ⅲ）易与机体内酶蛋白的巯基反应，形成稳定的螯合物，使酶失去活性，因此 As（Ⅲ）有较强的毒性，如砒霜、三氯化砷、亚砷酸等都是剧毒物质。而 As（Ⅴ）与巯基亲和力不强，当摄入 As（Ⅴ）离子后，只有在体内还原为 As（Ⅲ）离子，才能产生毒性作用。研究表明，As（Ⅲ）的毒性是 As（Ⅴ）的六十多倍，是甲基砷的七十多倍。

砷对生物体危害较大，它可通过多种途径进入有机体和积累在人体中，导致砷中毒，甚至引发更严重的疾病，如心血管疾病，结膜炎，肝系统、神经系统和呼吸系统疾病，皮肤癌，肾癌，肝癌，肺癌和膀胱癌等[4, 18, 19]。三价砷对人体的毒性作用，主要是与人体细胞酶系统中的硫氢基结合并形成稳定的螯合物，影响细胞呼吸和抑制体内很多生理生化过程。特别是与丙酮酸氧化酶的硫氢基相结合，使其失去活性，引起细胞代谢的严重混乱，从而引起神经系统、新陈代谢、毛细血管以及其他系统发生功能和器质性病变。砷主要通过呼吸道、消化道和皮肤接触进入人体，在肝、肾、脾、子宫、骨骼、肌肉乃至毛发、指甲中积累，使人体致癌。三价砷与细胞酶系统的硫氢基结合，使细胞代谢作用失调，发生营养障碍。三价砷也能通过血液循环致毒。而五价砷对硫氢基基本不具亲和性，只是和三价砷一样能把细胞取代基中的活性位置束缚住，并抑制酶的活性，因而毒性要比三价砷小。五价砷毒性作用较慢，它可破坏线粒体氧化磷酸的作用，能代替磷酸盐生成不稳定的砷，经 1～2 周后出现多发神经炎、脊髓炎、再生不良性贫血等后遗症。

砷的毒性往往不易被人觉察，据报道砷化合物即使达到剧毒浓度（100 mg/L）时，人仍不易察觉。它既不改变水的颜色和透明度，也基本不影响水的气味。砷中毒后并不是立刻发作的，而是在几小时或更长时间后才表现出来，因此，危险性很大。使用由氧化镁和硫酸铁溶液新制得的氢氧化铁（Ⅲ）悬浮液，或二硫代丙三醇可解除砷中毒。砷是一类污染物，饮用水中含砷 0.2～1.0 mg/L 引起慢性中毒。砷对农作物的致毒浓度是 0.5～1.0 mg/L。

1.4.2　砷污染

砷具有悠久的使用历史，但砷污染一直是人类面临的一个严重环境问题。砷污染来源于自然过程和人类活动，自然过程包括矿物和岩石的风化、火山喷发和含砷地下水等，而人类活动是造成砷污染的主要原因，包括选矿、矿物冶炼、化学工业、农业等[4, 20]。

含砷污水主要来自冶金、化工、化学制药、木材加工和陶瓷等工业。在水溶液中砷主要以 As(V) 和 As(III) 形式存在。有色冶金是产生含砷废水的主要行业，其水质特点是酸度大、砷浓度高、重金属成分复杂。如洗涤冶炼烟气含砷废水，冶炼厂称为污酸，其砷含量高达 2~10 g/L；硝酸催化氧化砷黄铁矿型难浸金矿产生的氧化浸出废液砷高达 15~30 g/L，除此之外，其废水还含有大量的有色金属离子，如 Cu^{2+}、Pb^{2+}、Zn^{2+} 等[21-26]。

由于砷对环境污染以及人体毒害非常大，发达国家及我国对砷制定了严格的排放标准，中国、美国及法国砷控制标准如表 1-5 所示[27]。

表 1-5　中国、美国及法国砷控制标准

项目	中国	美国	法国
工业污水/(mg·L^{-1})	≤0.5	≤1.0	≤0.1
生活水、地面水/(mg·L^{-1})	≤0.05	≤0.05	≤0.04

尽管如此，我国仍然频发砷污染事件。云南澄江县阳宗海水体被砷严重污染，水和鱼类含砷严重超标，恢复到三类水质至少要三年时间，使当地生态环境和工农业生产遭受重大损失。据文献报道和记载，1961 年以来，我国已发生了多起砷污染中毒事件，部分砷污染事件如表 1-6 所示[28,29]。由表可知，砷污染对生态造成严重破坏，对环境造成严重污染，对人群健康构成严重危害，对生命构成严重威胁。

表 1-6　我国部分砷污染引起的中毒事件

序号	年份	地点	污染事件	危害产生原因
1	1961	湖南新化锡矿山	308 人食物中毒，6 人死亡	饮水井周围露天堆存含砷碱渣，污染饮用水源
2	1974	云南锡业公司第一冶炼厂	多人中毒	铝砷浮渣受潮产生砷化氢
3	1981	浙江富春江冶炼厂	200 多人中毒	铜鼓风炉渣中混进含砷的废触媒，污染水源
4	1987	湖南新田县莲花乡	14 人慢性砷中毒，2 头耕牛死亡，3 口鱼塘的鱼全部死亡	炼砷渣随意堆放在公路两边，导致砷污染稻田
5	1994	湖南桃江县竹金坝乡	8 人急性砷中毒	锑废渣污染井水，导致急性砷中毒

续表 1 – 6

序号	年份	地点	污染事件	危害产生原因
6	1994	贵州省三都县某镇	125 人急性砷中毒，1 匹运输马死亡	直接接触土法炼砷处遗留的铁桶、炉砖，饮用现场砷污染水源
7	1995	湖南常宁县白沙镇	300 余人中毒，农田大面积绝收，损失 5500 万元以上	炼砷、炼砒废水污染水源和土壤
8	1995— 1998	广西柳州市工矿企业	5 起 11 例急性职业性砷化氢中毒，其中 2 人死亡	砷矿渣与水或酸混合产生砷化氢
9	1996	贵州平坝区	280 人中毒	含砷废水污染饮水源
10	1996	湖南新化锡矿山	617 人中毒	含砷锑废渣污染井水
11	1998	湖南安仁县华五乡	884 名师生出现砷中毒	食用土法炼砒处废弃的编织袋盛装的大米
12	1998	云南某乡镇冶炼厂	32 名工人中毒	车间空气中三氧化二砷含量过高（8.99 mg/m³）
13	2000	湖南郴州市苏仙区邓家塘乡	300 多人砷中毒，2 人死亡，50 公顷水田抛荒	炼砒厂含砷废水污染水源和土壤
14	2000	广西柳江区	6 人中毒，其中 2 人死亡	自来水冲洗废旧砷矿渣产生砷化氢
15	2001	广西河池五圩	193 人中毒	选矿厂排出的废水砷超标 2189 倍，污染水源
16	2002	贵州独山县城近郊	334 人中毒	选冶厂随意堆放和倾倒含砷废渣，污染水源
17	2002	湖南衡阳界牌镇	76 人中毒	砷矿石、废渣等污染水源
18	2003	云南楚雄滇中铜冶炼厂	83 人陆续砷中毒	排烟系统超负荷运转，砷化合物烟气外溢
19	2004	辽宁阜新	160 人砷中毒	炼铜厂污水泄漏，污染水源
20	2005	河北保定老河头镇	30 多人中毒	含砷矿渣遇水生成砷化氢
21	2006	湖南浩源化工公司	岳阳县 8 万人饮用水源受到污染	违规排放高浓度含砷废水超过 5 万 m³
22	2007	贵州省独山县瑞丰矿业有限公司	17 人出现不同程度砷中毒	1900 t 含砷废水直接排入都柳江
23	2008	广西河池市	450 名村民尿砷超标，4 人被确诊为轻度砷中毒	金海冶金化工公司含砷废水溢出

续表 1 - 6

序号	年份	地点	污染事件	危害产生原因
24	2008	河南商丘市成城化工有限公司	大沙河河水砷浓度超标100倍，污染河水超过1000万 m³	违规排放含砷废水
25	2008	云南澄江锦业工贸有限公司	阳宗海由原Ⅱ类水变成劣Ⅴ类	多年积累的砷污染物泄露
26	2009	山东临沂市亿鑫化工有限公司	江苏邳州境内邳苍分洪道、武河、沙沟河、城河等河道水质砷超标，严重影响流域内50万群众生命健康和生产生活	多次违法排放高砷废水
27	2013	湖北省黄石市阳新县多家冶炼厂	累计49人砷中毒	非法排放含砷污染物

1.5 含砷废水处理技术概况

国内外含砷废水处理方法主要有化学沉淀法、物理法、生物法、电解法和氧化法等，其中化学沉淀法已被广泛采用。

1.5.1 化学沉淀法

化学沉淀法就是利用 Ca^{2+}、Mg^{2+}、Fe^{3+}、Al^{3+} 及 S^{2-} 等离子与 AsO_2^-、AsO_3^{3-}、AsO_4^{3-} 反应生成不溶于水的亚砷酸盐、砷酸盐及硫化砷等沉淀，去除废水中砷。AsO_4^{3-} 与 Ca^{2+}、Mg^{2+}、Fe^{3+}、Al^{3+} 金属离子形成的难溶化合物的反应以及相应的溶度积常数分别如式（1-1）~式（1-4）所示。

$$Fe^{3+} + AsO_4^{3-} = FeAsO_4 \downarrow \quad K_{sp} = 5.7 \times 10^{-21} \quad (1-1)$$

$$Al^{3+} + AsO_4^{3-} = AlAsO_4 \downarrow \quad K_{sp} = 1.6 \times 10^{-18} \quad (1-2)$$

$$3Ca^{2+} + 2AsO_4^{3-} = Ca_3(AsO_4)_2 \downarrow \quad K_{sp} = 5.7 \times 10^{-19} \quad (1-3)$$

$$3Mg^{2+} + 2AsO_4^{3-} = Mg_3(AsO_4)_2 \downarrow \quad K_{sp} = 5.7 \times 10^{-29} \quad (1-4)$$

沉淀法是目前应用范围最广，操作最简便，处理量较大的一种方法，对于高浓度含砷废水特别适用。

1.5.1.1 石灰法

石灰法一般用于含砷量较高的酸性废水。在含砷废水中加入石灰乳，生成砷酸钙或亚砷酸钙沉淀[30]，其反应如下：

$$3Ca^{2+} + 2AsO_3^{3-} = Ca_3(AsO_3)_2 \downarrow \qquad (1-5)$$

$$3Ca^{2+} + 2AsO_4^{3-} = Ca_3(AsO_4)_2 \downarrow \qquad (1-6)$$

石灰价格低,可中和酸,与其他化学沉淀法相比具有同样的效果。因此,酸性含砷废水首先采用石灰处理。但石灰法渣量大,对三价砷的处理效果略差。砷酸钙水中溶解度低,约为 130 mg/L,相当于砷含量 48 mg/L。亚砷酸钙的溶解度较高,约为 900 mg/L。因此,石灰法处理后,砷达不到国家排放标准,需要进一步深度处理[31]。

1.5.1.2 石灰-铁(铝)盐法

石灰-铁(铝)盐法是石灰与铁盐或铝盐联合处理含砷废水的一种方法。石灰不仅可以与废水中砷酸根和亚砷酸根反应,而且起到调节废水 pH 作用,使铁盐或铝盐与砷酸根和亚砷酸根充分反应生成砷酸铁(铝)和亚砷酸铁(铝)沉淀,同时铁盐、铝盐形成的金属氢氧化物吸附砷,与之共沉淀[32-35]。

$$Fe^{3+} + AsO_3^{3-} = FeAsO_3 \downarrow \qquad (1-7)$$

$$Fe^{3+} + AsO_4^{3-} = FeAsO_4 \downarrow \qquad (1-8)$$

铁盐在水溶液中形成大量 $[Fe(H_2O)_6]^{3+}$、$[Fe_2(OH)_3]^{3+}$、$[Fe_3(OH)_2]^{4+}$ 等多核配合物。这些配合物能强烈吸附废水中的胶体微粒,通过吸附、架桥、交联等作用促使胶体微粒相互碰撞形成絮凝沉淀,有利于细小 $FeAsO_4$ 沉淀物沉淀,从而更有效地去除砷。

常用铝盐有硫酸铝、聚合硫酸铝等,铁盐有三氯化铁、硫酸铁、硫酸亚铁、聚合硫酸铁等。由于绿矾最廉价,因此目前石灰-绿矾沉淀法处理含砷废水使用最广泛。但是,由于废水中存在 As(Ⅲ),石灰-绿矾沉淀法处理含砷废水需要曝气,且采用多级处理[36-38]。

石灰-铁(铝)盐法除砷效果好,工艺流程简单,设备少,操作方便,但砷渣量大,砷渣易产生二次污染。因此,砷渣需要固化处理,并安全处置[23]。

1.5.1.3 硫化法

硫化法不仅可以处理含砷废水,并且能够有效除去重金属离子,常用硫化剂有硫化钠、硫氢化钠、硫化氢等[39]。硫化剂与废水中砷反应生成三硫化二砷沉淀,将砷从废水中去除,同时使废水中重金属离子与硫离子反应,生成难溶金属硫化物[40]。

采用硫化法,砷除去率为 99% 以上,形成以三硫化二砷为主要成分的含砷废渣,有利于砷和其他元素的回收利用。该方法反应时间短,处理量大,渣量少,常常与铁盐法联合处理含砷废水[41]。

硫化法处理酸性含砷废水,产生硫化氢剧毒气体,需要采取防护措施。同时,硫化砷渣即砷滤饼需要安全处置或综合回收,以防二次污染的发生[42,43]。

1.5.2 物理法

1.5.2.1 膜分离

膜分离法是以高分子或无机半透膜为分离介质,以外界能量为推动力,利用各组分在膜中传质选择性差异,实现分离、分级、提纯或富集,包括微滤、超滤、纳滤和反渗透等。膜分离过程是一种物理分离,其主要特点是节能,无二次污染,一般在常温下操作[44]。用纳滤和反渗透法处理含砷废水,在理想操作条件下去除率为 90% 以上。但是,实际情况下去除率显著降低,而且成本很高,需要大量回流水。

1.5.2.2 吸附法

吸附法工艺简单、技术成熟、处理量大,适宜于处理低浓度含砷废水。可用的吸附剂有活性铝、活性铝土矿、活性炭、飞灰、黏土、赤铁矿、长石、硅灰石等。砷的吸附量与所用吸附剂表面积有关,吸附表面积越大,吸附能力越强。同时,溶液的 pH、温度、吸附时间和砷浓度等影响吸附量。大多数吸附剂对 As(Ⅴ)有很强的吸附性,但是对 As(Ⅲ)的吸附效果有限。

Gupta 等试验表明砷酸和亚砷酸在 pH 为 4 至 7 的范围内吸附率较佳,As(Ⅲ)转化为 As(Ⅴ)能提高吸附率[45,46]。经 $Fe(OH)_3$ 充填处理过的珊瑚作为吸附剂,利用珊瑚本身的缓冲作用,pH 为 3~10 时,实现 As(Ⅲ)和 As(Ⅴ)分离,此吸附剂对 As(Ⅲ)的吸附作用与对 As(Ⅴ)的作用相当[47]。用担载铝的火山灰作吸附剂,可有效地吸附 As(Ⅴ)、磷酸盐以及氟化物[48-50]。

研究发现,Fe(Ⅲ)对 As(Ⅴ)的吸附效率要高于 Al(Ⅲ)[51]。日本的 Tokunaga 等的研究表明,稀有元素镧和钇也可作为有效的吸附剂[52]。Wasay 用镧浸渍处理的二氧化硅凝胶作吸附剂,处理初始浓度分别为 0.55 mmol/L 和 0.2 mmol/L 的含砷溶液,在中性条件下砷去除率可达 99.9%[53]。

吸附法的优点是将废水中的有害物去除,而不增加水体的盐度,是高砷废水二次处理常用的方法。缺点是:①大多数吸附剂只能有效地吸附 As(Ⅴ),所以在处理含 As(Ⅲ)废水时一般要进行氧化处理;②吸附剂与 As(Ⅴ)之间吸附作用强,吸附剂再生、回收存在一定难度;③处理废水时,要考虑共存离子竞争作用,例如当溶液中存在磷酸盐、硫酸盐、硅酸盐、氟化物等时,这些物质与砷竞争吸附位点,导致吸附效果降低。因此,在处理之前需将这些物质去除,增加处理步骤。

1.5.2.3 离子交换法

离子交换法是一种有效的脱砷方法。Suzuk 等利用单斜晶的水合氧化锆填充多孔树脂,将砷浓度降低到 0.1 mg/L,达到工业排放标准[54]。Min 和 Hering 将海藻酸珠粒用 $CaCl_2$ 和 $FeCl_3$ 溶液处理,利用 Fe(Ⅲ)提高吸附能力,改善凝胶颗粒性能，从而提高对砷酸盐和亚砷酸盐的去除率[55]。胡觉天等合成了一种对 As(Ⅲ)离子具有高效选择性吸附的螯合交换树脂柱脱砷，对含 As(Ⅲ)离子浓度为 5 g/L 的溶液脱砷率大于 99.99%，而且离子交换树脂可用洗脱液洗涤，可回收 As(Ⅲ)并使树脂再生利用[56]。刘瑞霞等制备了一种新型离子交换纤维，该纤维对 As(Ⅲ)有较高的去除效果和较快的去除速度。实验表明，该纤维有较好的动态吸附特性，并可以再生处理[57]。

由于离子交换法只能处理浓度较低、处理量不大、组成单纯且有较高回收价值的废水，其处理工艺比较复杂，成本较高，所以难以工业化。

1.5.2.4 萃取法

萃取法是利用砷在互不相溶的两液相间分配系数的不同使其达到脱除的目的。砷的溶剂萃取主要有以下几类[58]：

（1）螯合萃取剂萃取

这类螯合萃取剂，只能萃取 As(Ⅲ)，而不能萃取 As(Ⅴ)。特别应该指出，虽然乙烯丙酮（HAA）和 8 – 羟基喹啉 MSDS 都是广谱螯合萃取剂，但它们对 As(Ⅲ)和 As(Ⅴ)都不能进行有效萃取。

（2）醇类、酮类、醚类、酯类萃取

在高酸度盐酸体系中用醇萃取 As(Ⅲ)时，生成的萃合物为 $AsX_3 \cdot qS$（X 为 Cl，S 为醇，q 为系数）。在低酸度时生成的萃合物为 $As(OH)_2Cl \cdot qS$。醇萃取 As(Ⅴ)时，生成的萃合物为 $H_3AsO_4 \cdot qS$。用醚和酯萃取 As(Ⅲ)时，生成的萃合物与醇萃取相同，用酮萃取 As(Ⅲ)的机理与醚酯相同，其萃合物的组成也基本相似。酮、醚、酯萃取 As(Ⅴ)时，生成的萃合物为：$H_3AsO_4 \cdot qS$。As(Ⅴ)的分配比随着 HCl 浓度升高而增大，但在 HCl 浓度小于 4 mol/L 时，分配比小。

（3）有机磷化合物萃取

有机磷化合物中，公认用磷酸三丁酯（TBP）萃取砷最有希望，TBP 萃取砷的机理为：

萃取 As(Ⅴ)：

$$H_3AsO_4 + H^+ + HSO_4^- + q(TBP \cdot H_2O) \longrightarrow H_3AsO_4 \cdot H_2SO_4 \cdot q(TBP \cdot H_2O)$$
$$(q = 1) \tag{1-9}$$

萃取 As(Ⅲ)：

$$H_3AsO_3 + H^+ + HSO_4^- + q(TBP \cdot H_2O) \longrightarrow H_3AsO_3 \cdot H_2SO_4 \cdot (TBP \cdot H_2O)$$
$$(q = 1) \tag{1-10}$$

（4）胺及季铵盐萃取

伯胺、仲胺、叔胺及季铵都能萃取砷。胺类萃取剂萃取砷机理和萃取其他元素一样，主要发生三类反应：化合反应、阴离子交换反应及内配合反应。萃取时，在磁场作用下可以提高砷的去除效果；超临界 CO_2 离子缔合萃取可以去除固体中砷。

萃取法适用于水量小、浓度高的废水，为了提高砷的萃取率，需要进行多级萃取和反萃。由于其自身的这些特点，萃取法除砷在有色金属行业得到应用，但还没有用于工业废水和生活饮用水。

1.5.2.5　浮选法

浮选法是利用表面活性物质在气液交界面处对砷有吸附能力的一种除砷方法，即在含砷废水中加入具有与它相反电荷的捕收剂，生成水溶性的配合物或不溶性的沉淀物使其附在气泡上，浮到水面作为浮渣进行回收。该法处理量大、渣量少，渣量仅为中和法的1/40～1/20，净化程度高、适应性强、设备占地面积少，解决了固液分离困难，并可同时处理含多种金属离子的废水[59]。

以上含砷废水的处理方法都有其优缺点，在实际应用中应根据含砷废水的特点综合运用处理含砷废水的方法，并需要使用其他辅助措施，才可以达到良好的除砷效果。

1.5.3　生物法

与其他毒性重金属如 Pb、Cd、Cr 等一样，砷也能被水体中的微生物所富集和浓缩。但是与这些重金属不同的是，砷不但能被水中的生物体蓄积，而且也会被这些生物体氧化和甲基化。由于甲基化的砷如甲基砷、二甲基砷、三甲基砷的毒性比无机砷低得多，所以，水体中的微生物对砷富集的过程也是一个对砷降毒、脱毒的过程。利用这一特性可采用生化法对高浓度的含砷废水进行处理。

1.5.3.1　活性污泥法

研究表明，活性污泥 ECP(胞外多聚物)能大量吸附溶液中的金属离子，尤其是重金属离子与 ECP 的配合更为稳定。关于吸附机制，在 ECP 的复杂成分中吸附重金属离子的似乎是糖类。1979 年 Brown 和 Leste 指出 ECP 中的中性糖和阴离子多糖有着吸附不同金属离子的结合点位，不同价态或不同电荷的金属离子可以在不同的点位与 ECP 结合，如中性糖的羟基、阴离子多聚物的羟基都可能是金属的结合位[60]。Kasan 等认为，活性污泥对重金属离子的吸附有两种机制，即表面吸附和胞内吸收。表面吸附是指活性污泥微生物的胞外多聚物(甲壳素、壳聚糖等)含有配位基团—OH、—COOH、—NH$_2$、PO$_4^{3-}$ 和—SH 等，配位基团与金属离子进行沉淀、配合、离子交换和吸附作用，表面吸附的特点是速度快、可逆、不需要外加能量、与代谢无关；胞内吸收通过金属离子和胞内的透膜酶、水解酶相结合而实现，胞内吸收的特点是速度较慢、需要能量、与代谢有关[61]。

影响活性污泥法处理含砷废水的主要因素有[62-64]：①砷的浓度及价态，不同价态的砷对活性污泥的毒性不同，一般 As(Ⅲ)对各种酶的毒性比 As(Ⅴ)高出几十倍。所以，处理含砷废水前有必要将 As(Ⅲ)氧化为 As(Ⅴ)。由于污泥的吸附能力有限,活性污泥对低浓度砷的去处率高于对高浓度砷的去处率。②有机负荷对活性污泥去除 As(V)有较大影响,有机负荷高,As(V)去除率高。主要有两方面的原因:一是污水中的有机物本身可和 As(V)相结合,降低污水中砷的质量浓度;二是有机物浓度高,有利于微生物的生长繁殖,进一步提高活性污泥对As(V)的去除率。③pH 不仅影响金属的沉降状态,而且影响吸附点的电荷。水体中的砷主要以砷酸根、亚砷酸根形式存在,低 pH 有利于砷的去除,但是过低的pH 对微生物繁殖生长不利。因为 pH 过低会引起微生物体表面电荷的变化,还影响培养基中有机化合物的离子化作用,从而间接影响微生物;此外,酶只有在适宜的 pH 下才能发挥其最大活性,极端的 pH 使酶的活性降低,进而影响微生物细胞内的生物化学过程,甚至直接破坏微生物细胞。④生物固体停留时间(SRT)对阳离子金属去除有较大影响。研究发现,活性污泥去除重金属主要是依靠包围在污泥表面的多聚物(如多糖),这些多聚物表面的电荷可使金属迅速去除。已经证实,处于稳定相和内源呼吸阶段的细菌多聚物产量最大,而 SRT 增大,污泥中细菌处于稳定相和内源呼吸阶段,有利于对金属的去除。⑤污泥浓度对其去除金属离子有较大影响。污泥浓度高,吸附点以及吸收转化砷的微生物数量也随着增加,从而有利于金属的去除。

活性污泥法处理含砷废水,不论在处理费用、还是二次污染,或者工程化方面都比传统处理方法具有相当突出的优势,是最有前途的含砷废水处理方法。

1.5.3.2 藻菌共生体法

菌藻共生体对砷去除机理是藻类和细菌的共同作用。菌藻共生体中,藻类和细菌表面存在许多功能键,如羟基、氨基、羧基、硫基等,这些功能键与水中砷共价结合,砷先与藻类和细菌表面上亲和力最强的键结合,然后与较弱的键结合,吸附在细胞表面的砷再慢慢渗入细胞内原生质中。在藻类和细菌吸附砷的过程中,经过快吸附和较慢吸附两过程。

廖敏等研究了菌藻共生体对废水中砷的去除效果[65]。研究发现培养分离所得菌藻共生体中以小球藻为主,此时每千克干重菌藻共生体中积累砷达 7.47 g。在引入菌藻共生体并培养 16 h 后,其对无营养源的含 As(Ⅲ)、As(V)的废水除砷率为80%以上,并趋于平衡;含营养源的 As(Ⅲ)、As(V)废水中,菌藻共生体对 As(V)的去除率大于 As(Ⅲ),对 As(V)去除率超过70%,对 As(Ⅲ)的去除率也在50%以上,在除砷过程中同时出现砷的解吸现象。

综上所述,菌藻共生体是一种易培养获得的物质,其对废水中的砷具有较强的去除力,并能同时去除废水中的营养物。因此,菌藻共生体在含砷废水处理中有着广阔的应用前景。

1.5.4 电解法

电解法以铝或铁作为阴极和阳极，含砷废液在直流电作用下进行电解，阳极铁或铝失去电子后溶于水，与富集在阳极区域的氢氧根生成氢氧化物，这些氢氧化物再作为凝聚剂与砷酸根发生沉淀絮凝和吸附作用。当向电解液中投加高分子絮凝剂时，利用电解产生的气泡上浮，即将吸附了砷的氢氧化物胶体浮至液面，由刮渣机将浮渣排出[66]。电解法工艺简单，成本低，但是除砷成效较低，而且处理时生成浮渣易造成二次污染。有研究者用电解法添加铁盐和 H_2O_2，将电化学与化学氧化法相结合治理含砷废水，在适当铁砷比的条件下无须加入 pH 调整剂，能减少固体排放物的生成[67]。

1.5.5 氧化法

在废水中砷主要以 As(Ⅲ) 和 As(Ⅴ) 形式存在。在 pH < 9.5 水体中，As(Ⅲ) 处于非离子状态而呈中性，许多方法如絮凝、沉淀、吸附等对 As(Ⅴ) 脱除非常有效，对 As(Ⅲ) 处理常常收效甚微。鉴于没有一种简单的方法可以直接去除As(Ⅲ)，氧化便成为去除 As(Ⅲ) 时不可缺少的步骤。另外，砷化物毒性有很大差异，As(Ⅲ) 毒性是 As(Ⅴ) 毒性的 60 多倍，将 As(Ⅲ) 氧化成 As(Ⅴ)，既改善了去除效果，又可降低毒性。常用的强氧化剂有 H_2O_2、$KMnO_4$、$NaClO$ 和 Cl_2 等。

用 H_2O_2 处理含砷废水，当控制 pH = 7 ~ 8 及双氧水（27% H_2O_2）投加量为 5 ~ 6 mL/L 时，出水砷含量最低。当 H_2O_2 投加量大于 6 mL/L 之后，出水砷含量基本保持不变[68]。

$KMnO_4$ 氧化 As(Ⅲ)，反应如下：

$$3H_3AsO_3 + 2KMnO_4 = H_3AsO_4 + 2KH_2AsO_4 + 2MnO_2 + H_2O \quad (1-11)$$

$$H_2SO_4 + MnO_2 + H_3AsO_3 = H_3AsO_4 + MnSO_4 + H_2O \quad (1-12)$$

$KMnO_4$ 氧化 As(Ⅲ) 后生成 MnO_2，MnO_2 也具有较强氧化性，并能控制自然界和人体内铁、钴、铬和砷移动性及毒性[69]。用 $NaClO$ 作氧化剂，在低 pH 下，H_2SO_3 首先被氧化，然后是 H_3AsO_3 被氧化成 H_3AsO_4，pH 控制在 3.5 左右除砷效果最好[70]。此外，空气可以使 As(Ⅲ) 被氧化，采取曝气可以达到氧化目的。

1.6 含砷废水资源化技术

化学沉淀法处理含砷废水，最大缺点是产生大量含砷危险固体废弃物，而且细菌氧化促使砷渣溶解于水体，造成二次污染。因此，国家要求对含砷危险固体废弃物进行集中安全填埋与处置，含砷危险固体废弃物安全填埋和处置费用非常高，已大大增加了企业生产成本。含砷废水回收砷，使含砷废水资源化，砷渣大大减少，有利于综合生产成本的降低，并达到控制和治理含砷废水污染的目的。因此，含砷废水资源化对于治理和控制含砷废水污染意义极其重大。利用含砷废水为原料可制备三氧化二砷[71]、砷酸盐和单质砷等产品。

1.6.1　制备三氧化二砷

三氧化二砷是砷化学的主要起始原料，也是最具商业价值的砷化合物。虽然它是剧毒性物质，但广泛应用于工业、农业和医药等领域，也是制备单质砷和其他砷化合物的主要原材料[11, 72-77]。含砷废水制备三氧化二砷，主要是利用硫化法处理含砷废水得到的硫化砷渣制备三氧化二砷，目前针对硫化砷渣国内外主要的处理工艺有：焙烧法、碱浸法、硫酸铁浸出法、氧压浸出和硫酸铜置换法。

焙烧法是回收三氧化二砷最普遍的方法。硫化砷经氧化焙烧生成的三氧化二砷直接挥发进入烟气，在烟气冷凝时回收。

$$2As_2S_3 + 9O_2 =\!\!=\!\!= 2As_2O_3 + 6SO_2 \qquad (1-13)$$

采用此法回收白砷的工厂有：日本足尾冶炼厂、瑞典波利顿集团、我国的云锡公司、柳州冶炼厂和赣州冶炼厂。另外，该方法在含砷难处理金矿的焙烧预处理方面在国内也得到了推广应用。该方法的缺点是砷回收率低、容易造成二次污染，适合处理含砷的原矿石，对采用化学沉淀获得的硫化砷渣处理较少[78]。

碱浸法使用氢氧化钠浸出硫化砷渣，经过过滤、洗涤得到碱浸渣和碱浸液；再向碱浸液中通入空气氧化脱硫后过滤，在滤液中通入 SO_2 气体还原，经过滤、洗涤、烘干得到三氧化二砷粉末[79]。其工艺流程如图 1-12 所示。

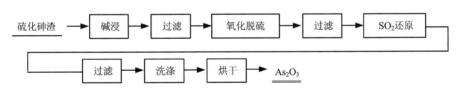

图 1-12　碱浸法硫化砷渣制备三氧化二砷工艺流程

发生的主要反应有：

$$As_2S_3 + 6NaOH =\!\!=\!\!= Na_3AsS_3 + Na_3AsO_3 + 3H_2O \qquad (1-14)$$

$$Na_3AsS_3 + 2O_2 =\!\!=\!\!= Na_3AsO_4 + 3S \downarrow \qquad (1-15)$$

$$2Na_3AsO_3 + O_2 =\!\!=\!\!= 2Na_3AsO_4 \qquad (1-16)$$

$$AsO_4^{3-} + SO_2 + H^+ =\!\!=\!\!= SO_4^{2-} + HAsO_2 \qquad (1-17)$$

$$2HAsO_2 =\!\!=\!\!= As_2O_3 + H_2O \qquad (1-18)$$

该方法工艺参数易于控制，但工艺流程复杂，氢氧化钠消耗量大，且无法再生，成本较高[80-82]。

硫酸铁浸出法是利用 Fe^{3+} 的氧化性，将硫化砷等氧化为可溶的砷酸。浸出液用二氧化硫还原，利用三价砷酸溶解度小的原理，冷却结晶获得粗白砷。结晶后液再用氯酸钠氧化 Fe^{2+}，然后循环使用。该方法要获得工业应用，尚需提高反应速度，解决铁再生成本高的问题[83-85]。

氧压浸出是将原料、水和浸出剂一起浆化后放入加压釜内，通入氧气于 130 ~ 150℃ 反应 2 ~ 3 h。反应结束后经过冷却、液固分离、SO_2 还原、冷却、结晶制备得到三氧化二砷。该技术显著优点是降低了硫化砷渣浸出试剂费用与成本，但设备要求高、生产过程复杂、产品纯度低[86, 87]。

硫酸铜置换法最著名的方法是日本住友法。该工艺包括置换、氧化、还原、结晶和硫酸铜制备五大工序。目前有日本住友公司东予冶炼厂和江铜贵溪冶炼厂使用该方法[58, 88]。

各工序主要反应如下：

$$As_2S_3 + 3CuSO_4 + 4H_2O \longrightarrow 2HAsO_2 + 3CuS \downarrow + 3H_2SO_4 \qquad (1-19)$$

$$2HAsO_2 + O_2 + 2H_2O \longrightarrow 2H_3AsO_4 \qquad (1-20)$$

$$H_3AsO_4 + SO_2 \longrightarrow HAsO_2 + H_2SO_4 \qquad (1-21)$$

$$2HAsO_2 \longrightarrow As_2O_3 + H_2O \qquad (1-22)$$

$$2Cu + 2H_2SO_4 + O_2 \longrightarrow 2CuSO_4 + 2H_2O \qquad (1-23)$$

根据贵溪冶炼厂实际生产情况，砷回收率只有 55%，45% 的砷和其他杂质一起重新进入铜的主流程循环系统，将造成生产系统内杂质的循环累积[89, 90]。

该工艺特点是环境好、自动化程度高，得到纯度 99% 以上的氧化砷。整个生产过程在常温常压下进行，既安全又可靠，可以回收砷、铜，同时也可以回收硫。但是，每吨白砷需消耗 2.5 ~ 3.0 t 铜或氧化铜粉，尽管铜以硫化铜渣的形式返回闪速炉熔炼，但却使得白砷生产成本很高，经济上不合理。

1.6.2　制备砷酸盐

从含砷废水中回收砷制备砷酸盐产品[91]也是常见的砷资源化形式，主要的含砷产品有砷酸钠、砷酸钙和砷酸铜。Chen 等从 NaCl – H_2SO_4 溶液酸浸处理提取铜锌后的铜冶炼烟尘所得酸浸液中回收砷和铋，该含砷溶液经氨水调节 pH 沉砷和铋、氢氧化钠浸砷、蒸发浓缩和冷却结晶回收砷得到砷酸钠产品（含 21.5% As），而脱砷渣经进一步处理得海绵铋，该工艺实现了含砷烟尘中砷与铋的分离与回收，但砷总回收率低，仅为 42%[92]。

含砷污酸利用 TBP 或其他萃取剂萃取后，加入碳酸钙制成砷酸钙，沈阳冶炼厂 20 世纪 80 年代曾进行过放大实验。该方法需多级萃取，废水仍需进一步处理。苏联有色矿冶研究院用石灰（石灰乳）处理含砷废水，过量的石灰能促进净化深度提高。在浓碱高温下，可将砷溶解于溶液中（NaOH 浓度大于 100 g/L），冷却到

20 ~ 30℃ 结晶出砷酸钠。此法也可用于处理硫化滤饼。重复溶解水合处理后得到含 As 30% 的标准砷酸钙。这两种方法都得先将废水中的 As(Ⅲ) 氧化成 As(Ⅴ)。

以硫化法和电积脱砷铜泥得到的沉淀物为原料，氧化浸出制成含砷碱液，加入硫酸铜调浆合成，得到砷酸铜，同时亦产出废水，需要处理。该工艺特点是：湿法作业有良好的作业环境，作业过程易控制。陈白珍等采用两段中和沉淀法处理某厂硫酸铜结晶母液(含 61.2 g/L Cu 和 49.0 g/L As)制备砷酸铜产品，一段氢氧化钠中和除杂(脱铁、锑和铋)，二段氢氧化钠中和处理产出合格砷酸铜产品，砷和铜回收率为 80% ~ 90%，所得砷酸铜结构式为 $Cu_5As_4O_{15} \cdot 9H_2O$[93]。

1.6.3 制备单质砷

单质砷毒性小，易于储存，且储存占地面积小，特别是高纯金属砷几乎无毒，另外，将金属砷应用到一些合金中可显著提高材料性能。因此，从含砷废水中以单质砷形式回收砷是一种非常理想的资源化形式，这既可大大减少砷危害，又可以将其作为有用资源进行储存或深加工用于其他材料中。

从含砷废水中将砷资源化制备单质砷，主要方法有电沉积法和试剂还原法。电沉积法需严格控制阴极析出电位以防止产生剧毒砷化氢气体，另外，由于电沉积所得单质砷的导电性较差，随着电沉积进行，阴极电阻将会增大，使电沉积较难进行，故电沉积易形成单质砷薄层，而且阴极还原电势增大会导致砷化氢产生[94, 95]。有研究表明，电解过程中采用强力机械搅拌或适当提高电流密度有利于使电极上沉积的单质砷脱落，形成砷粉，这可以提高电流效率。在电解液中 As(Ⅲ) 含量为 50 ~ 80 g/L，添加剂十二烷基磺酸钠用量为 4 g/L，溶液初始 pH 为 9 ~ 10，电流密度为 80 ~ 90 A/m²(阴极电势大于 − 0.83 V)和温度约为 60℃ 条件下电沉积制备单质砷，砷沉积效果较好，电流效率达到 83.7%，沉积速度为 0.8 g/(dm² · h)，产出的砷粉纯度可达 99.9%[24]。试剂还原法是往含砷废液中加入还原剂使砷还原为单质砷，常见的还原剂有水合肼、氯化亚锡、次磷酸钠、甲酸和甲酸盐等[96~98]。

1.6.4 其他资源化形式

含砷废水中砷资源化形式还有砷金属合金、硫化砷、含砷自然矿物等，其中硫化砷和含砷自然矿物等产品可作为制备含砷产品原料。Cao 等通过电沉积从高含砷溶液中制备 As - Sb 合金，当含砷溶液中含 10 g/L As(Ⅲ)、2 g/L Sb(Ⅲ) 和 4 mol/L 盐酸时，在电流密度为 4 mA/cm² 和温度为 20℃ 条件下电沉积可得到 As - Sb 合金(含 70.3% As 和 29.7% Sb)，电流效率高达 94.7%[99]。

铜电解液电解法脱砷可得到砷铜合金产品，也有高砷废酸制备铜砷合金的研究报道。这一方法基于 $Cu^{2+} + 2e \longrightarrow Cu$ 的标准电位是 0.337 V，与 $As^{3+} + 3e \longrightarrow As$

的标准电位是 0.30 V 非常接近，当溶液中 Cu 和 As 浓度适当时，铜和砷同时从阴极析出。氢在铜上过电压较高，阴极不析出氢气，因此阴极难以产生 AsH_3。该方法缺点是电耗高，电耗达 55860 kW·h/t 砷，电解后期有 AsH_3 析出[58]。

徐利时等用硫化钠从锑冶炼砷碱渣水浸液中脱砷，控制 H^+ 浓度为 0.025 ~ 0.2 mol/L 和温度为 50 ~ 60℃，砷脱除率可达 99%，产出的硫化砷可作为炼砷原料出售或作为木材防腐剂[100]。Itakura 等用水热矿化法从含不同砷浓度和氧化态的无机砷氧阴离子模拟废水中回收砷。对于含 As(Ⅴ) 溶液或含 As(Ⅴ) 与 As(Ⅲ) 的混合溶液，用 $Ca(OH)_2$ 作为矿化剂，H_2O_2 作为氧化剂，溶液中砷以高砷含量的自然矿物碱式砷酸钙沉淀析出，且该处理方法不依赖于砷初始浓度、氧化态以及 As(Ⅴ) 与 As(Ⅲ) 混合比例。经水热矿化处理含 1 ~ 2000 mg/L As(Ⅴ) 或 As(Ⅲ) 水溶液，砷浓度下降到 0.02 mg/L，所得自然矿物可用作制备砷化合物的原料[88]。

1.7　我国冶炼行业砷排放现状及其潜在风险

砷分布分散，常与有色金属钨、锡、铜、铅、锌、锑、汞、金等伴生，我国主要金属矿共生、伴生的砷量如表 1 - 7 所示。截至 2003 年底我国部分省、自治区累计采出砷量如表 1 - 8 所示[101]。

表 1 - 7　我国主要金属矿共生、伴生的砷数量

主金属	主品位 /%	As 品位 /%	范围中值 /%	算术平均值 /%	几何平均值 /%	As 保有储量 /kt
Sn	24	0.23 ~ 10.25	1.12	1.82	0.75	1331
Zn	29	0.22 ~ 13.99	1.20	2.30	0.73	1126
Pb	30	0.22 ~ 13.99	1.20	2.54	0.75	1057
Au	49	0.10 ~ 11.06	0.46	1.47	0.63	951
Cu	26	0.13 ~ 7.64	1.21	1.98	0.40	890.8
W	9	0.15 ~ 3.61	1.24	1.58	0.64	636.7
Fe	9	0.10 ~ 4.83	0.33	1.11	0.36	287.2
Ag	15	0.16 ~ 7.64	0.75	1.38	0.69	254
S	10	0.10 ~ 12.31	0.31	1.53	0.41	229.8
Sb	12	0.20 ~ 11.06	0.66	1.83	0.49	161.9
Hg	5	0.38 ~ 22.99	3.96	8.36	1.90	43.7

表 1 – 8　截至 2003 年底我国部分省、自治区累计采砷量

省份/自治区	采砷量/kt			占总采砷量的比例/%	
	总量	表内	表外	表内	表外
广西	733	676	57	48.5	4.09
湖南	342	297	44.3	21.3	3.18
云南	153	142	11	10.2	0.79
四川	74.3	0	74.3	0	5.34
安徽	46.2	45.4	0.8	3.26	0.06
陕西	17.8	0	17.8	0	1.28
广东	9.1	9.1	0	0.65	0
贵州	5.4	0	5.4	0	0.39
新疆	5.4	0	5.4	0	0.39
江西	3.6	0	3.6	0	0.26
吉林	1.3	0.3	1	0.02	0.07
青海	0.95	0.95	0	0.07	0
辽宁	0.57	0	0.57	0	0.04
福建	0.39	0.39	0	0.03	0
江苏	0.19	0	0.19	0	0.01
甘肃	0.1	0.08	0.02	0.01	0
合计	1393	1171	221	84.1	15.9

由表 1 – 7 可知,我国砷资源主要伴生在锡、铅、锌、铜、金等矿产资源中,锡矿中含砷达到 1331 kt。这些砷伴随着主要元素被开采,进入精矿和尾矿中。精矿进一步冶炼,从而进入冶炼系统,富集于冶炼中间产物中,形成各种含砷物料,如烟尘、阳极泥、冶炼渣、废渣及废水等。

由表 1 – 8 可知,截至 2003 年底,我国共采出 1171 kt 砷,其中伴生及共生砷矿资源采出量占总采出量的 83.3%。从各省砷的采出量看,广西、湖南、云南、四川、陕西等省区,砷采出量都在 10 kt 以上。广西是砷采出量最多的省区,达 676 kt,占总表内采出砷的 57.7%;其次是湖南 297 kt,占总表内采出砷的 25.4%;云南为 142 kt,占总表内采出砷的 12.1%。另外,安徽为 46.2 kt,占总表内采出砷的 3.92%。因此,我国应该高度重视砷污染问题的潜在危害。

据不完全统计,目前全国铜冶炼厂原料平均含砷超过 0.3%。针对近几年进

口铜精矿中砷等有害元素严重超标的问题，为保护人民健康和安全、保护环境安全、保护国家利益，根据《中华人民共和国进出口商品检验法》及其实施条例等法律规定，自 2006 年 6 月 1 日起，进口铜精矿中明确要求砷含量不得大于 0.5%。2018 年，我国铜精矿（金属量）、精炼铜、铜材产量 151 万 t、904 万 t、1716 万 t，分别同比增长 3.9%、8%、14.5%。我国某有色金属有限公司阴极铜总产量为 25 万 t，洗涤烟气含砷废水量为 600 m^3/d，砷含量平均为 4.5 g/L，每年废水总砷量达到 985.5 t。2017 年我国铜产量 888.9 万 t，依此计算，2017 年全国铜冶炼废水含砷达到 35040 t；2018 全国铜产量达到 904 万 t，2018 年全国铜冶炼废水含砷达到 35636 t。

从我国锡矿产量来看，自 2010 年以来，我国锡矿产量整体上呈现出逐年下降的态势。2010 年我国锡矿产量达到了将近 12 万 t，2018 年锡矿产量下降至 9 万 t。而我国锡矿产量的下降，也导致了精炼锡产量的不断下降，据国际锡业协会（ITA）表示，中国今年前 9 个月精炼锡产量降至 116450 t，较上年同期减少 9.5%。锡精矿中砷含量一般为 1.25%，锡精矿品位为 45%，若进入含砷废水中的砷按 30% 计算，2018 年进入锡冶炼含砷废水中砷总量约为 750 t。

2018 年，受环保整治及新建矿山有限等影响，铅、锌精矿产量 133 万 t、284 万 t，同比下降 5.9%、4.9%，国内铅锌矿产资源自给率不断下降。铅、锌产量 511 万 t、568 万 t，同比铅增长 9.8%、锌下降 3.2%。其中，随着国内企业对铅锌二次物料利用水平的提升，再生铅、锌产量分别为 225 万 t、60 万 t，同比增长 10.0%、56.8%，占铅、锌产量比例达 44.1%、10.5%。以国内某铅锌冶炼厂 2004 年生产情况为例，该厂 2004 年生产电锌 30 万 t、电铅 10 万 t、硫酸 30 万 t。铅冶炼工艺流程为：铅矿→配料→鼓风烧结→鼓风炉熔炼→粗铅→电解精炼，烧结烟气利用托普索技术制酸。锌冶炼工艺流程为：沸腾焙烧→浸出→净液→电解→熔铸，浸出渣采取传统的挥发窑工艺回收 Zn、Pb、Ag、In 等，焙烧烟气送往制酸。据统计，该冶炼厂污水处理量为 960 m^3/d，年废水排放总量达到 3.50×10^5 m^3/d。按铅锌总量计，全国铅锌总量为该厂的 26.97 倍，全国铅锌废水总量达到 9.44×10^6 m^3/d。废水总砷以 1 g/L 计算，2018 年铅锌冶炼含砷废水中砷总量约为 9440 t。

中国黄金资源非常丰富，有砂金矿、脉金矿、含 Au 多金属矿。其中砂金矿床近千处，产量约占总产量的 15%。脉金储量比砂金储量多，是黄金生产的主要资源。脉金矿中，低品位和含复杂硫化物的金矿资源尤为丰富，尤其是含金高砷硫化矿不仅资源丰富，而且金品位较高，在黄金资源中占有很大的比例。中国产出的含金高砷硫化精矿约占全国总金精矿的 1/3，处理含金高砷硫化矿一般采用焙烧预处理 - 氰化 - 炭浆/锌粉置换工艺，排放废液含砷较高。以山东黄金公司黄金冶炼为例，该公司含砷污水处理规模为 24 m^3/h，总砷含量达到 3.169 g/L。以此计算,该黄金生产企业每年废水中砷总量为 666.25 t。该企业年产黄金约 70 t,2018 年全国黄金产量为 401 t,按含金高砷硫化精矿约占全国总金精矿的 1/3 推算,2018 年黄金冶炼废水含砷大约为 1272.2 t。

综上分析,2018 年全国有色行业 Cu、Sn、Pb、Zn、Au 冶炼废水含砷总量达到 4.71 万 t。按照我国生活用水和地表水 $\rho(As) \leqslant 0.05$ mg/L 水质标准,如果直接排放,仅 2018 年我国 Cu、Sn、Pb、Zn、Au 冶炼废水排放的砷,可污染地表水 8.34×10^7 万 m³,我国水资源总量为 28124 亿 m³,不经过处理我国仅有色冶炼含砷废水就可将我国 29.6% 的地表水污染。由此可见,砷污染危害之大。

第 2 章　含砷废水沉淀的 φ – pH 图

湿法冶金理论研究中广泛使用 φ – pH 图来分析物质在水溶液中的稳定性和工艺过程的热力学条件。本章以沉淀法处理含砷废水产生的砷酸盐沉淀为基础，根据相关的热力学数据和热力学平衡反应式及 φ – pH 关系式[102, 103]，绘制温度为 298 K 时的 Cu – As – H_2O、Ca – As – H_2O、Fe – As – H_2O、Zn – As – H_2O 系 φ – pH 图，以了解这些相应砷酸盐在 φ – pH 图中存在的区域。

2.1　φ – pH 图绘制基本原理

所有氧化还原反应都可以用下列通式表示：

$$aA + mH^+ + ne = bB + cH_2O \tag{2-1}$$

式中：A 和 B 分别代表物质的氧化态和还原态；a、m、n、b 和 c 分别代表化学计量系数，n 为电子 e 的转移数。

根据等温方程式，在温度、压力一定的情况下，反应式(2 – 1)的吉布斯自由能变化可表示为：

$$\Delta G_T = \Delta G_T^{\ominus} + RT\ln \frac{\alpha_B^b}{\alpha_A^a \cdot \alpha_{H^+}^m} \tag{2-2}$$

$$\Delta G_T^{\ominus} = \sum \Delta G_{T产物} - \sum \Delta G_{T反应物} \tag{2-3}$$

式中：α 为物质的活度。

在标准状态下($T = 298$ K)，水溶液中各反应按有无 H^+ 和电子参加，可分为以下 3 种类型：

(1)有 H^+ 和电子参与的电化学反应

有 H^+ 和电子参与的电化学反应可用下列通式表示：

$$aA + mH^+ + ne = bB + cH_2O$$

在 298 K 时，以水为溶剂，假设氧化态和还原态的活度 α 等于 1，根据能斯特方程，其平衡电势为：

$$\varphi_T^{\ominus} = -\frac{\Delta G_T^{\ominus}}{nF} \tag{2-4}$$

$$\varphi_T = \varphi_T^{\ominus} - 2.303 \times \frac{mRT}{nF} \times \text{pH} - 2.303 \times \left(\frac{RT}{nF}\right) \times \lg\left(\frac{\alpha_B^b}{\alpha_A^a}\right)$$

$$= \varphi_T^\ominus - 2.303 \times \frac{mRT}{nF} \times \text{pH} \tag{2-5}$$

式中：R 为摩尔气体常数 $[8.314\ \text{J}/(\text{mol}\cdot\text{K})]$；$F$ 为法拉第常数 $(96500\ \text{C}/\text{mol})$。

（2）没有 H^+ 参与的电化学反应

$$\varphi_T = \varphi_T^\ominus \tag{2-6}$$

$$\varphi_T^\ominus = -\frac{\Delta G_T^\ominus}{nF} \tag{2-7}$$

（3）只有 H^+ 参与没有电子参与的化学反应

$$\Delta G_T^\ominus = -RT\ln K \tag{2-8}$$

$$K = \frac{[\text{B}]^b}{[\text{A}]^a[\text{H}^+]^m} \tag{2-9}$$

$$\text{pH} = -\frac{1}{m}\lg K + \frac{1}{m}\lg\frac{[\text{A}]^a}{[\text{B}]^b} = -\frac{\Delta G^\ominus}{2.303RTm} + \frac{1}{m}\lg\frac{[\text{A}]^a}{[\text{B}]^b}$$

$$= -\frac{1}{m}\lg K = -\frac{\Delta G^\ominus}{2.303RTm} \tag{2-10}$$

所以，只要知道反应的 $\Delta G_T^\ominus$、K 和 $\varphi_T^\ominus$ 中的任何一个值，就可求出该反应式的 φ_T -pH 的关系。

对于 Cu - As - H_2O、Ca - As - H_2O、Fe - As - H_2O、Zn - As - H_2O 系，主要物质的标准吉布斯自由能如表 2 - 1 所示[9]。

表 2 - 1　主要物质的标准吉布斯自由能

物质名称	$\Delta G_{298}^\ominus$	物质名称	$\Delta G_{298}^\ominus$
H_3AsO_4	-769.04	$Fe(OH)_{3(s)}$	-694.54
$H_2AsO_4^-$	-740.52	$Fe_{(S)}$	-8.13
$HAsO_4^{2-}$	-707.1	Fe^{2+}	-84.94
AsO_4^{3-}	-635.91	Ca^{2+}	-553.54
H_3AsO_3	-638.98	$Ca(OH)_{2(s)}$	-985.2
$H_2AsO_3^-$	-592.54	CaO_2	-683.73
$HAsO_3^{2-}$	-523.20	Cu^{2+}	65.52
AsO_3^{3-}	-446.99	Cu_2O	-149
AsO^+	-163.59	CuO	-129.7
As	-10.17	Cu_3As	-52.62
AsH_3	-5.44	Zn^{2+}	-147.1

续表 2 - 1

物质名称	$\Delta G_{298}^{\ominus}$	物质名称	$\Delta G_{298}^{\ominus}$
As_2S_3	-168.62	$Zn(OH)_{2(s)}$	-553.59
As_2O_3	-576.05	$HZnO_2^-$	-615.62
$Cu_3(AsO_4)_2$	-1300.81	HS^-	12.05
$Cu_5H_2AsO_4$	-2664.79	$H_2S_{(aq)}$	-27.87
$Ca_3(AsO_4)_2$	-3060.6	HSO_4^-	-755.9
$CaHAsO_4 \cdot H_2O$	-1525.5	SO_4^{2-}	-744.5
$FeAsO_4$	-768.6	H_2O	-237.19
$Zn_3(AsO_4)_2$	-1904.56	O_2	0
$ZnHAsO_4$	-898.72	H^+	0
Fe^{3+}	-10.59		

2.2 Cu - As - H₂O 系 φ - pH 图

一般认为砷酸铜沉淀的主要形式为 $Cu_3(AsO_4)_2$，但实际上砷酸铜还有多种沉淀形式。在 Cu - As - H₂O 系溶液中，可能发生的电化学反应和 φ - pH 表达式（$T = 298$ K，$p = 101325$ Pa）如表 2 - 2 所示[58, 98, 104 - 107]。

表 2 - 2 Cu - As - H₂O 系的电极反应式和 φ - pH 表达式

电极反应式	φ - pH 表达式
(1) $H_3AsO_4 + 2H^+ + 2e \longrightarrow H_3AsO_3 + H_2O$	$\varphi = 0.555 - 0.0591pH$
(2) $H_2AsO_4^- + 3H^+ + 2e \longrightarrow H_3AsO_3 + H_2O$	$\varphi = 0.703 - 0.0886pH$
(3) $HAsO_4^{2-} + 4H^+ + 2e \longrightarrow H_3AsO_3 + H_2O$	$\varphi = 0.876 - 0.1182pH$
(4) $AsO_4^{3-} + 3H^+ + 2e \longrightarrow HAsO_3^{2-} + H_2O$	$\varphi = 0.645 - 0.0886pH$
(5) $HAsO_3^{2-} + 5H^+ + 3e \longrightarrow As + 3H_2O$	$\varphi = 0.686 - 0.0985pH$
(6) $AsO_4^{3-} + 2H^+ + 2e \longrightarrow AsO_3^{3-} + H_2O$	$\varphi = 0.249 - 0.0591pH$
(7) $HAsO_4^{2-} + 3H^+ + 2e \longrightarrow H_2AsO_3^- + H_2O$	$\varphi = 0.635 - 0.0886pH$
(8) $AsO_4^{3-} + 4H^+ + 2e \longrightarrow H_2AsO_3^- + H_2O$	$\varphi = 1.004 - 0.1182pH$
(9) $AsO_3^{3-} + 6H^+ + 3e \longrightarrow As + 3H_2O$	$\varphi = 0.949 - 0.1182pH$

续表 2 - 2

电极反应式	φ - pH 表达式
(10) $H_3AsO_3 + 3H^+ + 3e \longrightarrow As + 3H_2O$	$\varphi = 0.286 - 0.0591pH$
(11) $H_2AsO_3^- + 4H^+ + 3e \longrightarrow As + 3H_2O$	$\varphi = 0.446 - 0.0788pH$
(12) $As + 3H^+ + 3e \longrightarrow AsH_3$	$\varphi = -0.0607 - 0.0591pH$
(13) $3Cu^{2+} + H_3AsO_3 + 3H^+ + 9e \longrightarrow Cu_3As + 3H_2O$	$\varphi = 0.369 - 0.0197pH$
(14) $2Cu_3(AsO_4)_2 + 14H^+ + 14e \longrightarrow 3Cu_2O + 4H_3AsO_3 + H_2O$	$\varphi = 0.473 - 0.0591pH$
(15) $3Cu_2O + 2H_2AsO_4^- + 18H^+ + 16e \longrightarrow 2Cu_3As + 11H_2O$	$\varphi = 0.508 - 0.0665pH$
(16) $2Cu_3(AsO_4)_2 + 3H_2O + 2H^+ + 6e \longrightarrow 3Cu_2O + 4H_2AsO_4^-$	$\varphi = 0.238 - 0.0197pH$
(17) $3Cu_2O + 2HAsO_4^{2-} + 20H^+ + 16e \longrightarrow 2Cu_3As + 11H_2O$	$\varphi = 0.553 - 0.0739pH$
(18) $Cu_2O + 2H^+ + 2e \longrightarrow 2Cu + H_2O$	$\varphi = 0.456 - 0.0591pH$
(19) $3Cu + HAsO_4^{2-} + 7H^+ + 5e \longrightarrow Cu_3As + 4H_2O$	$\varphi = 0.610 - 0.0827pH$
(20) $3Cu + AsO_4^{3-} + 8H^+ + 5e \longrightarrow Cu_3As + 4H_2O$	$\varphi = 0.757 - 0.0946pH$
(21) $Cu_3As + 3H^+ + 3e \longrightarrow 3Cu + AsH_3$	$\varphi = -0.610 - 0.0591pH$
(22) $Cu^{2+} + H_3AsO_4 \longrightarrow CuHAsO_4 + 2H^+$	pH = 0.96
(23) $Cu_5H_2(AsO_4)_4 + 10H^+ \longrightarrow 5Cu^{2+} + 4H_3AsO_4$	pH = 1.30
(24) $H_3AsO_4 \longrightarrow H_2AsO_4^- + H^+$	pH = 2.22
(25) $H_2AsO_4^- \longrightarrow HAsO_4^{2-} + H^+$	pH = 6.98
(26) $3CuO + 2HAsO_4^{2-} + 4H^+ \longrightarrow Cu_3(AsO_4)_2 + 3H_2O$	pH = 8.5
(27) $HAsO_4^{2-} \longrightarrow AsO_4^{3-} + H^+$	pH = 11.5
(28) $H_3AsO_3 \longrightarrow H_2AsO_3^- + H^+$	pH = 8.14
(29) $H_2AsO_3^- \longrightarrow HAsO_3^{2-} + H^+$	pH = 12.2
(30) $HAsO_3^{2-} \longrightarrow AsO_3^{3} + H^+$	pH = 13.3

根据表 2 - 2 中数据绘制出 Cu - As - H₂O 系 φ - pH 图,如图 2 - 1 所示。由图 2 - 1 可以看出,在高氧化还原电位下,当 pH < 0.96 左右时,铜以 Cu^{2+} 形态存在;在 a(pH = 1.0, φ = 0.39)、b(pH = 1.3, φ = 0.39)、c(pH = 1.0, φ = 1.2)、d(pH = 1.3, φ = 1.2)区域内 $CuHAsO_4$ 能稳定存在;在 b、e(pH = 5.8, φ = 0.13)、f(pH = 7.0, φ = 0.10)、g(pH = 8.5, φ = 0.13)、h(pH = 8.5, φ = 1.20)、d 区域内 $Cu_5H_2(AsO_4)_4$ 能稳定存在;当 pH > 8.5 时,开始生成 CuO 沉淀。随着 pH 的增加,当氧化还原电位较高时,铜会以氧化物的形式沉淀,而砷浸出进入溶液。

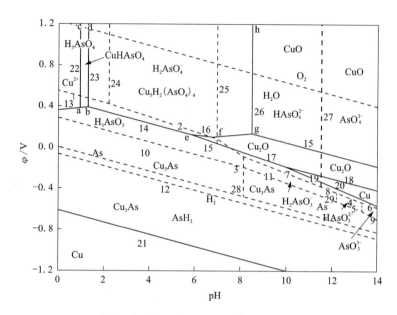

图 2-1 Cu-As-H₂O 系的 φ-pH 图

制备的砷酸铜中未检测到 $Cu_3(AsO_4)_2$，其原因是生成的 $Cu_3(AsO_4)_2$ 不稳定，容易转化成 $Cu_5H_2(AsO_4)_4$[103]。

$$5Cu_3(AsO_4)_2 + 2H_3AsO_4 \longrightarrow 3Cu_5H_2(AsO_4)_4$$

2.3 Ca-As-H₂O 系 φ-pH 图

在 Ca-As-H₂O 系溶液中，可能发生的电化学反应和 φ-pH 表达式(T = 298 K，p = 101325 Pa)如表 2-3 所示[6, 108-112]。根据表 2-3 中数据绘制出 Ca-As-H₂O 系 φ-pH 图，如图 2-2 所示。

表 2-3 Ca-As-H₂O 体系的电极反应式和 φ-pH 表达式

电极反应式	φ-pH 表达式
(1) $H_3AsO_4 + 2H^+ + 2e \longrightarrow H_3AsO_3 + H_2O$	$\varphi = 0.555 - 0.0591pH$
(2) $H_2AsO_4^- + 3H^+ + 2e \longrightarrow H_3AsO_3 + H_2O$	$\varphi = 0.703 - 0.0886pH$
(3) $HAsO_4^{2-} + 4H^+ + 2e \longrightarrow H_3AsO_3 + H_2O$	$\varphi = 0.876 - 0.1182pH$
(4) $AsO_4^{3-} + 3H^+ + 2e \longrightarrow HAsO_3^{2-} + H_2O$	$\varphi = 0.645 - 0.0886pH$

续表 2 – 3

电极反应式	φ – pH 表达式
(5) $HAsO_4^{2-} + 7H^+ + 5e \longrightarrow As + 4H_2O$	$\varphi = 0.514 - 0.0738pH$
(6) $AsO_4^{3-} + 2H^+ + 2e \longrightarrow AsO_3^{3-} + H_2O$	$\varphi = 0.249 - 0.0591pH$
(7) $HAsO_4^{2-} + 3H^+ + 2e \longrightarrow H_2AsO_3^- + H_2O$	$\varphi = 0.635 - 0.0886pH$
(8) $AsO_4^{3-} + 4H^+ + 2e \longrightarrow H_2AsO_3^- + H_2O$	$\varphi = 1.004 - 0.1182pH$
(9) $AsO_3^{3-} + 6H^+ + 3e \longrightarrow As + 3H_2O$	$\varphi = 0.949 - 0.1182pH$
(10) $H_3AsO_3 + 3H^+ + 3e \longrightarrow As + 3H_2O$	$\varphi = 0.286 - 0.0591pH$
(11) $H_2AsO_3^- + 4H^+ + 3e \longrightarrow As + 3H_2O$	$\varphi = 0.446 - 0.0788pH$
(12) $HAsO_3^{2-} + 5H^+ + 3e \longrightarrow As + 3H_2O$	$\varphi = 0.686 - 0.0985pH$
(13) $As + 3H^+ + 3e \longrightarrow AsH_3$	$\varphi = -0.0607 - 0.0591pH$
(14) $Ca_3(AsO_4)_2 + 4HAsO_4^{2-} + 26H^+ + 12e \longrightarrow$ $3Ca^{2+} + 6H_3AsO_3 + 6H_2O$	$\varphi = 0.818 - 0.128pH$
(15) $Ca(OH)_2 + 4H^+ + 4e \longrightarrow CaH_2 + 2H_2O$	$\varphi = -0.706 - 0.0591pH$
(16) $CaO_2 + 4H^+ + 2e \longrightarrow Ca^{2+} + 2H_2O$	$\varphi = 2.224 - 0.1182pH$
(17) $CaO_2 + 2H^+ + 2e \longrightarrow Ca(OH)_2$	$\varphi = 1.547 - 0.0591pH$
(18) $3Ca^{2+} + 2H_3AsO_3 + 2H_2O \longrightarrow Ca_3(AsO_4)_2 + 10H^+ + 4e$	$\varphi = 0.0895 - 0.148pH$
(19) $3Ca^{2+} + 2H_2AsO_3^- + 2H_2O \longrightarrow Ca_3(AsO_4)_2 + 8H^+ + 4e$	$\varphi = 0.330 - 0.1182pH$
(20) $Ca_3(AsO_4)_2 + 4HAsO_4^{2-} + 20H^+ + 12e \longrightarrow$ $3Ca^{2+} + 6H_2AsO_3^- + 6H_2O$	$\varphi = 0.557 - 0.0985pH$
(21) $Ca_3(AsO_4)_2 + 4H_2AsO_4^- + 22H^+ + 12e \longrightarrow$ $3Ca^{2+} + 6H_3AsO_3 + 6H_2O$	$\varphi = 0.578 - 0.101pH$
(22) $Ca_3(AsO_4)_2 + 4AsO_4^{3-} + 18H^+ + 12e \longrightarrow$ $3Ca^{2+} + 6HAsO_3^{2-} + 6H_2O$	$\varphi = 0.463 - 0.089pH$
(23) $H_3AsO_3 \longrightarrow H_2AsO_3^- + H^+$	pH = 8.14
(24) $H_2AsO_3^- \longrightarrow HAsO_3^{2-} + H^+$	pH = 12.2
(25) $HAsO_3^{2-} \longrightarrow AsO_3^{3-} + H^+$	pH = 13.3
(26) $Ca^{2+} + 2H_2O \longrightarrow Ca(OH)_2 + 2H^+$	pH = 11.41
(27) $3CaHAsO_4 \cdot H_2O + 3H_2AsO_4^- \longrightarrow$ $Ca_3(AsO_4)_2 + 4HAsO_4^{2-} + 3H_2O + 5H^+$	pH = 7.76
(28) $H_2AsO_4^- \longrightarrow HAsO_4^{2-} + H^+$	pH = 6.98

续表 2 – 3

电极反应式	φ – pH 表达式
(29) $HAsO_4^{2-} \longrightarrow AsO_4^- + H^+$	pH = 11.5
(30) $H_3AsO_4 \longrightarrow H_2AsO_4^- + H^+$	pH = 2.22
(31) $CaHAsO_4 \cdot H_2O + H_2AsO_4^- + 7H^+ + 4e \longrightarrow$ $Ca^{2+} + 2H_3AsO_3 + 3H_2O$	$\varphi = 0.647 - 0.103pH$
(32) $CaHAsO_4 \cdot H_2O + H^+ \longrightarrow Ca^{2+} + H_2AsO_4^- + H_2O$	pH = 3.75

由图 2 – 2 可以看出，当 pH < 3.8 左右时，钙离子以游离形态存在，在 a(pH = 3.7, φ = 1.2)、b(pH = 3.7, φ = 0.27)、c(pH = 7.8, φ = -0.15)、d(pH = 7.8, φ = 1.2) 区域内 $CaHAsO_4 \cdot H_2O$ 能稳定存在；在 d、c、e(pH = 11.4, φ = -0.55)、f(pH = 14.0, φ = -0.78)、g(pH = 14.0, φ = 0.72)、h(pH = 11.5, φ = 0.87)、i(pH = 8.7, φ = 1.2) 区域内 $Ca_3(AsO_4)_2$ 能稳定存在。随着 pH 的增加，当氧化还原电位较低时，钙会以氢氧化物的形式沉淀，所以应控制沉砷反应在高电位以及适宜的 pH 范围内。

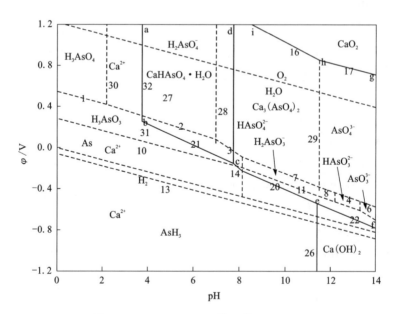

图 2 – 2 Ca – As – H₂O 体系的 φ – pH 图

2.4　Fe – As – H₂O 系 φ – pH 图

在 Fe – As – H₂O 系溶液中,可能发生的电化学反应和 φ – pH 表达式 ($T = 298$ K, $p = 101325$ Pa) 如表 2 – 4 所示[113 – 118]。根据表 2 – 4 中数据绘制出 Fe – As – H₂O 系 φ – pH 图,如图 2 – 3 所示。

表 2 – 4　Fe – As – H₂O 系的电极反应式和 φ – pH 表达式 ($T = 298$ K, $p = 101325$ Pa)

电极反应式	φ – pH 表达式
(1) $FeAsO_4 + 3H^+ + e \longrightarrow Fe^{2+} + H_3AsO_4$	$\varphi = 0.89 - 0.177pH$
(2) $H_3AsO_4 + 3H^+ + 2e \longrightarrow AsO^+ + 3H_2O$	$\varphi = 0.55 - 0.0887pH$
(3) $H_3AsO_4 + 2H^+ + 2e \longrightarrow H_3AsO_3 + H_2O$	$\varphi = 0.555 - 0.0591pH$
(4) $AsO^+ + 2H^+ + 3e \longrightarrow As + H_2O$	$\varphi = 0.254 - 0.0394pH$
(5) $HAsO_2 + 3H^+ + 3e \longrightarrow As + 2H_2O$	$\varphi = 0.248 - 0.0591pH$
(6) $H_2AsO_4^- + 3H^+ + 2e \longrightarrow H_3AsO_3 + H_2O$	$\varphi = 0.703 - 0.0886pH$
(7) $Fe(OH)_2 + 2H^+ + 2e \longrightarrow Fe + 2H_2O$	$\varphi = -0.0053 - 0.0591pH$
(8) $As + 3H^+ + 3e \longrightarrow AsH_{3(aq)}$	$\varphi = -0.0607 - 0.0591pH$
(9) $Fe(OH)_3 + 3H^+ + e \longrightarrow Fe^{2+} + 3H_2O$	$\varphi = 1.057 - 0.1773pH$
(10) $FeAsO_4 + 2H^+ + 2H_2O + 2e \longrightarrow Fe(OH)_3 + H_3AsO_3$	$\varphi = 0.503 - 0.0591pH$
(11) $FeAsO_4 + 5H^+ + 3e \longrightarrow H_2O + H_3AsO_3 + Fe^{2+}$	$\varphi = 0.688 - 0.0985pH$
(12) $Fe(OH)_3 + H^+ + e \longrightarrow Fe(OH)_2 + H_2O$	$\varphi = 0.271 - 0.0591pH$
(13) $HAsO_4^{2-} + 4H^+ + 2e \longrightarrow H_3AsO_3 + H_2O$	$\varphi = 0.876 - 0.1182pH$
(14) $Fe^{3+} + e \longrightarrow Fe^{2+}$	$\varphi = 0.77$
(15) $Fe^{2+} + 2e \longrightarrow Fe$	$\varphi = -0.41$
(16) $FeAsO_4 + 3H^+ \longrightarrow Fe^{3+} + H_3AsO_4$	$pH = 1.03$
(17) $Fe(OH)_3 + H^+ + H_2AsO_4^- \longrightarrow 3H_2O + FeAsO_4$	$pH = 5.35$
(18) $Fe(OH)_2 + 2H^+ \longrightarrow 2H_2O + Fe^{2+}$	$pH = 6.47$
(19) $HAsO_4^{2-} + H^+ \longrightarrow H_2AsO_4^-$	$pH = 6.98$
(20) $AsO_4^{3-} + H^+ \longrightarrow HAsO_4^{2-}$	$pH = 11.59$

续表 2 - 4

电极反应式	$\varphi - pH$ 表达式
$(21) H_3AsO_3 \longrightarrow H_2AsO_3^- + H^+$	$pH = 8.14$
$(22) H_2AsO_3^- \longrightarrow HAsO_3^{2-} + H^+$	$pH = 12.2$
$(23) HAsO_3^{2-} \longrightarrow AsO_3^{3-} + H^+$	$pH = 13.3$
$(24) H_3AsO_4 \longrightarrow H_2AsO_4^- + H^+$	$pH = 2.22$
$(25) AsO_3^{3-} + 6H^+ + 3e \longrightarrow As + 3H_2O$	$\varphi = 0.949 - 0.1182pH$
$(26) H_3AsO_3 + 3H^+ + 3e \longrightarrow As + 3H_2O$	$\varphi = 0.286 - 0.0591pH$
$(27) H_2AsO_3^- + 4H^+ + 3e \longrightarrow As + 3H_2O$	$\varphi = 0.446 - 0.0788pH$
$(28) HAsO_3^{2-} + 5H^+ + 3e \longrightarrow As + 3H_2O$	$\varphi = 0.686 - 0.0985pH$

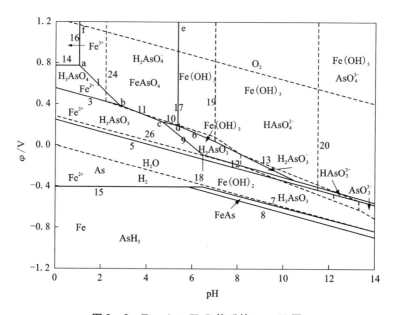

图 2 - 3   Fe - As - H₂O 体系的 $\varphi - pH$ 图

由图 2 - 3 可知, 在 a(pH = 1.0, φ = 0.77)、b(pH = 2.8, φ = 0.40)、c(pH = 4.7, φ = 0.22)、d(pH = 5.4, φ = 0.19)、e(pH = 5.3, φ = 1.20)、f(pH = 1.0, φ = 1.20) 区域内 $FeAsO_4$ 能稳定存在; 随着 pH 的增加, $FeAsO_4$ 将转化为 $Fe(OH)_3$。在较低电位时, 溶液中的铁以 Fe^{2+} 或 Fe 的形式存在; 在较高电位时, 铁元素以 Fe^{3+} 的形式存在。

2.5 Zn – As – H₂O 系 φ – pH 图

在 Zn – As – H₂O 系溶液中，可能发生的电化学反应和 φ – pH 表达式（$T = 298$ K，$p = 101325$ Pa）如表 2 – 5 所示[119-123]。根据表 2 – 5 中数据绘制出 Zn – As – H₂O 系 φ – pH 图，如图 2 – 4 所示。

表 2 – 5 Zn – As – H₂O 系的电极反应式和 φ – pH 表达式

电极反应式	φ – pH 表达式
(1) $H_3AsO_4 + 2H^+ + 2e \longrightarrow H_3AsO_3 + H_2O$	$\varphi = 0.555 - 0.0591pH$
(2) $H_2AsO_4^- + 3H^+ + 2e \longrightarrow H_3AsO_3 + H_2O$	$\varphi = 0.703 - 0.0886pH$
(3) $HAsO_4^{2-} + 4H^+ + 2e \longrightarrow H_3AsO_3 + H_2O$	$\varphi = 0.876 - 0.1182pH$
(4) $AsO_4^{3-} + 3H^+ + 2e \longrightarrow HAsO_3^{2-} + H_2O$	$\varphi = 0.645 - 0.0886pH$
(5) $HAsO_4^{2-} + 7H^+ + 4e \longrightarrow As + 4H_2O$	$\varphi = 0.514 - 0.0738pH$
(6) $AsO_4^{3-} + 2H^+ + 2e \longrightarrow AsO_3^{3-} + H_2O$	$\varphi = 0.249 - 0.0591pH$
(7) $HAsO_4^{2-} + 3H^+ + 2e \longrightarrow H_2AsO_3^- + H_2O$	$\varphi = 0.635 - 0.0886pH$
(8) $AsO_4^{3-} + 4H^+ + 2e \longrightarrow H_2AsO_3^- + H_2O$	$\varphi = 1.004 - 0.1182pH$
(9) $AsO_3^{3-} + 6H^+ + 3e \longrightarrow As + 3H_2O$	$\varphi = 0.949 - 0.1182pH$
(10) $H_3AsO_3 + 3H^+ + 3e \longrightarrow As + 3H_2O$	$\varphi = 0.286 - 0.0591pH$
(11) $H_2AsO_3^- + 4H^+ + 3e \longrightarrow As + 3H_2O$	$\varphi = 0.446 - 0.0788pH$
(12) $HAsO_3^{2-} + 5H^+ + 3e \longrightarrow As + 3H_2O$	$\varphi = 0.686 - 0.0985pH$
(13) $As + 3H^+ + 3e \longrightarrow AsH_3$	$\varphi = -0.0607 - 0.0591pH$
(14) $Zn^{2+} + 2e \longrightarrow Zn$	$\varphi = -0.762$
(15) $Zn(OH)_2 + 2H^+ + 2e \longrightarrow 2H_2O + Zn$	$\varphi = -0.411 - 0.0591pH$
(16) $Zn(OH)_2 + 2H^+ \longrightarrow 2H_2O + Zn^{2+}$	pH = 5.94
(17) $Zn^{2+} + 2H_2O \longrightarrow HZnO_2^- + 3H^+$	pH = 9.24
(18) $H_3AsO_4 + Zn^{2+} \longrightarrow ZnHAsO_4 + 2H^+$	pH = 1.52
(19) $ZnHAsO_4 + H_3AsO_4 + 6H^+ + 4e \longrightarrow 2H_3AsO_3 + Zn^{2+} + 2H_2O$	$\varphi = 0.450 - 0.0760pH$
(20) $ZnHAsO_4 + H_3AsO_4 + 2Zn^{2+} \longrightarrow Zn_3(AsO_4)_2 + 4H^+$	pH = 2.51
(21) $Zn_3(AsO_4)_2 + H_2AsO_4^- + 13H^+ + 6e \longrightarrow$ $3H_3AsO_3 + 3Zn^{2+} + 3H_2O$	$\varphi = 0.720 - 0.128pH$
(22) $2H_2O + Zn \longrightarrow HZnO_2^- + 3H^+ + 2e$	$\varphi = -0.0579 - 0.0887pH$

由图 2 - 4 可知，在 a(pH = 1.5，φ = 0.34)、b(pH = 2.5，φ = 0.26)、c(pH = 2.5，φ = 1.20)、d(pH = 1.5，φ = 1.20)区域内 $ZnHAsO_4$ 能稳定存在；在 b、c、e (pH = 5.9，φ = - 0.04)、f(pH = 5.9，φ = 1.20)区域内 $Zn_3(AsO_4)_2$ 能稳定存在；当 pH > 5.9 左右时，砷酸锌沉淀开始溶解，说明砷酸锌可溶于强酸和碱性溶液，溶液中 Zn^{2+} 形成 $Zn(OH)_2$ 沉淀，随着 pH 的增加 $Zn(OH)_2$ 会逐渐溶解。

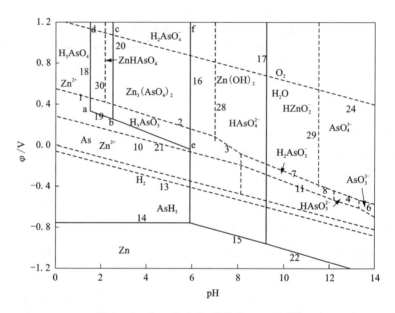

图 2 - 4　Zn - As - H_2O 系的 φ - pH 图

2.6　S - As - H_2O 系 φ - pH 图

在 S - As - H_2O 系溶液中，可能发生的电化学反应和 φ - pH 表达式(T = 298 K，p = 101325 Pa)如表 2 - 6 所示[123 - 126]。根据表 2 - 6 中数据绘制出 S - As - H_2O 系 φ - pH 图，如图 2 - 5 所示。

表 2 - 6　S - As - H_2O 体系的电极反应式和 φ - pH 表达式

电极反应式	φ - pH 表达式
(1) $H_3AsO_4 + 3H^+ + 2e \longrightarrow AsO^+ + 3H_2O$	$\varphi = 0.55 - 0.0885pH$
(2) $H_3AsO_4 + 2H^+ + 2e \longrightarrow HAsO_2 + 2H_2O$	$\varphi = 0.56 - 0.0591pH$

续表 2 - 6

电极反应式	φ - pH 表达式
(3) $H_2AsO_4^- + 3H^+ + 2e \longrightarrow HAsO_2 + 2H_2O$	$\varphi = 0.67 - 0.0886pH$
(4) $HAsO_4^{2-} + 4H^+ + 2e \longrightarrow HAsO_2 + 2H_2O$	$\varphi = 0.88 - 0.1182pH$
(5) $2AsO^+ + 3HSO_4^- + 25H^+ + 24e \longrightarrow As_2S_3 + 14H_2O$	$\varphi = 0.39 - 0.0615pH$
(6) $As_2O_3 + 3HSO_4^- + 27H^+ + 24e \longrightarrow As_2S_3 + 15H_2O$	$\varphi = 0.39 - 0.0665pH$
(7) $As_2O_3 + 3SO_4^{2-} + 30H^+ + 24e \longrightarrow As_2S_3 + 15H_2O$	$\varphi = 0.40 - 0.0738pH$
(8) $As_2S_3 + 6H^+ + 6e \longrightarrow 2As + 3H_2S$	$\varphi = -0.15 - 0.0591pH$
(9) $As_2S_3 + 3H^+ + 6e \longrightarrow 2As + 3HS^-$	$\varphi = -0.36 - 0.0295pH$
(10) $AsO_4^{3-} + 4H^+ + 2e \longrightarrow AsO_2^- + 2H_2O$	$\varphi = 0.98 - 0.1182pH$
(11) $HAsO_4^{2-} + 3H^+ + 2e \longrightarrow AsO_2^- + 2H_2O$	$\varphi = 0.61 - 0.0886pH$
(12) $3AsO_2^- + 6SO_4^{2-} + 60H^+ + 48e \longrightarrow As_3S_6^{3-} + 30H_2O$	$\varphi = 0.40 - 0.0738pH$
(13) $3AsO_4^{3-} + 6SO_4^{2-} + 72H^+ + 54e \longrightarrow As_3S_6^{3-} + 36H_2O$	$\varphi = 0.46 - 0.0788pH$
(14) $HSO_4^- + 7H^+ + 6e \longrightarrow S + 4H_2O$	$\varphi = 0.34 - 0.0689pH$
(15) $SO_4^{2-} + 8H^+ + 6e \longrightarrow S + 4H_2O$	$\varphi = 0.35 - 0.0788pH$
(16) $S + 2H^+ + 2e \longrightarrow H_2S_{(aq)}$	$\varphi = 0.14 - 0.0591pH$
(17) $S + H^+ + 2e \longrightarrow HS^-$	$\varphi = -0.065 - 0.0295pH$
(18) $As_2O_3 + 2H^+ \longrightarrow 2AsO^+ + H_2O$	$pH = -1.02$
(19) $AsO^+ + H_2O \longrightarrow HAsO_2 + H^+$	$pH = -0.34$
(20) $HSO_4^- \longrightarrow SO_4^{2-} + H^+$	$pH = 1.44$
(21) $H_3AsO_4 \longrightarrow H_2AsO_4^- + H^+$	$pH = 3.59$
(22) $H_2S_{(aq)} \longrightarrow HS^- + H^+$	$pH = 7.00$
(23) $H_2AsO_4^- \longrightarrow HAsO_4^{2-} + H^+$	$pH = 7.26$
(24) $2As_2S_3 + 2H_2O \longrightarrow HAsO_2 + As_3S_6^{3-} + 3H^+$	$pH = 9.14$
(25) $As_2O_3 + H_2O \longrightarrow 2AsO_2^- + 2H^+$	$pH = 9.89$
(26) $HAsO_4^{2-} \longrightarrow AsO_4^{3-} + H^+$	$pH = 12.43$

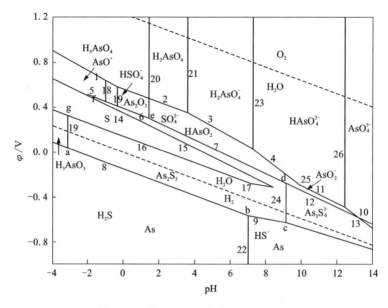

图 2 - 5 S - As - H₂O 系的 φ - pH 图

由图 2 - 5 可以看出，在 a(pH = -3.0, φ = 0.04)、b(pH = 6.9, φ = -0.56)、c(pH = 9.1, φ = -0.62)、d(pH = 9.1, φ = -0.28)、e(pH = 1.4, φ = 0.29)、f(pH = -3, φ = 0.04)、g(pH = -3.2, φ = 0.32)区域内 As₂S₃ 均能稳定存在，随着 pH 逐渐增大，As₂S₃ 开始溶解，生成 As₃S₆³⁻ 和 AsO₂⁻。

在酸性体系中，当体系中有氧化剂(H₂O₂)存在时，As₂S₃ 不能稳定存在，会被氧化成单质硫，进一步被氧化为硫酸根离子：

$$As_2S_3 + 3H_2O_2 + O_2 \longrightarrow 2H_3AsO_4 + 3S \downarrow \qquad (2-11)$$

$$As_2S_3 + 14H_2O_2 + 12OH^- \longrightarrow 2AsO_4^{3-} + 3SO_4^{2-} + 20H_2O \qquad (2-12)$$

第 3 章　pH 对含砷沉淀物溶解的影响

含砷废水中砷主要以 As(Ⅴ) 和 As(Ⅲ) 形式存在，使用化学沉淀法处理含砷废水时，砷与铜盐、钙盐、铁盐、锌盐和硫化物等可形成多种含砷沉淀物，如砷酸铜盐：$CuHAsO_4$、$Cu_5H_2(AsO_4)_4$、$Cu_3(AsO_4)_2$ 等；砷酸钙盐：$CaHAsO_4 \cdot H_2O$、$Ca_3(AsO_4)_2$、$Ca_5(AsO_4)_3OH$ 等；砷酸铁盐：$FeAsO_4$、$FeAsO_4 \cdot 2H_2O$ 等；砷酸锌盐：$ZnHAsO_4$、$Zn_3(AsO_4)_2$、$Zn_5H_2(AsO_4)_4$ 等及硫化砷等。通过热力学数据[9]，计算绘制 298 K 条件下 $Cu-As-H_2O$、$Ca-As-H_2O$、$Fe-As-H_2O$、$Zn-As-H_2O$ 和 $S-As-H_2O$ 系的 $\lg c - pH$ 图，可从理论上分析单一盐和复合盐沉淀砷的可行性以及了解 pH 对含砷沉淀物溶解的影响。

3.1　水溶液中 As(Ⅴ) 的形态分布

$As(Ⅴ)-H_2O$ 系存在的平衡反应如式(3-1)~式(3-3)所示，即砷酸 (H_3AsO_4) 电离平衡式，其平衡常数分别为 K_1、K_2 和 K_3(25℃)[127]。

$$H_3AsO_4 \Longrightarrow H^+ + H_2AsO_4^- \quad K_1 = 6.0 \times 10^{-3} \tag{3-1}$$
$$K_1 = [H_2AsO_4^-][H^+]/[H_3AsO_4]$$
$$H_2AsO_4^- \Longrightarrow H^+ + HAsO_4^{2-} \quad K_1 = 1.1 \times 10^{-7} \tag{3-2}$$
$$K_2 = [HAsO_4^{2-}][H^+]/[H_2AsO_4^-]$$
$$HAsO_4^{2-} \Longrightarrow H^+ + AsO_4^{3-} \quad K_3 = 3.0 \times 10^{-12} \tag{3-3}$$
$$K_3 = [AsO_4^{3-}][H^+]/[HAsO_4^{2-}]$$

根据化学平衡可得：
$$[H_2AsO_4^-] = K_1[H_3AsO_4]/[H^+]$$
$$[HAsO_4^{2-}] = K_1K_2[H_3AsO_4]/[H^+]^2$$
$$[AsO_4^{3-}] = K_1K_2K_3[H_3AsO_4]/[H^+]^3$$

溶液中 $[As(Ⅴ)]_T = [H_3AsO_4] + [H_2AsO_4^-] + [HAsO_4^{2-}] + [AsO_4^{3-}]$，将各组分浓度与平衡常数关系式代入得 $[As(Ⅴ)]_T$ 表达式：

$$[H_3AsO_4] = [As(Ⅴ)]_T(1 + K_1/[H^+] + K_1K_2/[H^+]^2 + K_1K_2K_3/[H^+]^3)^{-1}$$

$$\tag{3-4}$$

同理可得:

$$[H_2AsO_4^-] = [As]_T(K_2K_3/[H^+]^2 + K_2/[H^+] + [H^+]/K_1 + 1)^{-1} \quad (3-5)$$

$$[HAsO_4^{2-}] = [As]_T(K_3/[H^+] + [H^+]/K_2 + [H^+]^2/K_1K_2 + 1)^{-1} \quad (3-6)$$

$$[AsO_4^{3-}] = [As]_T([H^+]^3/K_1K_2K_3 + [H^+]^2/K_2K_3 + [H^+]/K_3 + 1)^{-1}$$

$$(3-7)$$

利用 As(V)各组分浓度除以 $[As(V)]_T$ 得水溶液中各组分的分布系数, 其表达式如式(3-8)~式(3-11)所示。将 K_1、K_2 和 K_3 分别代入式(3-8)~式(3-11)计算得不同 pH 下溶液中 As(V)各组分的分布系数, 图 3-1 为 As(V)各组分分布系数与 pH 的关系图。

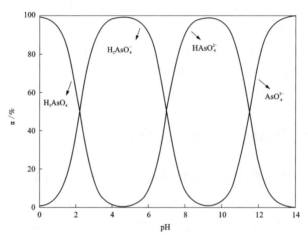

图 3-1 不同 pH 下 As(V)在水中的分布

$$\alpha[H_3AsO_4] = [H_3AsO_4]/[As(V)]_T$$
$$= [H^+]^3/([H^+]^3 + K_1[H^+]^2 + K_1K_2[H^+] + K_1K_2K_3) \times 100\%$$

$$(3-8)$$

$$\alpha[H_2AsO_4^-] = [H_2AsO_4^-]/[As(V)]_T$$
$$= K_1[H^+]^2/([H^+]^3 + K_1[H^+]^2 + K_1K_2[H^+]$$
$$+ K_1K_2K_3) \times 100\%$$

$$(3-9)$$

$$\alpha[HAsO_4^{2-}] = [HAsO_4^{2-}]/[As(V)]_T$$
$$= K_1K_2[H^+]/([H^+]^3 + K_1[H^+]^2 + K_1K_2[H^+]$$
$$+ K_1K_2K_3) \times 100\%$$

$$(3-10)$$

$$\alpha[AsO_4^{3-}] = [AsO_4^{3-}]/[As(V)]_T$$
$$= K_1K_2K_3/([H^+]^3 + K_1[H^+]^2 + K_1K_2[H^+] + K_1K_2K_3) \times 100\%$$

$$(3-11)$$

由图 3 - 1 可以看出，As(V)在水溶液中的存在形式取决于溶液 pH。当 pH 为 0 ~ 2.2 时，水溶液中 As(V)主要以 H_3AsO_4 形式存在，而 pH 在 2.2 至 7.0 时主要存在形式为 $H_2AsO_4^-$。pH 在 7.0 ~ 11.5 时，As(V)的主要存在形式为 $HAsO_4^{2-}$，而 pH > 11.5 时，主要以 AsO_4^{3-} 形式存在。

3.2　Cu - As - H₂O 系的 lg c - pH 图

在溶液中 Cu^{2+} 会生成 4 种羟基配合离子 $CuOH^+$、$Cu(OH)_{2(aq)}$、$Cu(OH)_3^-$、$Cu(OH)_4^{2-}$，相关反应及平衡常数如下：

$$CuOH^+ \Longrightarrow Cu^{2+} + OH^- \quad K_1 = 10^{7.0} \tag{3-12}$$

$$K_1 = [Cu^{2+}][OH^-]/[CuOH^+]$$

$$Cu(OH)_{2(aq)} \Longrightarrow Cu^{2+} + 2OH^- \quad K_2 = 10^{13.7} \tag{3-13}$$

$$K_2 = [Cu^{2+}][OH^-]^2/[Cu(OH)_{2(aq)}]$$

$$Cu(OH)_3^- \Longrightarrow Cu^{2+} + 3OH^- \quad K_3 = 10^{17.0} \tag{3-14}$$

$$K_3 = [Cu^{2+}][OH^-]^3/[Cu(OH)_3^-]$$

$$Cu(OH)_4^{2-} \Longrightarrow Cu^{2+} + 4OH^- \quad K_4 = 10^{18.5} \tag{3-15}$$

$$K_4 = [Cu^{2+}][OH^-]^4/[Cu(OH)_4^{2-}]$$

根据化学平衡可知，溶液中 $[Cu]_T = [Cu^{2+}] + [CuOH^+] + [Cu(OH)_{2(aq)}] + [Cu(OH)_3^-] + [Cu(OH)_4^{2-}]$，将各组分浓度与平衡常数关系式代入得 $[Cu^{2+}]$ 表达式，如式(3 - 16)所示。将 K_1、K_2、K_3 和 K_4 代入式(3 - 16)，并根据水的电离平衡常数 $K_w = [H^+][OH^-] = 10^{-14}$ 及 $10^{-pH} = [H^+]$，可得出 $[Cu^{2+}]$ 与 pH 的关系式，如式(3 - 17)所示。

$$[Cu^{2+}] = [Cu]_T(1 + [OH^-]/K_1 + [OH^-]^2/K_2 + [OH^-]^3/K_3 + [OH^-]^4/K_4)^{-1}$$
$$= [Cu]_T(1 + 10^{-14}/[H^+]K_1 + 10^{-28}/[H^+]^2K_2 + 10^{-42}/[H^+]^3K_3$$
$$+ 10^{-56}/[H^+]^4K_4)^{-1} \tag{3-16}$$

$$[Cu^{2+}] = [Cu]_T(1 + 10^{pH-7} + 10^{2pH-14.3} + 10^{3pH-25} + 10^{4pH-37.5})^{-1} \tag{3-17}$$

3.2.1　Cu₃(AsO₄)₂ 溶解度与 pH 的关系

$Cu_3(AsO_4)_2$ 的溶解平衡反应式为：

$$Cu_3(AsO_4)_2 \Longrightarrow 3Cu^{2+} + 2AsO_4^{3-} \quad K_{sp} = 10^{-35.11} \tag{3-18}$$

$$[Cu^{2+}]^3[AsO_4^{3-}]^2 = 10^{35.11} \tag{3-19}$$

将式(3 - 7)和式(3 - 17)代入式(3 - 19)得：

$$[Cu]_T^3[As]_T^2 = 10^{-35.11} \times (1 + 10^{pH-7} + 10^{2pH-14.3} + 10^{3pH-25} + 10^{4pH-37.5})^3$$
$$\times (10^{20.7-3pH} + 10^{18.5-2pH} + 10^{11.5-pH} + 1)^2 \tag{3-20}$$

假设体系中仅有 $Cu_3(AsO_4)_2$ 存在，溶解平衡时则有 $2[Cu]_T=3[As]_T$，代入式(3-20)得：

$$lg[As]_T = -7.13 + 0.6lg(1 + 10^{pH-7} + 10^{2pH-14.3} + 10^{3pH-25} + 10^{4pH-37.5})^3$$
$$+ 0.4lg(10^{20.7-3pH} + 10^{18.5-2pH} + 10^{11.5-pH} + 1)^2 \qquad (3-21)$$

由式(3-21)绘制 $Cu_3(AsO_4)_2 - H_2O$ 系 $lg[As]_T - pH$ 图，如图3-2所示。

由图3-2可知，在 pH=1~12.3 时均有 $Cu_3(AsO_4)_2$ 沉淀产生，当 pH=7.5左右时，$Cu_3(AsO_4)_2$ 溶解度最小，砷沉淀率最大，此时溶液中 $[As]_T = 1.2 \times 10^{-5}$ mol/L。

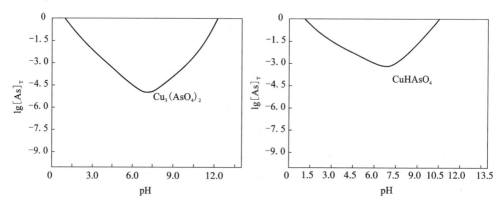

图3-2 $Cu_3(AsO_4)_2 - H_2O$ 系 $lg[As]_T - pH$ 图

图3-3 $CuHAsO_4 - H_2O$ 系 $lg[As]_T - pH$ 图

3.2.2 $CuHAsO_4$ 溶解度与 pH 的关系

$CuHAsO_4$ 的溶解平衡反应式为：

$$CuHAsO_4 \rightleftharpoons Cu^{2+} + HAsO_4^{2-} \quad K_{sp}=10^{-7.07} \qquad (3-22)$$
$$[Cu^{2+}][HAsO_4^{2-}]=10^{-7.07} \qquad (3-23)$$

将式(3-6)及式(3-17)代入式(3-23)得：

$$[Cu]_T[As]_T = 10^{-7.07} \times (1 + 10^{pH-7} + 10^{2pH-14.3} + 10^{3pH-25} + 10^{4pH-37.5}) \times$$
$$(10^{pH-11.5} + 10^{6.98-pH} + 10^{9.2-2pH} + 1) \qquad (3-24)$$

假设体系中仅有 $CuHAsO_4$ 存在，则有 $[Cu]_T=[As]_T$，代入式(3-24)得：

$$lg[As]_T = -3.54 + 0.5lg(1 + 10^{pH-7} + 10^{2pH-14.3} + 10^{3pH-25} + 10^{4pH-37.5})$$
$$+ 0.5lg(10^{pH-11.5} + 10^{6.98-pH} + 10^{9.2-2pH} + 1) \qquad (3-25)$$

由式(3-25)绘制 $CuHAsO_4 - H_2O$ 系 $lg[As]_T - pH$ 图，如图3-3所示。由图3-3可知，在 pH=1~10.5 时均有 $CuHAsO_4$ 沉淀产生，当 pH=6.8左右时，

$CuHAsO_4$ 溶解度最小,砷沉淀率最大,此时溶液中 $[As]_T = 10^{-3.2}$ mol/L。

3.2.3 $Cu_5H_2(AsO_4)_4$ 溶解度与 pH 的关系

$Cu_5H_2(AsO_4)_4$ 的溶解平衡反应式为:

$$Cu_5H_2(AsO_4)_4 \rightleftharpoons 5Cu^{2+} + 2HAsO_4^{2-} + 2AsO_4^{3-} \quad K_{sp} = 10^{-46.59} \quad (3-26)$$

$$[Cu^{2+}]^5[HAsO_4^{2-}]^2[AsO_4^{3-}]^2 = 10^{46.59} \quad (3-27)$$

将式(3-6)、式(3-7)和式(3-17)代入式(3-27)得:

$$[Cu]_T^5[As]_T^4 = 10^{-46.59} \times (1 + 10^{pH-7} + 10^{2pH-14.3} + 10^{3pH-25} + 10^{4pH-37.5})^5 \times$$
$$(10^{pH-11.5} + 10^{6.98-pH} + 10^{9.2-2pH} + 1)^2 \times$$
$$(10^{20.7-3pH} + 10^{18.5-2pH} + 10^{11.5-pH} + 1)^2 \quad (3-28)$$

假设体系中仅有 $Cu_5H_2(AsO_4)_4$ 存在,则有 $4[Cu]_T = 5[As]_T$,代入式(3-28)得:

$$lg[As]_T = -5.23 + 0.56lg(1 + 10^{pH-7} + 10^{2pH-14.3} + 10^{3pH-25} + 10^{4pH-37.5}) +$$
$$0.22lg[(10^{pH-11.5} + 10^{6.98-pH} + 10^{9.2-2pH} + 1)^2 \times$$
$$(10^{20.7-3pH} + 10^{18.5-2pH} + 10^{11.5-pH} + 1)] \quad (3-29)$$

由式(3-29)绘制 $Cu_5H_2(AsO_4)_4 - H_2O$ 系 $lg[As]_T - pH$ 图,如图 3-4 所示。

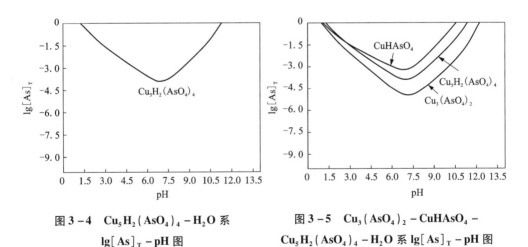

图 3-4 $Cu_5H_2(AsO_4)_4 - H_2O$ 系 $lg[As]_T - pH$ 图

图 3-5 $Cu_3(AsO_4)_2 - CuHAsO_4 - Cu_5H_2(AsO_4)_4 - H_2O$ 系 $lg[As]_T - pH$ 图

由图 3-4 可知,在 pH = 1.2 ~ 11.3 时均有 $Cu_5H_2(AsO_4)_4$ 沉淀产生,当 pH = 6.8 左右时,$Cu_5H_2(AsO_4)_4$ 溶解度最小,砷沉淀率最大,此时溶液 $[As]_T = 1.3 \times 10^{-4}$ mol/L。

通过对图 3 - 2、图 3 - 3、图 3 - 4 叠加可得到 $Cu_3(AsO_4)_2$ - $CuHAsO_4$ - $Cu_5H_2(AsO_4)_4$ - H_2O 系 $lg[As]_T$ - pH 图，其结果如图 3 - 5 所示。

由图 3 - 5 可知，当 1. 2 < pH < 2. 8 时，3 种砷酸铜盐的稳定顺序为 $Cu_3(AsO_4)_2$ > $CuHAsO_4$ > $Cu_5H_2(AsO_4)_4$。当 pH > 2. 8 时，3 种砷酸铜盐的稳定顺序为 $Cu_3(AsO_4)_2$ > $Cu_5H_2(AsO_4)_4$ > $CuHAsO_4$，pH 在 2. 8 ~ 7 时，随着 pH 的增加 3 种砷酸铜的稳定区域增大。当 pH = 7 左右时，3 种砷酸铜盐的溶解度达到最小；当 pH > 7 时，砷酸铜盐开始溶解，溶液中 $[As]_T$ 随 pH 的增加而增加。

3. 3　Ca - As - H$_2$O 系的 lg$c$ - pH 图

溶液中 Ca^{2+} 会生成 4 种羟基配合离子：$CaOH^+$、$Ca(OH)_{2(aq)}$、$Ca(OH)_3^-$、$Ca(OH)_4^{2-}$，相关反应及平衡常数如下：

$$CaOH^+ \rightleftharpoons Ca^{2+} + OH^- \quad K_1 = 10^{-4.17} \qquad (3-30)$$

$$K_1 = [Ca^{2+}][OH^-]/[CaOH^+]$$

$$Ca(OH)_{2(aq)} \rightleftharpoons Ca^{2+} + 2OH^- \quad K_2 = 10^{-8.33} \qquad (3-31)$$

$$K_2 = [Ca^{2+}][OH^-]^2/[Ca(OH)_{2(aq)}]$$

$$Ca(OH)_3^- \rightleftharpoons Ca^{2+} + 3OH^- \quad K_3 = 10^{-9.02} \qquad (3-32)$$

$$K_3 = [Ca^{2+}][OH^-]^3/[Ca(OH)_3^-]$$

$$Ca(OH)_4^{2-} \rightleftharpoons Ca^{2+} + 4OH^- \quad K_4 = 10^{-18.62} \qquad (3-33)$$

$$K_4 = [Ca^{2+}][OH^-]^4/[Ca(OH)_4^{2-}]$$

根据化学平衡可知，溶液中 $[Ca]_T = [Ca^{2+}] + [CaOH^+] + [Ca(OH)_{2(aq)}] + [Ca(OH)_3^-] + [Ca(OH)_4^{2-}]$，将各组分浓度与平衡常数关系式代入得 $[Ca^{2+}]$ 表达式，如式(3-34)所示。将 K_1、K_2、K_3 和 K_4 代入式(3-34)，并根据水的电离平衡常数 $K_w = [H^+][OH^-] = 10^{-14}$ 及 $10^{-pH} = [H^+]$，可得出 $[Ca^{2+}]$ 与 pH 的关系式，如式(3-35)所示。

$$\begin{aligned}
[Ca^{2+}] &= [Ca]_T(1 + [OH^-]/K_1 + [OH^-]^2/K_2 + \\
&\quad [OH^-]^3/K_3 + [OH^-]^4/K_4)^{-1} \\
&= [Ca]_T(1 + 10^{-14}/[H^+]K_1 + 10^{-28}/[H^+]^2K_2 + 10^{-42}/[H^+]^3K_3 + \\
&\quad 10^{-56}/[H^+]^4K_4)^{-1} \qquad (3-34)
\end{aligned}$$

$$[Ca^{2+}] = [Ca]_T(1 + 10^{pH-9.83} + 10^{2pH-19.67} + 10^{3pH-32.98} + 10^{4pH-37.38})^{-1} \quad (3-35)$$

3. 3. 1　Ca$_3$(AsO$_4$)$_2$ 溶解度与 pH 的关系

$Ca_3(AsO_4)_2$ 的溶解平衡反应式为：

$$Ca_3(AsO_4)_2 \rightleftharpoons 3Ca^{2+} + 2AsO_4^{3-} \quad K_{sp} = 10^{-18.17} \qquad (3-36)$$

$$[Ca^{2+}]^3[AsO_4^{3-}]^2 = 10^{-18.17} \tag{3-37}$$

将式(3-7)和式(3-35)代入式(3-37)得:

$$[Ca]_T^3[As]_T^2 = 10^{-18.17} \times (1 + 10^{pH-9.83} + 10^{2pH-19.67} + 10^{3pH-32.98} + 10^{4pH-37.38})^3$$
$$\times (10^{20.7-3pH} + 10^{18.5-2pH} + 10^{11.5-pH} + 1)^2 \tag{3-38}$$

假设体系中仅有 $Ca_3(AsO_4)_2$ 存在,则有 $2[Ca]_T = 3[As]_T$,代入式(3-38)得:

$$\lg[As]_T = -3.63 + 0.6\lg \times [(1 + 10^{pH-9.83} + 10^{2pH-19.67} + 10^{3pH-32.98} + 10^{4pH-37.38})^3$$
$$\times (10^{20.7-3pH} + 10^{18.5-2pH} + 10^{11.5-pH} + 1)] \tag{3-39}$$

由式(3-39)绘制 $Ca_3(AsO_4)_2$-H_2O 系 $\lg[As]_T$-pH 图,如图 3-6 所示。

由图 3-6 可知,在 pH = 4.6 ~ 12.9 时均有 $Ca_3(AsO_4)_2$ 沉淀产生,当 pH = 9.1 左右时,$Ca_3(AsO_4)_2$ 溶解度最小,砷沉淀率最大,此时溶液中 $[As]_T$ = 2.5×10^{-3} mol/L。

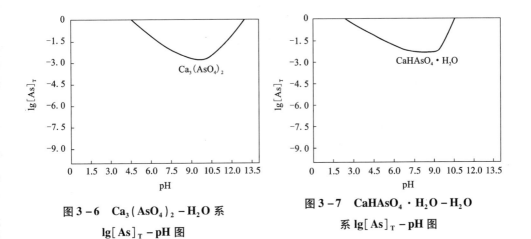

图 3-6　$Ca_3(AsO_4)_2$-H_2O 系 $\lg[As]_T$-pH 图

图 3-7　$CaHAsO_4 \cdot H_2O$-H_2O 系 $\lg[As]_T$-pH 图

3.3.2　$CaHAsO_4 \cdot H_2O$ 溶解度与 pH 的关系

$CaHAsO_4 \cdot H_2O$ 的溶解平衡反应式为:

$$CaHAsO_4 \cdot H_2O \Longrightarrow Ca^{2+} + HAsO_4^{2-} + H_2O \quad K_{sp} = 10^{-4.79} \tag{3-40}$$

$$[Ca^{2+}][HAsO_4^{2-}] = 10^{-4.79} \tag{3-41}$$

将式(3-6)式(3-35)代入式(3-41)得:

$$[Ca]_T[As]_T = 10^{-4.79} \times (1 + 10^{pH-9.83} + 10^{2pH-19.67} + 10^{3pH-32.98} + 10^{4pH-37.38})^3 \times$$
$$(10^{20.7-3pH} + 10^{18.5-2pH} + 10^{11.5-pH} + 1) \tag{3-42}$$

假设体系中仅有 $CaHAsO_4 \cdot H_2O$ 存在,则有 $[Ca]_T = [As]_T$,代入式(3-42)得:

$$\lg[As]_T = -2.395 + 0.5\lg(1 + 10^{pH-9.83} + 10^{2pH-19.67} + 10^{3pH-32.98} + 10^{4pH-37.38}) +$$
$$0.5\lg(10^{pH-11.5} + 10^{6.98-pH} + 10^{9.2-2pH} + 1) \qquad (3-43)$$

由式(3-43)绘制 $CaHAsO_4 \cdot H_2O - H_2O$ 系 $\lg[As]_T - pH$ 图，如图3-7所示。

由图3-7可知，在 $pH = 2.4 \sim 10.5$ 时均有 $CaHAsO_4 \cdot H_2O$ 沉淀产生，当 $pH = 8.4$ 左右时，$CaHAsO_4 \cdot H_2O$ 溶解度最小，砷沉淀率最大，此时溶液中 $[As]_T = 4.2 \times 10^{-3}$ mol/L。

3.3.3 $Ca_5(AsO_4)_3OH$ 溶解度与 pH 的关系

$Ca_5(AsO_4)_3OH$ 的溶解平衡反应式为：

$$Ca_5(AsO_4)_3OH \rightleftharpoons 5Ca^{2+} + 3AsO_4^{3-} + OH^- \qquad K_{sp} = 10^{-38.17} \qquad (3-44)$$
$$[Ca^{2+}]^5[AsO_4^{3-}]^3[OH^-] = 10^{-38.17} \qquad (3-45)$$

将式(3-7)和式(3-35)代入式(3-45)得：

$$[Ca]_T^5[As]_T^3 = 10^{-38.17} \times (1 + 10^{pH-9.83} + 10^{2pH-19.67} + 10^{3pH-32.98} + 10^{4pH-37.38})^5 \times$$
$$(10^{20.7-3pH} + 10^{18.5-2pH} + 10^{11.5-pH} + 1)^3[H^+]/10^{-14} \qquad (3-46)$$

假设体系中仅有 $Ca_5(AsO_4)_3OH$ 存在，则有 $3[Ca]_T = 5[As]_T$，代入式(3-46)得：

$$\lg[As]_T = -3.16 + 0.625\lg(1 + 10^{pH-9.83} + 10^{2pH-19.67} + 10^{3pH-32.98} + 10^{4pH-37.38}) +$$
$$0.375\lg(10^{20.7-3pH} + 10^{18.5-2pH} + 10^{11.5-pH} + 1) - 0.125pH \qquad (3-47)$$

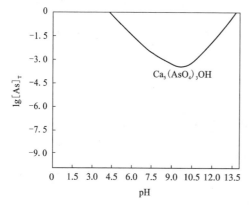

图 3-8　$Ca_5(AsO_4)_3OH - H_2O$ 系
$\lg[As]_T - pH$ 图

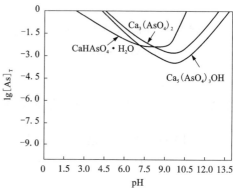

图 3-9　$Ca_3(AsO_4)_2 - CaHAsO_4 \cdot H_2O -$
$Ca_5(AsO_4)_3OH - H_2O$ 系 $\lg[As]_T - pH$ 图

由式(3-44)绘制 $Ca_5(AsO_4)_3OH - H_2O$ 系 $\lg[As]_T - pH$ 图，如图3-8所示。由图3-8可知，在 $pH = 4.3 \sim 13.7$ 时均有 $Ca_5(AsO_4)_3OH$ 沉淀产生，当

pH = 9.1 左右时，$Ca_5(AsO_4)_3OH$ 溶解度最小，砷沉淀率最大，此时溶 $[As]_T = 6.6 \times 10^{-3}$ mol/L。

通过对图 3 – 6、图 3 – 7、图 3 – 8 叠加可得到 $Ca_3(AsO_4)_2$ – $CaHAsO_4 \cdot H_2O$ – $Ca_5(AsO_4)_3OH$ – H_2O 系 $\lg[As]_T$ – pH 图，其结果如图 3 – 9 所示。

由图 3 – 9 可知，当 pH < 7.1 时，3 种砷酸钙的稳定顺序由大到小为 $CaHAsO_4 \cdot H_2O$，$Ca_5(AsO_4)_3OH$，$Ca_3(AsO_4)_2$。当 7.1 < pH < 8.1 时，3 种砷酸钙的稳定顺序由大到小为 $Ca_5(AsO_4)_3OH$，$CaHAsO_4 \cdot H_2O$，$Ca_3(AsO_4)_2$。当 pH > 8.1 时，3 种砷酸钙的稳定顺序由大到小为 $Ca_5(AsO_4)_3OH$，$Ca_3(AsO_4)_2$，$CaHAsO_4 \cdot H_2O$。当 pH = 9.6 左右时，$Ca_5(AsO_4)_3OH$ 和 $Ca_3(AsO_4)_2$ 的溶解度达到最小。当 pH > 9.6 时，随着 pH 的增加 3 种砷酸钙盐的稳定区域减小，溶液中 $[As]_T$ 随 pH 的增加而增加。

3.4　Fe – As – H_2O 系的 $\lg c$ – pH 图

溶液中 Fe^{2+} 在酸性条件下易被氧化成 Fe^{3+}，在体系中 Fe^{3+} 会生成 4 种羟基配合离子：$Fe(OH)^{2+}$、$Fe(OH)_2^+$、$Fe(OH)_{3(aq)}$、$Fe(OH)_4^-$，相关反应及平衡常数如下：

$$Fe^{3+} + H_2O \Longrightarrow Fe(OH)^{2+} + H^+ \quad K_1 = 10^{-2.16} \quad (3-48)$$
$$K_1 = [H^+][Fe(OH)^{2+}]/[Fe^{3+}]$$

$$Fe^{3+} + 2H_2O \Longrightarrow Fe(OH)_2^+ + 2H^+ \quad K_2 = 10^{-6.74} \quad (3-49)$$
$$K_2 = [H^+]^2[Fe(OH)_2^+]/[Fe^{3+}]$$

$$Fe^{3+} + 3H_2O \Longrightarrow Fe(OH)_{3(aq)} + 3H^+ \quad K_3 = 10^{-9.95} \quad (3-50)$$
$$K_3 = [H^+]^3[Fe(OH)_{3(aq)}]/[Fe^{3+}]$$

$$Fe^{3+} + 4H_2O \Longrightarrow Fe(OH)_4^- + 4H^+ \quad K_4 = 10^{-23} \quad (3-51)$$
$$K_4 = [H^+]^4[Fe(OH)_4^-]/[Fe^{3+}]$$

根据化学平衡可知，溶液中 $[Fe]_T = [Fe^{3+}] + [Fe(OH)^{2+}] + [Fe(OH)_{3(aq)}] + [Fe(OH)_2^+] + [Fe(OH)_4^-]$，将各组分浓度与平衡常数关系式代入得 $[Fe^{3+}]$ 表达式，如式（3 – 52）所示。将 K_1、K_2、K_3 和 K_4 代入式（3 – 49），并根据 $[H^+] = 10^{-pH}$，可得出 $[Fe^{3+}]$ 与 pH 的关系式，如式（3 – 53）所示。

$$[Fe^{3+}] = [Fe]_T(1 + K_1/[H^+] + K_2/[H^+]^2 + K_3/[H^+]^3 + K_4/[H^+]^4)^{-1}$$
$$= [Fe]_T(1 + K_1/10^{-pH} + K_2/10^{-2pH} + K_3/10^{-3pH} + K_4/10^{-4pH})^{-1}$$
$$(3-52)$$

$$[Fe^{3+}] = [Fe]_T(1 + 10^{-2.16+pH} + 10^{-6.74+2pH} + 10^{-9.95+3pH} + 10^{-23+4pH})^{-1}$$
$$(3-53)$$

3.4.1 FeAsO₄溶解度与pH的关系

FeAsO₄溶解平衡反应式为：

$$FeAsO_4 \rightleftharpoons Fe^{3+} + AsO_4^{3-} \quad K_{sp} = 10^{-21.66} \tag{3-54}$$

$$[Fe^{3+}][AsO_4^{3-}] = 10^{-21.66} \tag{3-55}$$

将式(3-7)和式(3-53)代入式(3-55)得：

$$[Fe]_T[As]_T = 10^{-21.66} \times (1 + 10^{-2.16+pH} + 10^{-6.74+2pH} + 10^{-9.95+3pH} + 10^{-23+4pH}) \times$$
$$(10^{20.7-3pH} + 10^{18.5-2pH} + 10^{11.5-pH} + 1) \tag{3-56}$$

假设体系中仅有FeAsO₄存在，则有$[Fe]_T = [As]_T$，代入式(3-56)得：

$$\lg[As]_T = -10.83 + 0.5\lg(1 + 10^{-2.16+pH} + 10^{-6.74+2pH} + 10^{-9.95+3pH} + 10^{-23+pH}) +$$
$$+ 0.5\lg(10^{20.7-3pH} + 10^{18.5-2pH} + 10^{11.5-pH} + 1) - 0.125pH \tag{3-57}$$

由式(3-57)绘制FeAsO₄-H₂O系$\lg[As]_T$-pH图，如图3-10所示。

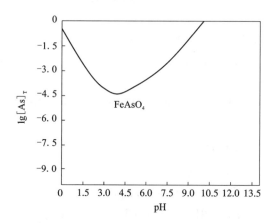

图3-10　FeAsO₄-H₂O系$\lg[As]_T$-pH图

由图3-10可知，在pH=0~10时，均有FeAsO₄沉淀产生，随着pH的增加，FeAsO₄溶解度先减小后增加。当pH=3.9左右时，FeAsO₄溶解度最小，砷沉淀率最大，此时溶液中$[As]_T = 10^{-4.5}$ mol/L。

3.4.2 FeAsO₄·H₂O溶解度与pH的关系

FeAsO₄·2H₂O溶解平衡反应式为：

$$FeAsO_4 \cdot 2H_2O \rightleftharpoons Fe^{3+} + AsO_4^{3-} + 2H_2O \quad K_{sp} = 10^{-25.44} \tag{3-58}$$

$$[Fe^{3+}][AsO_4^{3-}] = 10^{-25.44} \tag{3-59}$$

将式(3-7)式(3-53)代入式(3-59)得：

$$[Fe]_T[As]_T = 10^{-25.44} \times (1 + 10^{-2.16+pH} + 10^{-6.74+2pH} + 10^{-9.95+3pH} + 10^{-23+4pH}) \times$$
$$(10^{20.7-3pH} + 10^{18.5-2pH} + 10^{11.5-pH} + 1) \quad\quad (3-60)$$

假设体系中仅有 $FeAsO_4 \cdot 2H_2O$ 存在，则有 $[Fe]_T = [As]_T$，代入式 (3-60) 得：

$$lg[As]_T = -12.72 + 0.5lg(1 + 10^{-2.16+pH} + 10^{-6.74+2pH} + 10^{-9.95+3pH} + 10^{-23+4pH}) +$$
$$0.5lg(10^{20.7-3pH} + 10^{18.5-2pH} + 10^{11.5-pH} + 1) - 0.125pH \quad\quad (3-61)$$

由式 (3-61) 绘制 $FeAsO_4 \cdot 2H_2O - H_2O$ 系 $lg[As]_T - pH$ 图，如图 3-11 所示。

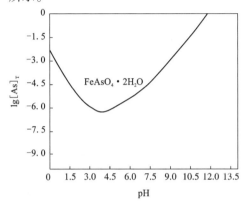

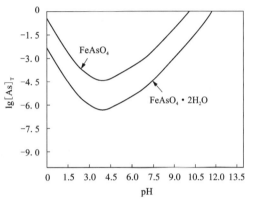

图 3-11 $FeAsO_4 \cdot 2H_2O - H_2O$ 系
$lg[As]_T - pH$ 图

图 3-12 $FeAsO_4 - FeAsO_4 \cdot 2H_2O -$
H_2O 系 $lg[As]_T - pH$ 图

由图 3-11 可知，在 pH = 0 ~ 11.7 时，均有 $FeAsO_4 \cdot 2H_2O$ 沉淀产生，随着 pH 的增加，$FeAsO_4 \cdot 2H_2O$ 溶解度先减小后增加。当 pH = 4.3 左右时 $FeAsO_4 \cdot 2H_2O$ 溶解度最小，砷沉淀率最大，此时溶液中 $[As]_T = 1.6 \times 10^{-7}$ mol/L。

通过对图 3-10、图 3-11 的叠加可得到 $FeAsO_4 - FeAsO_4 \cdot 2H_2O - H_2O$ 系 $lg[As]_T - pH$ 图，其结果如图 3-12 所示。

由图 3-12 可知，当 0 < pH < 10 时，两种砷酸铁盐的稳定顺序由大到小为 $FeAsO_4 \cdot 2H_2O$，$FeAsO_4$。当 0 < pH < 3.9 时，两种砷酸铁盐的稳定区域随 pH 的增加逐渐增大。当 pH = 3.9 时，两种砷酸铁盐的溶解度达到最小。pH > 3.9 时，随着 pH 的增加两种砷酸铁盐的稳定区逐渐减小，溶液中 $[As]_T$ 随 pH 的增加而增加。

3.5 $Zn - As - H_2O$ 系的 $lgc - pH$ 图

水溶液中 Zn^{2+} 会生成 4 种羟基配合离子：$ZnOH^+$、$Zn(OH)_{2(aq)}$、$Zn(OH)_3^-$、$Zn(OH)_4^{2-}$，相关反应及平衡常数如下：

$$ZnOH^+ = Zn^{2+} + OH^- \quad K_1 = 10^{-8.96} \quad\quad (3-62)$$

$$K_1 = [Zn^{2+}][OH^-]/[ZnOH^+]$$

$$Zn(OH)_{2(aq)} = Zn^{2+} + 2OH^- \quad K_2 = 10^{-16.6} \quad\quad (3-63)$$

$$K_2 = [Zn^{2+}][OH^-]^2/[Zn(OH)_{2(aq)}]$$

$$Zn(OH)_3^- = Zn^{2+} + 3OH^- \quad K_3 = 10^{-28.4} \quad\quad (3-64)$$

$$K_3 = [Zn^{2+}][OH^-]^3/[Zn(OH)_3^-]$$

$$Zn(OH)_4^{2-} = Zn^{2+} + 4OH^- \quad K_4 = 10^{-41.2} \quad\quad (3-65)$$

$$K_4 = [Zn^{2+}][OH^-]^4/[Zn(OH)_4^{2-}]$$

根据化学平衡可知，溶液中 $[Zn]_T = [Zn^{2+}] + [ZnOH^+] + [Zn(OH)_{2(aq)}] + [Zn(OH)_3^-] + [Zn(OH)_4^{2-}]$，将各组分浓度与平衡常数关系式代入得 $[Zn^{2+}]$ 表达式，如式（3-66）所示。将 K_1、K_2、K_3 和 K_4 代入式（3-63），并根据水的电离平衡常数 $K_w = [H^+][OH^-] = 10^{-14}$ 及 $10^{-pH} = [H^+]$，可得出 $[Zn^{2+}]$ 与 pH 的关系式，如式（3-67）所示。

$$[Zn^{2+}] = [Zn]_T (1 + [OH^-]/K_1 + [OH^-]^2/K_2 + [OH^-]^3/K_3 + [OH^-]^4/K_4)^{-1}$$
$$= [Zn]_T (1 + 10^{-14}/[H^+]K_1 + 10^{-28}/[H^+]^2K_2 + 10^{-42}/[H^+]^3K_3 +$$
$$10^{-56}/[H^+]^4K_4)^{-1} \quad\quad (3-66)$$

$$[Zn^{2+}] = [Zn]_T (1 + 10^{pH-5.04} + 10^{2pH-11.4} + 10^{3pH-13.6} + 10^{4pH-14.8})^{-1} \quad (3-67)$$

3.5.1 $Zn_3(AsO_4)_2$ 溶解度与 pH 的关系

$Zn_3(AsO_4)_2$ 溶解平衡反应式为：

$$Zn_3(AsO_4)_2 \rightleftharpoons 3Zn^{2+} + 2AsO_4^{3-} \quad K_{sp} = 10^{-29.14} \quad\quad (3-68)$$

$$[Zn^{2+}]^3[AsO_4^{3-}]^2 = 10^{-29.14} \quad\quad (3-69)$$

将式（3-7）和式（3-67）代入式（3-69）得：

$$[Zn]_T^3[As]_T^2 = 10^{-29.14} \times (1 + 10^{pH-5.04} + 10^{2pH-11.4} + 10^{3pH-13.6} + 10^{4pH-14.8})^3 \times$$
$$(10^{20.7-3pH} + 10^{18.5-2pH} + 10^{11.5-pH} + 1)^2 \quad\quad (3-70)$$

假设体系中仅有 $Zn_3(AsO_4)_2$ 存在，则有 $2[Zn]_T = 3[As]_T$，代入式（3-70）得：

$$lg[As]_T = -5.94 + 0.6lg(1 + 10^{pH-5.04} + 10^{2pH-11.4} + 10^{3pH-13.6} + 10^{4pH-14.8}) +$$
$$0.4lg(10^{20.7-3pH} + 10^{18.5-2pH} + 10^{11.5-pH} + 1) \quad\quad (3-71)$$

由式（3-71）绘制 $Zn_3(AsO_4)_2 - H_2O$ 系 $lg[As]_T - pH$ 图，如图 3-13 所示。

由图 3-13 可知，在 pH = 2~4.6 时均有 $Zn_3(AsO_4)_2$ 沉淀产生。当 pH = 3.6 左右时，$Zn_3(AsO_4)_2$ 溶解度最小，砷沉淀率最大，此时溶液中 $[As]_T = 0.047$ mol/L。

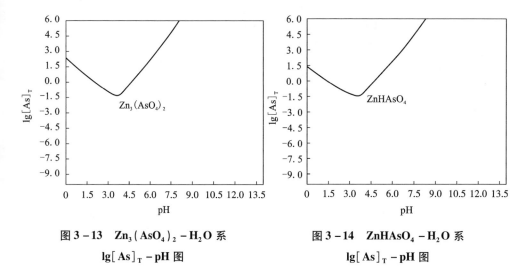

图 3 – 13　$Zn_3(AsO_4)_2$ – H_2O 系　　　　图 3 – 14　$ZnHAsO_4$ – H_2O 系
　　　　　lg[As]$_T$ – pH 图　　　　　　　　　　　　lg[As]$_T$ – pH 图

3.5.2　$ZnHAsO_4$ 溶解度与 pH 的关系

$ZnHAsO_4$ 溶解平衡反应式为：

$$ZnHAsO_4 \rightleftharpoons Zn^{2+} + HAsO_4^{2-} \qquad K_{sp} = 10^{-6.47} \qquad (3-72)$$

$$[Zn^{2+}][HAsO_4^{2-}] = 10^{-6.47} \qquad (3-73)$$

将式(3 – 6)和式(3 – 67)代入式(3 – 73)得：

$$[Zn]_T[As]_T = 10^{-6.47} \times (1 + 10^{pH-5.04} + 10^{2pH-11.4} + 10^{3pH-13.6} + 10^{4pH-14.8}) \times$$
$$(10^{pH-11.5} + 10^{6.98-pH} + 10^{9.2-2pH} + 1) \qquad (3-74)$$

假设体系中仅有 $ZnHAsO_4$ 存在，则有$[Zn]_T = [As]_T$，代入式(3 – 74)得：

$$\lg[As]_T = -3.24 + 0.5\lg(1 + 10^{pH-5.04} + 10^{2pH-11.4} + 10^{3pH-13.6} + 10^{4pH-14.8}) +$$
$$0.5\lg(10^{pH-11.5} + 10^{6.98-pH} + 10^{9.2-2pH} + 1) \qquad (3-75)$$

由式(3 – 75)绘制 $ZnHAsO_4$ – H_2O 系 lg[As]$_T$ – pH 图，如图 3 – 14 所示。

由图 3 – 14 可知，在 pH = 1.4 ~ 4.8 时均有 $ZnHAsO_4$ 沉淀产生。当 pH = 3.6 左右时，$ZnHAsO_4$ 溶解度最小，砷沉淀率最大，此时溶液中$[As]_T = 0.032$ mol/L。

3.5.3　$Zn_5H_2(AsO_4)_4$ 溶解度与 pH 的关系

$Zn_5H_2(AsO_4)_4$ 溶解平衡反应式为：

$$Zn_5H_2(AsO_4)_4 \rightleftharpoons 5Zn^{2+} + 2HAsO_4^{2-} + 2AsO_3^{3-} \qquad K_{sp} = 10^{-43.34} \quad (3-76)$$

$$[Zn^{2+}]^5[HAsO_4^{2-}]^2[AsO_3^{3-}]^2 = 10^{-43.34} \qquad (3-77)$$

将式(3 – 6)、式(3 – 7)和式(3 – 67)代入式(3 – 77)得：

$$[Zn]_T^5[As]_T^4 = 10^{-43.34} \times (1 + 10^{pH-7} + 10^{2pH-14.3} + 10^{3pH-25} + 10^{4pH-37.5})^5 \times$$
$$(10^{pH-11.5} + 10^{6.98-pH} + 10^{9.2-2pH} + 1)^2 \times$$
$$(10^{207-3pH} + 10^{18.5-2pH} + 10^{11.5-pH} + 1)^2 \qquad (3-78)$$

假设体系中仅有 $Zn_5H_2(AsO_4)_4$ 存在，则有 $4[Zn]_T = 5[As]_T$，代入式(3-78)得：

$$\lg[As]_T = -4.87 + 0.56\lg(1 + 10^{pH-5.04} + 10^{2pH-11.4} + 10^{3pH-13.6} + 10^{4pH-14.8}) +$$
$$0.22\lg(10^{pH-11.5} + 10^{6.98-pH} + 10^{9.2-2pH} + 1) +$$
$$0.22\lg(10^{20.7-3pH} + 10^{18.5-2pH} + 10^{11.5-pH} + 1) \qquad (3-79)$$

由式(3-79)绘制 $Zn_5H_2(AsO_4)_4 - H_2O$ 系 $\lg[As]_T - pH$ 图，如图3-15所示。

由图3-15可知，在 $pH=1.6 \sim 4.7$ 时均 $Zn_5H_2(AsO_4)_4$ 沉淀产生，当 $pH=3.6$ 左右时，$Zn_5H_2(AsO_4)_4$ 溶解度最小，砷沉淀率最大，此时溶液中 $[As]_T = 10^{-1.5}$ mol/L。

通过对图3-13、图3-14、图3-15叠加可得到 $Zn_3(AsO_4)_2 - ZnHAsO_4 - Zn_5H_2(AsO_4)_4 - H_2O$ 系 $\lg[As]_T - pH$ 图，其结果如图3-16所示。

由图3-16可知，当 $1.4 < pH < 2.9$ 时，3种砷酸锌盐的稳定顺序由大到小为 $ZnHAsO_4$，$Zn_5H_2(AsO_4)_4$，$Zn_3(AsO_4)_2$。当 $2.9 < pH < 4.6$ 时，3种砷酸锌盐的稳定顺序由大到小为 $Zn_5H_2(AsO_4)_4$，$ZnHAsO_4$，$Zn_3(AsO_4)_2$。当 $pH=3.6$ 时，3种砷酸锌盐的溶解度达到最小。当 $pH > 3.6$ 时，随着 pH 的增加，沉淀开始溶解，3种砷酸锌盐的稳定区减小，溶液中 $[As]_T$ 随 pH 的增加而增加。

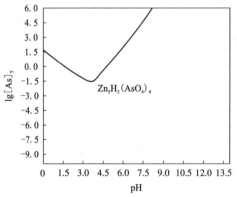

图3-15　$Zn_5H_2(AsO_4)_4 - H_2O$ 系 $\lg[As]_T - pH$ 图

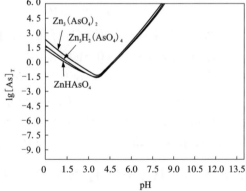

图3-16　$Zn_3(AsO_4)_2 - ZnHAsO_4 - Zn_5H_2(AsO_4)_4 - H_2O$ 系 $\lg[As]_T - pH$ 图

3.6　S – As – H₂O 系的 lg$c$ – pH 图

已知砷的硫化物有 6 种：As_2S_3、As_2S_5、As_4S_3、As_4S_4、As_4S_5、As_4S_6。天然的硫化物有 As_2S_3(雌黄)和 As_4S_4(雄黄)，雌黄的蒸气就是 As_4S_6 分子，As_2S_3 不溶于水和无氧化性强酸，但是易溶于碱金属的氢氧化物，生成硫代亚砷酸盐。As_2S_5 是黄色或橘黄色粉末，受热时分解为 As_2S_3 和硫，实验室制备 As_2S_5 通常用砷酸钠与浓盐酸混合后，在冰水冷却下通入硫化氢气体，缓慢生成 As_2S_5。

3.6.1　硫化氢在水溶液中的存在形态

水溶液中 H_2S 通过电离与 HS^- 和 S^{2-} 共存，相关反应及平衡常数如下所示：

$$H_2S \Longrightarrow H^+ + HS^- \quad K_1 = 10^{-7.0} \tag{3-80}$$

$$K_1 = [H^+][HS^-]/[H_2S]$$

$$HS^- = S^{2-} + H^+ \quad K_2 = 10^{-17} \tag{3-81}$$

$$K_2 = [S^{2-}][H^+]/[HS^-]$$

根据化学平衡可知，溶液中 $[S]_T = [S^{2-}] + [HS^-] + [H_2S]$，将各组分浓度与平衡常数关系式代入得 $[H_2S]_T$ 表达式，如式(3-82)所示。

$$[H_2S]_T = [H_2S](1 + K_1/[H^+] + K_1K_2/[H^+]^2) \tag{3-82}$$

利用 H_2S 各组分浓度除以 $[H_2S]_T$ 得水溶液中各组分的分布系数，其表达式如式(3-83)～式(3-85)所示。将 K_1 和 K_2 分别代入式(3-83)～式(3-85)计算得不同 pH 下溶液中 H_2S 各组分的分布系数。图 3-17 为水溶液中 H_2S 各组分分布系数与 pH 的关系图。

$$\alpha[H_2S] = [H^+]^2/([H^+]^2 + K_1[H^+] + K_1K_2) \times 100\% \tag{3-83}$$

$$\alpha[HS^-] = K_1[H^+]/([H^+]^2 + K_1[H^+] + K_1K_2) \times 100\% \tag{3-84}$$

$$\alpha[S^{2-}] = K_1K_2/([H^+]^2 + K_1[H^+] + K_1K_2) \times 100\% \tag{3-85}$$

3.6.2　As_2S_3 溶解度与 pH 的关系

由文献[128]可知，As_2S_3 溶解平衡反应式为：

$$As_2S_3 + 6H_2O \Longrightarrow 3H_2S + 2H_3AsO_3 \quad K_{sp} = 2.2 \times 10^{-22} \tag{3-86}$$

$$[H_2S]^3[H_3AsO_3]^2 = 2.1 \times 10^{-22} \tag{3-87}$$

水溶液中存在 $[H_3AsO_3] = [As(III)]_T \times 10^{-3pH}/(10^{-3pH} + 5.89 \times 10^{-10-2pH} + 4.68 \times 10^{-22-pH} + 1.86 \times 10^{-35})$，将该式和式(3-83)代入式(3-87)得：

$$[H_2S]_T^3[As]_T^2 = 2.2 \times 10^{-22} \times (1 + 10^{pH-17} + 10^{2pH-24})^3 \times$$
$$(1 + 10^{pH-9.2} + 10^{2pH-21.3} + 10^{3pH-34.7})^2 \tag{3-88}$$

假设体系中仅有 As_2S_3 存在，则有 $2[H_2S]_T = 3[As]_T$，代入式(3-88)得：

$$lg[As]_T = -4.44 + 0.6lg(1 + 10^{pH-17} + 10^{2pH-24}) +$$
$$0.4lg(1 + 10^{pH-9.2} + 10^{2pH-21.3} + 10^{3pH-34.7}) \qquad (3-89)$$

由式(3-89)绘制 $As_2S_3 - H_2O$ 系 $lg[As]_T - pH$ 图，如图3-18所示。

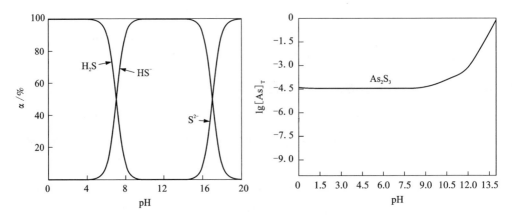

图3-17　硫化氢在水溶液中的存在形式分布　　图3-18　$As_2S_3 - H_2O$ 系 $lg[As]_T - pH$ 图

由图3-18可知，在 pH = 0 ~ 13.5 时均有 As_2S_3 沉淀产生。当 0 < pH < 6.3 时，As_2S_3 溶解度最小，砷沉淀率最大，此时溶液中$[As]_T = 10^{-4.5}$ mol/L，溶液中理论 As 浓度为 2.37 mg/L。pH > 9 时，随着 pH 增大，As_2S_3 溶解度不断增大，溶液中$[As]_T$增加。

3.7　含砷沉淀物在溶液中$[As]_T$随pH的变化

根据上述分析，采用铜盐、铁盐、钙盐和硫化物沉淀含砷废水中砷，将生成不同的沉淀产物，表3-1为不同 pH 时各砷酸盐沉淀发生溶解水溶液中 As 的浓度。

由表3-1可知，砷酸盐和硫化砷沉淀在水溶液中的溶解均与 pH 有关。从表3-1可知，控制水溶液适宜 pH，可使各种砷酸盐沉淀溶解的砷的量为最低，例如：当 pH = 7.0 时，$Cu_3(AsO_4)_2$ 溶解后砷的浓度为 0.8 mg/L；当 pH = 6.8 时，$CuHAsO_4$ 溶解后砷的浓度为 46.34 mg/L；当 pH = 7.0 时，$Cu_5H_2(AsO_4)_4$ 溶解后砷的浓度为 9.72 mg/L；当 pH = 9.1 时，$Ca_3(AsO_4)_2$ 溶解后砷的浓度为 190.98 mg/L；当 pH = 8.4 时，$CaHAsO_4 \cdot H_2O$ 溶解后砷的浓度为 313.32 mg/L；当 pH = 5.0 时，$Ca_5(AsO_4)_3OH$ 溶解后砷的浓度为 1.9×10^4 mg/L；当 pH = 4.0

时，$FeAsO_4$ 溶解后砷的浓度为 0.89 mg/L；当 pH = 5.0 时，$FeAsO_4 \cdot 2H_2O$ 溶解后砷的浓度为 0.0086 mg/L；当 pH = 3.6 时，$Zn_3(AsO_4)_2$ 溶解后砷的浓度为 3.6×10^3 mg/L；当 pH = 3.6 时，$ZnHAsO_4$ 溶解后砷的浓度为 2.6×10^3 mg/L；当 pH = 3.6 时，$Zn_5H_2(AsO_4)_4$ 溶解后砷的浓度为 2.1×10^3 mg/L；当 pH = 1 ~ 7 时，As_2S_3 溶解后砷的浓度为 2.72 mg/L。

由此可知，采用单一的钙盐、铜盐、锌盐沉淀 As(V)，均达不到排放标准，只有铁盐沉淀 As(V)，在适宜 pH 范围内才能够达到排放标准，所以含砷废水处理，为了保证出水标准，最后一级基本采用铁盐沉淀处理。由表 3 - 1 可知，采用复合盐沉淀砷，通过不同沉淀的协调作用，使沉淀 pH 范围增加，达到最佳的沉淀效果，控制沉淀成本，以及减少沉淀渣量，这将在复合盐沉淀砷工艺中得到实验证明。

表 3 - 1　砷酸盐在溶液中的 $[As]_T$ 随 pH 的变化

物质	pH	As 浓度/ $(mg \cdot L^{-1})$	物质	pH	As 浓度/ $(mg \cdot L^{-1})$	物质	pH	As 浓度/ $(mg \cdot L^{-1})$
$Cu_3(AsO_4)_2$	1	6.8×10^4	$CuHAsO_4$	1	8.9×10^4	$Cu_5H_2(AsO_4)_4$	1	1.4×10^5
	2	5.1×10^3		2	1.1×10^4		2	1.3×10^4
	3	588.95		3	2.3×10^3		3	2.0×10^3
	4	88.64		4	6.7×10^2		4	410.76
	5	14.10		5	213.44		5	90.11
	6	2.44		6	73.76		6	21.53
	7	0.80		6.8	46.34		7	9.72
	8	1.71		7	47.77		8	27.10
	9	9.48		8	176.93		9	189.89
	10	65.77		9	1.6×10^3		10	1.6×10^3
	11	800.82		10	1.7×10^4		11	2.5×10^4
	12	3.0×10^4		11	3.1×10^5		12	1.1×10^6
	13	3.3×10^6		12	1.6×10^7		13	1.5×10^8
	14	7.1×10^8		13	2.5×10^9		14	3.7×10^{10}
				14	7.0×10^{11}			

续表 3-1

物质	pH	As 浓度/$(mg \cdot L^{-1})$	物质	pH	As 浓度/$(mg \cdot L^{-1})$	物质	pH	As 浓度/$(mg \cdot L^{-1})$
$Ca_3(AsO_4)_2$	1	2.2×10^8	$CaHAsO_4 \cdot H_2O$	1	1.2×10^6	$Ca_5(AsO_4)_3OH$	1	1.7×10^8
	2	1.6×10^7		2	1.5×10^5		2	1.1×10^7
	3	1.9×10^6		3	3.2×10^4		3	1.1×10^6
	4	2.8×10^5		4	9.4×10^3		4	1.4×10^5
	5	4.4×10^4		5	3.0×10^3		5	1.9×10^4
	6	7.3×10^3		6	979.88		6	1.2×10^7
	7	1.5×10^3		7	422.07		7	6.0×10^8
	8	462.36		8	318.12		8	4.7×10^{10}
	9	198.35		8.4	313.32		9	4.5×10^{12}
	9.1	190.98		9	334.04		10	4.6×10^{14}
	10	2.7×10^3		10	6.3×10^3		11	5.0×10^{16}
	11	2.9×10^5		11	7.1×10^5		12	8.0×10^{18}
	12	4.6×10^7		12	3.5×10^{10}		13	1.8×10^{21}
	13	1.1×10^{10}		13	1.1×10^{13}		14	4.5×10^{23}
	14	2.6×10^{12}		14	2.6×10^{12}			
$FeAsO_4$	1	627.04	$FeAsO_4 \cdot 2H_2O$	1	241.18	$Zn_3(AsO_4)_2$	1	1.1×10^6
	2	23.18		2	6.06		2	7.9×10^4
	3	2.56		3	0.22		3	9.2×10^3
	4	0.89		4	0.025		3.6	3.6×10^3
	5	1.59		5	0.0086		4	7.5×10^3
	6	3.90		6	0.015		5	2.9×10^5
	7	12.45		7	0.038		6	1.2×10^7
	8	69.22		8	0.12		7	6.0×10^8
	9	498.13		9	0.67		8	4.7×10^{10}
	10	3.8×10^3		10	4.81		9	4.5×10^{12}
	11	3.2×10^4		11	36.45		10	4.6×10^{14}
	12	4.4×10^5		12	309.81		11	5.0×10^{16}
	13	1.2×10^7		13	4.3×10^3		12	8.0×10^{18}
	14	6.6×10^8		14	1.2×10^5		13	1.8×10^{21}
							14	4.5×10^{23}

续表 3 - 1

物质	pH	As 浓度/ $(mg \cdot L^{-1})$	物质	pH	As 浓度/ $(mg \cdot L^{-1})$	物质	pH	As 浓度/ $(mg \cdot L^{-1})$
ZnHAsO$_4$	1	1.8×10^5	Zn$_5$H$_2$(AsO$_4$)$_4$	1	3.1×10^5	As$_2$S$_3$	1	2.72
	2	2.2×10^4		2	3.0×10^4		2	2.72
	3	4.6×10^3		3	4.6×10^3		3	2.72
	3.6	2.6×10^3		3.6	2.1×10^3		4	2.72
	4	5.5×10^3		4	4.6×10^3		5	2.72
	5	1.7×10^5		5	1.7×10^5		6	2.72
	6	5.6×10^6		6	6.6×10^6		7	2.72
	7	2.4×10^8		7	3.3×10^8		8	2.79
	8	1.8×10^{10}		8	2.7×10^{10}		9	3.31
	9	1.7×10^{12}		9	2.7×10^{12}		10	6.04
	10	1.7×10^{14}		10	2.8×10^{14}		11	14.89
	11	2.0×10^{16}		11	3.3×10^{16}		12	69.16
	12	3.5×10^{18}		12	5.7×10^{18}		13	3.9×10^3
	13	9.8×10^{20}		13	1.5×10^{21}		14	6.2×10^5
	14	3.1×10^{23}		14	4.2×10^{23}			

第 4 章 砷沉淀物浸出与
As(V)还原动力学

4.1 浸出反应动力学基础

将化学反应应用于生产实践主要有两个方面的问题需要考虑：一是要了解反应进行的方向和最大限度以及外界条件对平衡的影响；二是要知道反应进行的速度和反应的历程(即机理)。前者归属于化学热力学的研究范围，后者归属于化学动力学的研究范围。热力学只能预言在给定的条件下，反应发生的可能性，即在给定条件下，反应能不能发生？发生到什么程度？至于如何把可能性变为现实性，以及过程进行的速度如何？热力学不能做出回答。

化学动力学的基本任务之一就是要了解反应的速度，了解各种因素(如浓度、温度、压力、介质、催化剂等)对反应速度的影响，从而给人们提供可选择的反应条件，掌握控制反应进行的主动权，使化学反应按我们所希望的速度进行。化学动力学的另一个基本任务是研究反应历程。反应历程就是反应究竟按什么途径、经过哪些步骤才转化为最终产物。

4.1.1 基元反应动力学

4.1.1.1 基元反应

反应物分子在碰撞中一步直接转化为生成物分子的反应称为基元反应。而绝大多数化学反应都不是基元反应，也就是说它们都不是一步就直接转化为生成物分子，而往往是要经过若干个基元反应才能最后转化为生成物。这些基元反应代表了反应所经过的途径。在化学动力学中就称为反应历程。

表示反应速度和浓度等参数之间的关系，或表示浓度等参数与时间关系的方程式称为化学反应的速度方程式，有时也称为动力学方程式。基元反应的速度方程式最简单。

通常所写的化学反应式绝大多数并不真正代表反应的历程。例如合成氨反应的反应式通常写作：$N_2 + 3H_2 \Longrightarrow 2NH_3$，这个反应式只是代表了反应的总结果，可以用这个式子来计量，所以是一个计量式，但它并不代表反应进行的实际途径。1 个 N_2 分子和 3 个 H_2 分子在碰撞中直接转化成 2 个 NH_3 分子，几乎是不可能的。N_2 和 H_2 分子需要经过若干步的反应,才能最后转化为 NH_3 分子。

可以举如下的事例来说明。例如在气相中氢分别和 3 种不同的卤素元素(Cl_2、Br_2、I_2)反应,通常把反应的计量式写成:

$$H_2 + I_2 \longrightarrow 2HI \tag{4-1}$$

$$H_2 + Cl_2 \longrightarrow 2HCl \tag{4-2}$$

$$H_2 + Br_2 \longrightarrow 2HBr \tag{4-3}$$

这三个反应式是相似的,但它们的反应历程却大不相同。现在知道 H_2 和 I_2 的反应是分两步进行的:

$$I_2 \longrightarrow 2I \tag{4-4}$$

$$H_2 + 2I \longrightarrow 2HI \tag{4-5}$$

反应的总结果是 $H_2 + I_2 \longrightarrow 2HI$。

H_2 和 Cl_2 的反应历程是:

$$Cl_2 \longrightarrow 2Cl \tag{4-6}$$

$$Cl + H_2 \longrightarrow Cl + 2H \tag{4-7}$$

$$H + Cl_2 \longrightarrow HCl + Cl \tag{4-8}$$

$$Cl + Cl \longrightarrow Cl_2 \tag{4-9}$$

反应(4-6)一经发生,则反应(4-7)、(4-8)就不断地交替发生,如同链锁一样,一环扣一环,直到反应物中的 H_2 和 Cl_2 全部都转化为 HCl 为止,这种反应又称为链反应。反应(4-6)是链的开始,(4-7)、(4-8)是链的传递,反应(4-9)是链的中止。这几步反应每一步都是一个基元反应。就全部的反应来看,H_2 和 Cl_2 是按反应式 $H_2 + Cl_2 \longrightarrow 2HCl$ 的计量关系转化为 HCl 的。

同样 H_2 和 Br_2 的反应历程也是链反应,可以写为:

$$Br_2 \longrightarrow 2Br \tag{4-10}$$

$$Br + H_2 \longrightarrow HBr + H \tag{4-11}$$

$$H + Br^2 \longrightarrow HBr + Br \tag{4-12}$$

$$H + HBr \longrightarrow H_2 + Br \tag{4-13}$$

$$Br + Br \longrightarrow Br_2 \tag{4-14}$$

反应(4-10)～(4-14)每一步也都是一个基元反应,总的反应由这几个基元反应组成。

4.1.1.2　反应级数

经验证明基元反应的速度公式比较简单,例如基元反应 $A + B \longrightarrow C$。

$$r \propto C_A C_B \quad \text{或} \quad r = k C_A C_B \tag{4-15}$$

即基元反应的速度与反应物浓度的乘积成正比,其中各浓度的幂就是反应式中各相应物质的系数。

基元反应的这个规律称为质量作用定律。式中比例常数 k 称为反应的速度常数。速度常数也称为比速度，它相当于单位浓度，即浓度都等于 1 时的反应速度。不同的反应有不同的速度常数，它的大小直接反映了速度的快慢和反应的难易。对于同一反应，速度常数随温度、溶剂和催化剂等而异。

速度方程式都是由实验确定的。对于基元反应而言，它们的动力学方程式都比较简单。而对非基元反应，反应过程比较复杂，则动力学方程式也较复杂。例如 $H_2 + Br_2 \longrightarrow 2HBr$ 的动力学方程式为：

$$\frac{d[HBr]}{dt} = \frac{k[H_2][Br_2]^{\frac{1}{2}}}{1 + k[HBr]/[Br_2]} \tag{4-16}$$

对于氢与碘的反应，动力学方程式是：

$$\frac{d[HI]}{dt} = k[H_2][I_2] \tag{4-17}$$

化学反应的速度方程式表示了化学反应速度与反应物的浓度之间的关系。对于各基元反应（或少数简单的反应）可以从化学反应式直接写出其速度方程式，而对于大多数化学反应而言，从反应的计量式直接得不到动力学方程式。它往往是一个较复杂的函数关系，这些关系式可在一定条件下通过实验求得。

如果反应速度与反应物浓度的一次方成比例，这个反应在动力学上就称为一级反应。如果速度与反应物浓度的二次方成比例，就称为二级反应。一般说来，反应速度方程式中各反应物浓度项的指数之和就是该反应的级数。用公式表示为：

$$-\frac{dC_A}{dt} = kC_A \qquad （是一级反应）(4-18)$$

$$\left.\begin{array}{l} -\dfrac{dC_A}{dt} = k_2 C_A^2 \\[2mm] -\dfrac{dC_A}{dt} = k_2 C_A C_B \end{array}\right\} \qquad （是二级反应）(4-19)$$

又例如一氧化氮氧化生成二氧化氮：

$$r = k[NO]^2[O_2]$$

该反应对一氧化氮是二级，对氧是一级，而整个反应称为三级反应。

若反应速度与浓度无关而等于常数，则该反应称为零级反应。

$$-\frac{dC_A}{dt} = k \tag{4-20}$$

基元反应的速度方程式都具有简单的级数，如一级或二级（只有少数几个反应是三级反应，三级以上的反应还不曾发现过）。

反应的级数与反应的分子数是两个不同的概念，发生化学反应的必要条件之一是反应物的分子相互接触（即碰撞）。根据引起反应所需的最少分子数目，可将化学反应区分为单分子反应、双分子反应、三分子反应等，例如：

$$I_2 \Longleftrightarrow 2I \qquad (单分子反应)(4-21)$$

$$CH_3COOH + C_2H_5OH \Longleftrightarrow CH_3COOC_2H_5 + H_2O$$
$$(双分子反应)(4-22)$$

$$Cl + Cl + M \longrightarrow Cl_2 + M \qquad (三分子反应)(4-23)$$

而反应的级数，则是由动力学方程式确定的，对于反应 A + B $\longrightarrow$ D，若

$$-\frac{dC_A}{dt} = kC_A^a C_B^b$$

则反应就是 $(a+b)$ 级。

反应的级数和反应的分子数有时是一致的，例如上例中若 $-\frac{dC_A}{dt} = kC_A C_B$，则该反应是双分子反应，也是二级反应，但在更多的情况下，反应的级数与反应的分子数不一致。在上例中如果 $C_B \gg C_A$，则即使物质 A 的浓度已有相当大的变化，而由于 B 的量很大，其浓度几乎没有变化，因此可将 C_B 作为常数并入 k 内而成为 $-\frac{dC_A}{dt} = k_1 C_A$，这就成为一级反应。此外，有零级反应，但从来也没有零分子反应。反应的级数可以是分数甚至负数，而反应的分子数却恒为正整数。

级数愈高，则该物质浓度的变化对反应速度的影响愈显著。级数可以是分数，也可以是负数。如果级数是负值，则表示该物质浓度增加反而抑制了反应，使反应速度下降。

4.1.1.3 简单级数反应动力学

要获得动力学方程式，首先就要收集反应速度的实验数据，然后归纳整理，表达成适当的数学方程式。动力学方程式是确定反应历程的主要依据，在化学工程中，它又是设计合适的反应器的重要依据。

1) 一级反应

凡是反应速度只与反应物浓度的一次方成正比者称为一级反应。例如，碘的热分解反应，顺丁烯二酸转变为反丁烯二酸，蔗糖水解的反应等都是一级反应，它们的速度公式可表示为：

$$-\frac{dC_A}{dt} = k_1 C_A \qquad (4-24)$$

式中：C_A 是反应物在该瞬间的浓度；k_1 的因次是（时间）$^{-1}$，时间的单位可以用分、秒、天甚至年等。将上式移项积分：

$$\int \frac{dC}{C} = \int k_1 dt \qquad (4-25)$$

得：

$$\ln C = k_1 t + B \qquad (4-26)$$

B 是积分常数，式(4-26)表明若以 $-\ln C$ 对时间 t 作图应得一直线，直线的斜率即为 k_1，这是一级反应的一个特征。

若对式(4-25)进行定积分：

$$-\int_{C_0}^{C} \frac{\mathrm{d}C}{C} = \int_0^t k_1 \mathrm{d}t \qquad (4-27)$$

当 $t=0$ 时反应物的浓度为 C_0，当 $t=t$ 时反应物的浓度为 C，上式积分后得：

$$\ln \frac{C_0}{C} = k_1 t \qquad (4-28)$$

式(4-28)可写作：

$$k_1 = \frac{2.303}{t} \lg \frac{C_0}{C} \qquad (4-29)$$

或

$$C = C_0 \mathrm{e}^{-k_1 t} \qquad (4-30)$$

若令 x 代表时间 t 后反应物消耗掉的浓度(mol/L)，则此时反应物的浓度为 $C = C_0 - x$，故式(4-28)和式(4-29)可分别写为：

$$\ln \frac{C_0}{C_0 - x} = k_1 t \qquad (4-31)$$

$$k_1 = \frac{2.303}{t} \lg \frac{C_0}{C_0 - x} \qquad (4-32)$$

从式(4-28)或式(4-30)，若知道原始浓度 C_0，再知道任意时间 t 时的浓度 C，也可以算出反应的速度常数。

动力学方程式的微分形式[式(4-24)]只能告诉我们反应速度随组分的浓度递变的情况，并不能直接告诉浓度随反应时间递变的情况。为了求得浓度 C 和 t 的函数关系，必须对微分式进行积分，从而得到速度公式的积分形式，即式(4-28)或式(4-30)。从积分式可以求出给定时间 t 时的浓度或者求达到某一浓度所需要的时间(当然还需先知道 k 值)。

2)二级反应

反应速度和两种物质浓度的乘积成正比者，称为二级反应。二级反应最为常见，例如乙烯、丙烯和异丁烯的二聚作用，$NaClO_3$ 的分解，乙酸乙酯的皂化，碘化氢、甲醛的热分解等都是二级反应。二级反应的通式可以写作：

$$A + B \longrightarrow C + \cdots \qquad (4-33)$$

$$2A \longrightarrow C + \cdots \qquad (4-34)$$

若以 a、b 代表 A 和 B 的初浓度，经 t 时间后有 x mol/L 的 A 和等量的 B 起了作用，则在 t 时，A 和 B 的浓度分别为：$(a-x)$ 和 $(b-x)$。

$$
\begin{array}{ccccc}
& A & + & B & \longrightarrow & C & + & \cdots \\
t=0 & a & & b & & 0 \\
t=t & a-x & & b-x & & x
\end{array}
$$

$$-\frac{dC_A}{dt} = -\frac{dC_B}{dt} = -\frac{d(a-x)}{dt} = -\frac{d(b-x)}{dt} = k_2(a-x)(b-x) \quad (4-35)$$

或
$$\frac{dx}{dt} = k_2(a-x)(b-x) \quad (4-36)$$

物质 A 和 B 的起始浓度可以相同也可以不相同。

(1)若 A 和 B 的最初浓度相同,即 $a = b$,则上述反应式(4-33)和反应式(4-34)的速度方程式完全一样,都可以写成:

$$\frac{dx}{dt} = k_2(a-x)^2 \quad (4-37)$$

移项进行不定积分,得:

$$\int \frac{dx}{(a-x)^2} = \int k_2 dt$$

$$\frac{1}{a-x} = k_2 t + 常数 \quad (4-38)$$

从上式,若以 $\frac{1}{a-x}$ 对 t 作图,则应得一直线,直线的斜率即为 k_2,这是利用作图法求二级反应速度常数的方法。

若进行定积分,则得:

$$-\int_0^x \frac{dx}{(a-x)^2} = \int_{k_2}^t dt \quad (4-39)$$

$$k_2 = \frac{2.303}{t} \lg \frac{C_0}{C_0 - x} \quad (4-40)$$

如令 y 代表时间 t 后原始反应物已分解的分数,即以 $y = x/a$ 代入式(4-40),则得:

$$\frac{y}{1-y} = k_2 t \quad (4-41)$$

当原始反应物消耗一半时,$y = 1/2$,则:

$$t_{1/2} = \frac{1}{k_2 a} \quad (4-42)$$

二级反应的半衰期与一级反应不同,它与反应物的原始浓度成反比。

(2)若 A 和 B 的起始浓度不相同,即 $a \neq b$,则:

$$\frac{dx}{dt} = k_2(a-x)(b-x) \quad (4-43)$$

$$\int \frac{dx}{(a-x)(b-x)} = \int k_2 dt \quad (4-44)$$

积分后得:

$$\frac{1}{a-b} \ln\left(\frac{a-x}{b-x}\right) = k_2 t + 常数 \quad (4-45)$$

若定积分则得：

$$k_2 = \frac{1}{t(a-b)}\ln\left[\frac{b(a-x)}{a(b-x)}\right] \tag{4-46}$$

因为 $a \neq b$，所以半衰期对 A 和 B 而言是不一样的。

对于二级反应若某一反应物的数量保持大量过剩时，则二级反应可转化为一级反应。

3）三级反应

反应速度和 3 个浓度项的乘积成正比者称为三级反应。可有下列几种形式：

$$A + B + C \rightarrow 生成物 \tag{4-47}$$

$$2A + B \rightarrow 生成物 \tag{4-48}$$

$$3A \rightarrow 生成物 \tag{4-49}$$

可分几种情况来讨论：

（1）对于式（4-47）或式（4-49），若反应物的起始浓度相同，$a = b = c$，则动力学方程式可写作：

$$\frac{\mathrm{d}x}{\mathrm{d}t} = k_3(a-x)^3 \tag{4-50}$$

移项积分得：

$$\frac{1}{2(a-x)^2} = k_3 t + 常数 \tag{4-51}$$

若进行定积分则得：

$$k_3 = \frac{1}{2t}\left[\frac{1}{(a-x)^2} - \frac{1}{a^2}\right] \tag{4-52}$$

如令 y 代表原始反应物分解的百分数，即 $y = x/a$，代入式（4-52），得：

$$\frac{y(2-y)}{(1-y)^2} = 2k_3 a^2 t \tag{4-53}$$

当 $y = 1/2$ 时，其半衰期为：

$$t_{1/2} = \frac{3}{2k_3 a^2} \tag{4-54}$$

（2）在式（4-47）中若 $a = b \neq c$ 时，其动力学方程式为：

$$\frac{\mathrm{d}x}{\mathrm{d}t} = k_3(a-x)^2(c-x) \tag{4-55}$$

上式积分后得：

$$\frac{1}{(c-a)^2}\left[\ln\frac{(a-x)c}{(b-x)a} + \frac{x(c-a)}{a(a-x)}\right] = k_3 t \tag{4-56}$$

（3）在式（4 - 47）中，当 $a \neq b \neq c$ 时，其动力学方程式为：

$$\frac{dx}{dt} = k_3 (a - x)(b - x)(c - x) \tag{4-57}$$

上式积分得：

$$\frac{1}{(a - b)(a - c)} \ln \frac{a}{a - x} + \frac{1}{(b - c)(b - a)} \ln \frac{b}{b - x} + \frac{1}{(c - a)(c - b)} \ln \frac{c}{c - x} = k_3 t \tag{4-58}$$

（4）对于式（4 - 48），即 $2A + B \longrightarrow$ 生成物，其动力学方程式为：

$$\frac{dx}{dt} = k_3 (a - 2x)(b - x) \tag{4-59}$$

积分的结果得：

$$k_3 = \frac{1}{t (2b - a)^2} \left[\frac{2x(2b - a)}{a(a - 2x)} + \ln \frac{b(a - 2x)}{a(b - x)} \right] \tag{4-60}$$

三级反应为数不多，在气相中目前仅知有五个反应是属于三级反应，而且都和 NO 有关。这五个反应是：两个分子的 NO 和一个分子的 Cl_2、Br_2、O_2、H_2 及 D_2 反应。即：

$$2NO + Cl_2 \longrightarrow 2NOCl \tag{4-61}$$

$$2NO + Br_2 \longrightarrow 2NOBr \tag{4-62}$$

$$2NO + O_2 \longrightarrow 2NO_2 \tag{4-63}$$

$$2NO + H_2 \longrightarrow N_2O + H_2O \tag{4-64}$$

$$2NO + D_2 \longrightarrow N_2O + D_2O \tag{4-65}$$

4）零级反应

反应速度与物质的浓度无关者称为零级反应，即

$$-\frac{dx}{dt} = k_0 \quad 或 \quad \frac{dx}{dt} = k_0 \tag{4-66}$$

4.1.2　液 - 固相浸出反应动力学

浸出反应与溶解是不同的过程。固体物质进入液体中，形成均一液相的过程称为溶解。溶解固体物质的液体称为溶剂；溶入液体中的固体物质称为溶质，溶质与溶剂构成的均一液相称为溶液。在溶解过程中，溶质和溶剂发生物理化学作用，溶解是物理化学过程。在溶解过程中，随着固体物质进入溶液，溶解从固体表面向固体内部发展。溶解过程有两种情况：一是在溶解过程中，固体物质完全溶解或者固体物质中不溶解的物质形成的剩余层疏松，对溶解的阻碍作用可以忽略不计；二是剩余层致密，则需考虑溶质穿过不溶解的物料层的阻力。

利用液体浸出剂，把物质从固体转入液体，形成溶液的过程称为浸出或浸

取。浸出是浸出剂与固体物料间复杂的多相反应过程。浸出过程包括如下步骤：

(1)液体中的反应物经过固体表面的液膜向固体表面扩散；

(2)浸出剂经过固体产物层或不能被浸出的物料层向未被浸出的内核表面扩散；

(3)在未被浸出的内核表面进行化学反应；

(4)被浸出物经过固体产物层和(或)剩余物料层向液膜扩散；

(5)被浸出物经过固体表面的液膜向溶液本体扩散。

如果在浸出过程中没有固体产物生成，也没有剩余物料层，则步骤(2)和步骤(4)就不存在。

在湿法浸出反应中，主要发生的反应是液固相反应，这类反应大多是非催化反应，即液-固相非催化反应。这类反应只要增加反应物浓度，升高反应温度，或者改变固体反应物颗粒大小即可发生反应，从热力学来判断，其反应的吉普斯自由能小于零。

硫铁矿焙烧渣中 Fe_2O_3 与硫酸反应，属于液固相反应，而且 Fe_2O_3 与 H_2SO_4 反应无固相产物生成，其反应及相变表示如下：

$$Fe_2O_{3(s)} + 3H_2SO_{4(l)} \Longrightarrow Fe_2(SO_4)_{3(l)} + 3H_2O_{(l)} \tag{4-67}$$

上述反应可认为反应是在固体颗粒 Fe_2O_3 表面进行的液-固相非催化反应。

4.1.2.1 收缩未反应芯模型

液-固相非催化反应最常见的反应模型为收缩未反应芯模型[129-135]，简称为缩芯模型(shrinking core model)，其特征是反应只在固体颗粒内部产物与未反应芯的界面上进行，反应的表面由表及里不断向固体颗粒中心收缩，未反应芯逐渐缩小。缩芯模型又分为粒径不变缩芯模型和颗粒缩小缩芯模型。

粒径不变缩芯模型的特点是有固相产物层生成，反应过程中颗粒大小不变。当反应为固相产物层内扩散控制时，其动力学方程可表达如下[129, 130, 136]：

$$1 - 3(1 - x_B)^{2/3} + 2(1 - x_B) = t/t_f \tag{4-68}$$

当反应为化学反应控制时，其动力学方程可表示为[129, 130]：

$$1 - (1 - x_B)^{1/3} = t/t_f \tag{4-69}$$

颗粒缩小时缩芯模型的特点是反应过程中反应物颗粒不断缩小，无固相产物层，产物溶于溶液中。当为流体滞流膜扩散控制时，其动力学方程表达为：

$$1 - (1 - x_B)^{2/3} = t/t_f \tag{4-70}$$

当反应过程为化学反应控制时，其动力学模型可用式(4-69)表达[129, 130]。式(4-68)~式(4-70)中，x_B 为反应物转化率，t 为反应时间，t_f 为完全反应时间。

$$t_f = \frac{\rho_B R_s}{b M_B k C_A} \tag{4-71}$$

上式中：ρ_B 为固体反应物密度；R_s 为固体颗粒初始反应半径；b 为固体反应物计量系数；M_B 为固体反应物相对分子质量；k 为反应速率常数；C_A 为液体反应物的浓度。对于某一固定体系，且流体反应物浓度 C_A 近似不变时，其 t_f 可识为一常数，因此上式可表述为：

$$1 - (1 - x_B)^{1/3} = kt \qquad (4-72)$$

式中：k 为表观反应速率常数。

例如，硫铁矿焙烧渣酸浸中 Fe_2O_3 与 H_2SO_4 反应特征：①产物溶于溶液，无固相产物生成；②Fe_2O_3 颗粒孔隙为不与 H_2SO_4 反应的脉石所充填，反应在 Fe_2O_3 表面进行；③反应产物为流体，硫酸在 Fe_2O_3 界面化学反应很快，产物通过扩散离开反应物 Fe_2O_3 界面，反应速度为扩散所控制。因此其反应动力学规律应符合颗粒缩小缩芯扩散控制模型。

根据不同温度下 Fe_2O_3 转化率与时间对应的数据作 $1 - (1 - x_B)^{2/3}$ 与反应时间的曲线，结果如图 4-1 所示。

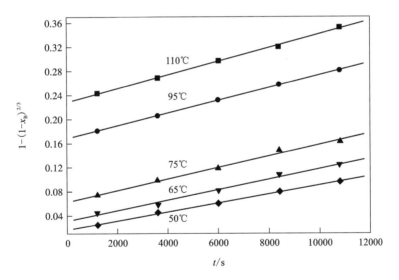

图 4-1　不同温度下 $1 - (1 - x_B)^{2/3}$ 与反应时间的关系

从图 4-1 可知 $1 - (1 - x_B)^{2/3}$ 与反应时间呈良好的直线关系，其相关系数 R^2 均大于 0.9985，说明酸浸过程中 Fe_2O_3 酸解反应符合收缩未反应芯扩散控制模型。

反应控制过程可以通过反应温度系数判断，反应温度系数是指温度每升高 10℃ 反应速度增加的倍数。反应温度系数低于 1.6，一般为扩散控制过程；反应温度系数大于 2，一般为化学反应控制过程[137, 138]。根据图 4-1 的实验结果计算得出 50℃、65℃、75℃、95℃、110℃时 4 个温度段的反应温度系数分别为 1.06、1.09、1.05、1.05。Fe_2O_3 与硫酸反应的温度系数也说明该反应为扩散控制。

反应过程中，增加搅拌速度使反应物颗粒形成高度湍流状态，反应速度大大加快，也证明反应速度受扩散控制。

4.1.2.2 Avrami 模型

Avrami 模型[139-143]，其动力学方程如下：

$$-\ln(1 - X) = kt^n \qquad (4-73)$$

式中：k 为表观反应速率常数；特征参数 n 反映过程控制机理，仅与固体颗粒的性质和几何形状有关，不随反应条件而变；当 $n < 1$ 时，初始反应速率极大，反应速率随时间延长而不断减小；当 $n = 1$ 时，初始反应速率有限；当 $n > 1$ 时，初始反应速率接近 0。

硒碲精矿中的单质态 Se 与 Na_2SO_3 溶液反应，属于液固多相反应，反应发生在液固两相界面处，而且 Se 与 Na_2SO_3 反应无固体产物生成，其化学反应如下：

$$Na_2SO_{3(1)} + Se_{(s)} =\!=\!=\!= Na_2SeSO_{3(1)} \qquad (4-74)$$

实验原料为某铜冶炼厂采用 SO_2 还原沉金后液所得硒碲精矿[144, 145]，其主要化学成分如表 4-1 所示。

表 4-1　硒碲精矿主要成分　　　　　　　　　　%

元素	Se	Te	Pt	Pd	Au	其他
含量	41.73	40.96	0.147	0.854	0.884	15.425

实验取 30 g 上述平均粒径为 56.58 μm 硒碲精矿，在 Na_2SO_3 溶液浓度为 252 g/L、在反应温度为 85℃、液固比 7:1、搅拌速度为 300 r/min 条件下，考察不同反应温度下 Se 浸出率随时间变化的情况，如图 4-2 所示。

根据图 4-2 数据，将反应温度、反应时间及 1-X 数据列表，如表 4-2 所示。

对于大多数液固反应，其最常见的反应模型为收缩未反应核模型[150]。对于 Na_2SO_3 浸出 Se 过程一般包括下面 3 个步骤：①反应物 $Na_2SO_{3(1)}$ 由主体溶液通过边界层液膜向固体 Se 表面扩散；②反应物 $Na_2SO_{3(1)}$ 在反应界面上与固体 Se 发生化学反应；③生成物 $Na_2SeSO_{3(1)}$ 通过边界层向主体溶液中扩散。Na_2SO_3 浸出 Se 过程是由上述各步骤连续进行的，总的反应速度取决于最慢的环节，即控制步骤。

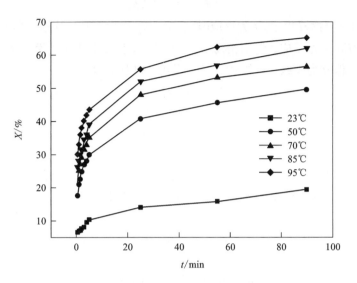

图 4 - 2　不同反应温度下 Se 浸出率随时间变化

表 4 - 2　不同反应温度下 1 - X 随反应时间变化

t/min	1 - X				
	23℃	50℃	70℃	85℃	95℃
0.5	0.9344	0.8237	0.7875	0.7375	0.6996
1	0.9315	0.7889	0.7483	0.7183	0.6691
1.5	0.9296	0.7745	0.7297	0.6997	0.6389
2	0.9236	0.7513	0.7094	0.6844	0.6191
3	0.9197	0.7298	0.6847	0.6547	0.5991
4	0.9048	0.7195	0.6695	0.6395	0.5813
5	0.897	0.6999	0.6494	0.6094	0.5645
25	0.8594	0.5921	0.5186	0.4787	0.4414
55	0.8423	0.5432	0.4671	0.4302	0.3751
90	0.8054	0.5034	0.4335	0.3797	0.3467

当浸出过程为液膜扩散控制时, 其动力学方程为:

$$1 - (1 - X)^{2/3} = k_1 t \qquad (4 - 75)$$

当浸出过程为界面化学反应控制时, 其动力学方程为:

$$1 - (1 - X)^{1/3} = k_2 t \tag{4-76}$$

式中：X 为反应物浸出率；t 为反应时间；k_1、k_2 均为表观反应速率常数。

对于液固多相反应，伪均相模型[146, 151]也用于描述其动力学规律。伪均相模型动力学方程分为零级、一级及二级方程式，如下所示：

零级 $X = kt$ $\tag{4-77}$

一级 $-\ln(1 - X) = kt$ $\tag{4-78}$

二级 $1/(1 - X) = kt$ $\tag{4-79}$

由表 4 - 2 验证，浸出动力学反应规律不符合方程式(4 - 75)~式(4 - 79)，即该浸出过程不能用收缩未反应核模型和伪均相模型来分析其动力学规律。由图 4 - 2 可知，Na_2SO_3 浸出 Se 过程的初始反应速度极大，但随反应时间延长反应速率又逐渐减小，对于如此类型的液固多相反应，其动力学规律符合 Avrami 模型[145 - 147, 151, 152]，其动力学方程如式(4 - 73)所示。对式(4 - 73)两边同时取自然对数得到：

$$\ln[-\ln(1 - X)] = \ln k + n \ln t \tag{4-80}$$

将表 4 - 2 实验数据代入式(4 - 80)，得到 $\ln[-\ln(1 - X)] - \ln t$ 图，如图 4 - 3 所示。

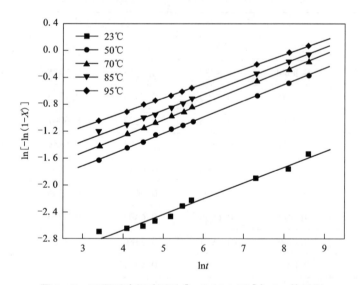

图 4 - 3 不同反应温度下 $\ln[-\ln(1 - X)]$ 与 $\ln t$ 关系图

由图 4 - 3 可知，不同反应温度下 $\ln[-\ln(1 - X)]$ 与 $\ln t$ 具有很好的线性关系，从而证实 Na_2SO_3 浸出 Se 过程符合 Avrami 模型。图 4 - 3 中直线斜率和截距分别代表 n 和 $\ln k$，其对应值如表 4 - 3 所示。

表 4 – 3　不同反应温度下的 n 和 $\ln k$

T/K	n	$\ln k$	R^2
296.15	0.232	– 3.495	0.9871
323.15	0.241	– 2.628	0.9987
343.15	0.243	– 2.241	0.999
358.15	0.234	– 2.056	0.9965
368.15	0.224	– 1.773	0.9994

注：R^2 为相关系数。

由表 4 – 3 可知，不同反应温度下 n 值基本不变，其平均值和标准偏差分别为 0.235 和 0.0076，因此，特征参数 n 为 0.235。

由上述研究可知，在 Na_2SO_3 选择性浸出 Se 过程中，其动力学方程如下：

$$- \ln (1 - X) = k t^{0.235} \tag{4-81}$$

图 4 – 4(a) ~ (e)分别为不同 Na_2SO_3 溶液浓度、搅拌速度、反应温度、液固比和粒度下 $- \ln (1 - X)$ 与 $t^{0.235}$ 的关系图。

由图 4 – 4(a) ~ (e)可知，表观反应速率常数 k 是 Na_2SO_3 溶液浓度、搅拌速度、反应温度、液固比及粒度的函数，可用 Arrhenius 公式的变形式表示[135, 153]：

$$k = k_0 \cdot C^a \cdot D^b \cdot W^c \cdot S^d \cdot \exp [- E/(RT)] \tag{4-82}$$

其中：k_0 为频率因子；E 为活化能，J/mol；T 为热力学温度，K；C 为 Na_2SO_3 溶液浓度，g/L；D 为粒径，μm；W 为液固比，mL/g；S 为搅拌速度，r/min；R 为气体常数；a、b、c、d 均为常数。

根据图 4 – 4(a) ~ (e)相关斜率数据，可分别求出 $a = 0.520$，$b = - 0.202$，$c = - 0.596$，$d = 0.201$。

上述研究表明，Na_2SO_3 从硒碲精矿中选择性浸出 Se 过程为 Avrami 模型混合控制，其动力学方程为：

$$- \ln (1 - X) = 18.739 \cdot C^{0.520} \cdot D^{-0.202} \cdot W^{-0.596} \cdot S^{0.201} \cdot \exp [- 20847/(RT)] \cdot t^{0.235} \tag{4-83}$$

由式(4 – 83)可求出不同浸出条件下不同时间点 Se 浸出率的理论值，根据实验值与理论值作图 4 – 5。

由图 4 – 5 可知，Se 浸出率的理论值与实验值很接近，因此进一步确定 Na_2SO_3 选择性浸出 Se 的动力学机理可用 Avrami 模型解释。

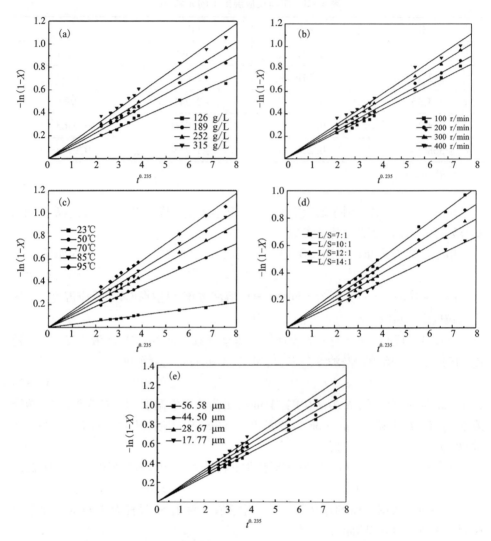

图 4 - 4 不同 Na_2SO_3 溶液浓度(a)、搅拌速度(b)、反应温度(c)、
液固比(d)和粒度(e)下 $-\ln(1-X)$ 与 $t^{0.235}$ 关系图

4.1.2.3 其他液 – 固反应模型

1)整体反应模型

当固体颗粒为孔隙率较高的多孔物质,且化学反应速率相对较小,反应流体可以扩散到固体颗粒的中心,反应不再在明显的界面上进行,而是在整个颗粒内连续发生,这种模型称为整体反应模型(volume reaction model)。

整体反应模型固体颗粒中反应区内流体反应物的浓度梯度不是常量,越靠近

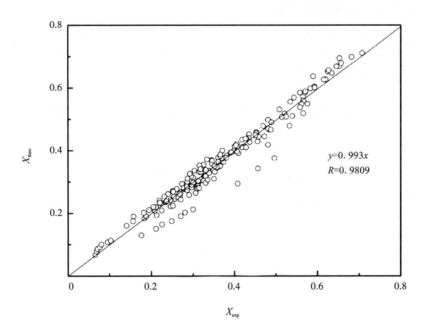

图 4 – 5　Se 浸出率理论值与实验值关系图

颗粒中心，流体反应物由于反应消耗，浓度降低越多，直至颗粒中心其浓度梯度为零。若流体主体中反应物浓度为 C_{Af}，颗粒外表面为 C_{AS}，颗粒中心为 C_{AC}，相对于颗粒温度下可逆反应的平衡浓度为 C_A^*，则 $C_{Af} > C_{AS} > C_{AC} > C_A^*$。若固相反应的初始浓度为 C_{BO}，颗粒外表面为 C_{BS}，颗粒内部为 C_B，颗粒中心为 C_{BC}，显然 $C_{BO} > C_{BC} > C_B > C_{BS}$。经过一段时间的反应，$C_{BS}$ 先变为零，形成一定厚度的产物层，并逐渐扩大产物层厚度，直至全部固相反应物转变成产物。因此，整体反应模型，一般要分两个阶段来考虑。

第一个阶段，即整个颗粒都是反应区阶段。流体反应物 A 通过颗粒外表面后，在整个颗粒内边扩散边反应，使固相反应物 B 同时参加反应，颗粒内固相反应物 B 的浓度下降，越接近颗粒外表面，固相反应物 B 的浓度 C_{BS} 下降越快。

第二个阶段，即颗粒内靠外表面部分先形成产物层(或形成惰性残留物层)，即无反应的区域。流体反应物 A 连续扩散通过粒外流体滞流膜和产物层(或惰性残留物层)，而达到颗粒中半径为 R_m 的反应区内同时进行扩散和反应。第二个阶段的固体颗粒多了一个固相产物层(或惰性残留物层)，随着反应时间增加，该层厚度不断增厚，反应区不断向颗粒中心缩小，这时的模型成为一个动态边界的问题，要将产物区(或残留物区)与反应区结合起来求解。

整体反应模型主要用于孔隙率大的颗粒，如多孔催化剂的烧炭再生反应和某些多孔金属氧化物的还原反应等。

2）有限厚度反应区模型

有限厚度反应区模型（finite reaction model）以缩芯模型为基础，吸收了的整体反应模型反应区的主要特征是流体反应物 A 可以越过缩芯模型的"反应界面"向固体反应物扩散一段距离，即反应不是发生在产物层（或惰性物层）与固相反应物层的界面上，而是在固相反应物内具有一定厚度的狭窄区域内进行。

3）微粒模型

微粒模型认为：固体颗粒由无数个大小均一的球形微粒构成，每个微粒按照缩芯模型进行反应；反应后固体颗粒的孔隙率与微粒大小均不变；就整个颗粒来讲，反应区在扩散区内，并随扩散区由颗粒外表面向中心逐渐推进。在反映区域内微粒的反应程度由外向内逐渐降低。

微粒模型适用于固体反应物由微粒压制而成且结构较疏松的反应，例如氧化脱锌除硫化氢的反应。

4）单孔模型

单孔模型认为：反应物由多孔固体构成，这些孔是孔径相同、均匀分布、相互平行的圆柱形孔，各孔的壁初始状态时由固相产物构成，因此，只要用一个单孔及周围的固体为代表就可以讨论整个颗粒的反应速率；流体反应物沿孔的轴向进行，产物在孔壁上形成，反应发生在产物及未反应固相之间的界面上；流体反应物在孔内的浓度只沿轴向变化，不沿径向变化，由于固相产物在孔壁上形成，对于固相产物体积增大的反应会产生"闭口"现象，以至于反应不能进行到底；对于固相产物的体积缩小的反应则会产生"开口"现象，此时反应可以进行到底。

单孔模型是通过一个孔来讨论整个颗粒的反应状况，反应过程中孔的形状发生变化，孔径是时间的函数，流体反应物在孔中的浓度是轴向距离的函数。

5）破裂新模型

破裂新模型认为：固相反应物的原始状态是致密无孔的，在流体反应物的作用下逐渐破裂为易穿透的细粒；破裂后形成的细粒按缩芯模型与反应流体进行反应，这种模型适用于 Fe_3O_4 被 CO、UO_3 被 H_2 还原等反应。

4.1.2.4 化学反应活化能

提高反应温度可以加快反应速度，反应温度每升高 10℃，反应速度可以增加为之前的 2~4 倍，这个规律称之为范特哈甫近似规则。在化学反应中，反应速度常数 k 是温度的函数，实践证明，$\ln k$ 对 $1/T$ 作图可以得到一条直线，符合阿伦尼乌斯公式，归纳起来，可以写成：

$$\ln k = -E_a/(RT) + B \tag{4-84}$$

即

$$k = k_0 e^{-E_a/RT} \tag{4-85}$$

将式(4 - 85)变换可得:

$$\ln k = \ln k_0 - \frac{E_a}{RT} \qquad\qquad (4-86)$$

式中: k 为反应速度常数; k_0 为频率因子, $\min^{-1}$; E_a 为活化能, kJ/mol; T 为绝对温度, K; R 为气体常数。

一般冶金化学反应由扩散过程控制时, 表观活化能小于 10 kJ/mol, 化学反应控制时的活化能则在 40 kJ/mol 以上, 混合控制的活化能则在 10 ~ 40 kJ/mol 之间[153]。

根据图 4 - 1 求出不同温度下各直线斜率即 k, 作 $\ln k$ 与 $1/T$ 关系图, 如图 4 - 6 所示。

根据图 4 - 6 求斜率得表观活化能为 $E_a = 6.936$ kJ/mol, 根据图 4 - 6 求截距得频率因子 k_0 为 8.33×10^4。因此, 熔烧渣中 Fe_2O_3 与硫酸反应的速度常数与温度的关系为:

$$k = 8.33 \times 10^4 \, e^{\,6.936/(RT)} \qquad\qquad (4-87)$$

一般反应活化能小于 62.78 kJ/mol 时, 反应速度很快[154]。焙烧渣中 Fe_2O_3 与硫酸反应的活化能仅为 6.94 kJ/mol, 说明烧渣中 Fe_2O_3 易与硫酸发生反应。但是, 由于反应物和生成物的扩散速度阻碍反应的进行, 因此其反应速度仍然较慢。

在硒碲精矿中单质态 Se 与 Na_2SO_3 溶液反应时, 根据式(4 - 84)以及表 4 - 3 中相关数据可以绘制出 $\ln k$ 与 $1/T$ 的关系图, 如图 4 - 7 所示。

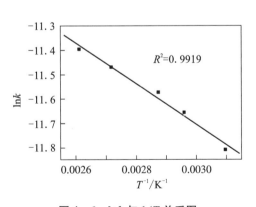

图 4 - 6　$\ln k$ 与 $1/T$ 关系图

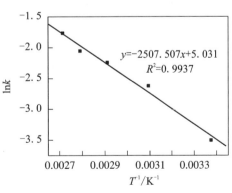

图 4 - 7　Se 浸出的 $\ln k$ - $1/T$ 关系图

阿伦尼乌斯对活化能的解释只有对基元反应才有明确的意义, 绝大多数是非基元反应, 实际测得的活化能只是表观活化能, 它是组成非基元反应的各基元反应活化能的代数和。

当 $E_a < 62.78$ kJ/mol 时，在室温下瞬时反应；

$E_a \approx 104.60$ kJ/mol 时，在室温下或略高于室温下进行反应；

$E_a \approx 167.40$ kJ/mol 时，在 200℃ 左右进行反应；

$E_a \approx 292.90$ kJ/mol 时，在 800℃ 左右进行反应。

4.2 硫化砷渣的碱性浸出及浸出反应动力学

砷及其化合物严重损害人类健康，已被美国疾病控制中心和国际防癌研究机构确定为第一类致癌物，主要通过饮水途径危害人体健康[155, 156]。因此，中国、美国、西欧、日本等多个国家及地区把砷列为优先控制的水污染物之一。火法熔炼铜产生 SO_2 烟气，经过洗涤后产生酸性废水含砷高达 10 g/L。处理含砷废水主要有萃取法、离子交换法、吸附法、石灰中和 - 铁盐絮凝沉淀法和硫化沉淀法等方法[114, 157, 158]。萃取法、离子交换法、吸附法主要用于处理低浓度含砷废水，冶炼厂含砷废水普遍采用絮凝沉淀法和硫化沉淀法处理。石灰中和 - 铁盐絮凝法处理渣量大，需要进行固化处理，否则易产生二次污染。为了利用硫化砷渣，日本住友公司通过硫酸铜置换和空气氧化法分离铜和砷，采用 SO_2 还原滤液中砷制备得到 As_2O_3。该技术成熟、As_2O_3 纯度高、安全性好，但工艺流程复杂，生产成本过高[94, 159, 160]。综合利用硫化砷渣具有重大的环境和经济效益[93, 157]，采用氢氧化钠溶液浸出硫化砷渣，使硫化砷渣中砷与铜和铋等得到有效分离。

4.2.1 硫化砷渣的碱性浸出

4.2.1.1 原料分析

某冶炼厂含砷废水经过硫化钠沉淀处理后得到硫化砷渣，其成分如表 4 - 4 所示，粒度分布和形貌分别如图 4 - 8(a) 和 (b) 所示。由表 4 - 4 可知，硫化砷渣中 As、Cu、S 质量分数分别为 18.17%、10.90%、19.25%，说明主要成分为硫化砷和硫化铜。图 4 - 8(a) 粒度分析表明，硫化砷渣体积平均粒径为 786 nm，图 4 - 8(b) SEM 图证实硫化砷渣由细小粒子聚集为松散体。

表 4 - 4 硫化砷渣化学成分 w %

As	Cu	Bi	S	Pb	Zn	Ni	Fe
18.17	10.90	1.85	19.25	0.22	0.21	0.06	0.32

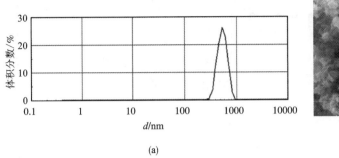

(a)   (b)

图 4 – 8   硫化砷渣粒度分布(a)和 SEM 图(b)

4.2.1.2   硫化砷渣的碱性浸出

冶炼烟气废水中含有 AsO_2^-、AsO_4^{3-}、Cu^{2+}、Bi^{3+}、Pb^{2+}、Sb^{3+}、Zn^{2+}、Fe^{2+} 等离子,加入硫化钠后发生反应如表 4 – 5 所示。

表 4 – 5   废水中加入硫化钠后发生的反应

序号	化学方程式	序号	化学反应式
1	$2AsO_2^- + 3S^{2-} + 8H^+ = As_2S_3 \downarrow + 4H_2O$	5	$Pb^{2+} + S^{2-} = PbS \downarrow$
2	$2AsO_4^{3-} + 5S^{2-} + 16H^+ = As_2S_5 \downarrow + 8H_2O$	6	$2Sb^{3+} + 3S^{2-} = Sb_2S_3 \downarrow$
3	$Cu^{2+} + S^{2-} = CuS \downarrow$	7	$Zn^{2+} + S^{2-} = ZnS \downarrow$
4	$2Bi^{3+} + 3S^{2-} = Bi_2S_3 \downarrow$	8	$Fe^{2+} + S^{2-} = FeS \downarrow$

含砷废水加入硫化钠后产生的沉淀物称为硫化砷渣。实验取 300 g 硫化砷渣,加入 NaOH 溶液,当反应温度为 26℃、固液比为 1:6、反应时间为 1.5 h 时,NaOH 与 As_2S_3 物质的量之比[$n(NaOH):n(As_2S_3)$]对砷浸出率的影响如图 4 – 9(a)所示。由图可知,砷浸出率随 $n(NaOH):n(As_2S_3)$ 的增加而增加,当 $n(NaOH):n(As_2S_3)$ 为 7.2:1 时,砷浸出率达到 92.72%,继续增大 NaOH 用量,砷浸出率基本不变,故适宜的 $n(NaOH):n(As_2S_3)$ 为 7.2:1。

硫化砷渣中加入氢氧化钠溶液,As_2S_3、Sb_2S_3 沉淀发生溶解,反应如下:

$$As_2S_3 + 6NaOH = Na_3AsO_3 + Na_3AsS_3 + 3H_2O \qquad (4 – 88)$$

$$Sb_2S_3 + 6NaOH = Na_3SbO_3 + Na_3SbS_3 + 3H_2O \qquad (4 – 89)$$

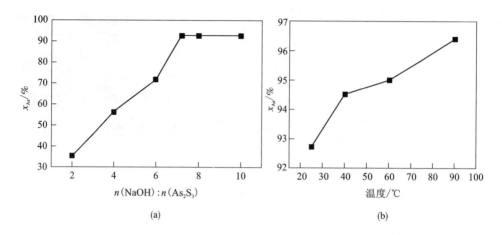

图4-9　$n(NaOH):n(As_2S_3)(a)$和反应温度(b)对砷浸出率的影响

根据反应原理可知，As_2S_3完全溶解，NaOH与As_2S_3理论上物质的量之比为6:1，除其他物质消耗氢氧化钠外，实际上在过量的氢氧化钠条件下As_2S_3才能充分溶解，因而实际用量大于6:1。

上述其他条件不变，当$n(NaOH):n(As_2S_3)$为7.2:1时，反应温度对砷浸出率的影响如图4-9(b)所示所示。由图可知，砷浸出率随反应温度的升高而缓慢增加，反应温度从25℃增加到90℃时，砷浸出率从92.73%增加到96.40%。因此，反应温度对砷浸出率影响较小。

在反应温度为90℃、固液比为1:6、反应时间为1.5 h、$n(NaOH):n(As_2S_3)$为7.2:1条件下，取1000 g硫化砷渣进行放大实验，砷浸出率达到95.90%，铜浸出率仅为0.087%。将碱浸渣进行化学分析，其成分如表4-6所示，碱浸渣与硫化砷渣的XRD图对比如图4-10所示。

表4-6　碱浸渣化学成分w　　　　　　　　　%

As	Cu	Bi	S	Pb	Zn	Na	Fe
2.62	50.00	10.63	24.42	0.61	0.64	0.95	1.22

由表4-6可知，碱浸渣中Cu、Bi含量分别高达50.00%、10.63%，砷仅为2.62%。与表4-4比较可知，硫化砷渣经碱浸后Cu和Bi得到富集，As与之分离。由图4-10可知，硫化砷渣为无定形，碱浸渣中含有CuS物相。

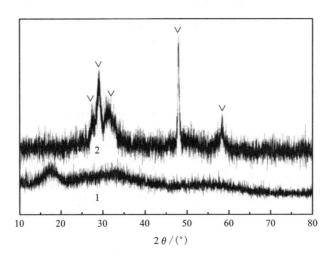

图 4-10　硫化砷渣和碱浸渣 XRD 图

1—硫化砷渣；2—碱浸渣；∨—CuS

4.2.2　硫化砷渣浸出反应动力学

4.2.2.1　碱浸过程中 As 浸出率与时间的关系

不同温度下，测定 As 浸出率随反应时间的关系如图 4-11 所示。由图可知，As 浸出率随反应时间延长和反应温度增加而增加，呈线性关系；反应时间为

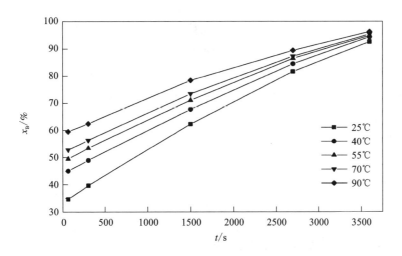

图 4-11　不同温度下 As 浸出率随反应时间的变化关系

60 min，反应温度分别为25℃、40℃、55℃、70℃和90℃时，砷浸出率分别达到92.72%、94.50%、95.00%、95.50%和96.40%。

4.2.2.2　浸出动力学

硫化砷渣中固体As_2S_3与NaOH溶液反应，为液固相反应，而且As_2S_3与NaOH反应无固相产物生成，其反应及相变表示如下：

$$As_2S_{3(s)} + 6NaOH_{(aq)} \Longrightarrow Na_3AsO_{3(aq)} + Na_3AsS_{3(aq)} + 3H_2O_{(l)} \qquad (4-90)$$

上述反应可认为是在固体颗粒As_2S_3表面进行的液 – 固相非催化反应。液 – 固相非催化反应最常见的反应模型为收缩未反应芯模型[135, 141, 142, 154]，简称为缩芯模型。缩芯模型又分为粒径不变缩芯模型和颗粒缩小缩芯模型。

粒径不变缩芯模型的特点是有固相产物层生成，反应过程中颗粒大小不变。颗粒缩小缩芯模型特点是反应过程中反应物颗粒不断缩小，无固相产物层，产物溶于溶液中。

硫化砷与氢氧化钠反应生成极易溶于水的亚砷酸钠和硫代亚砷酸钠，可从颗粒缩小缩芯模型研究其反应动力学。颗粒缩小缩芯模型，当为流体滞流膜扩散控制时，动力学方程为：

$$1 - (1 - x_B)^{2/3} = t/t_f = kt \qquad (4-91)$$

当反应为化学反应控制时，动力学方程为：

$$1 - (1 - x_B)^{1/3} = t/t_f = kt \qquad (4-92)$$

上述两式中：x_B为反应物转化率；t为反应时间；t_f为完全反应时间。

$$t_f = \frac{\rho_B R_s}{b M_B h C_A} \qquad (4-93)$$

式中：ρ_B为固体反应物密度；R_s为固体颗粒初始反应半径；b为固体反应物计量系数；M_B为固体反应物分子量；h为反应速率常数；C_A为液体反应物的浓度；x_B为固体反应物转化率。对于某一固定体系，且流体反应物浓度C_A近似不变时。t_f可识为常数，$1/t_f$则可表示为k，k为表观反应速率常数。

根据图4 – 12数据x_B，作$1 - (1 - x_B)^{2/3}$与反应时间的曲线，结果如图4 – 12(a)所示；根据图4 – 12(a)求出不同温度下各直线斜率即k，作$\ln k$与$1/T$关系图，如图4 – 12(b)所示。

从图4 – 12(a)可知，$1 - (1 - x_B)^{2/3}$与反应时间呈良好直线关系，相关系数R^2均大于0.9998，说明硫化砷渣碱浸过程中As_2S_3在NaOH溶液中的反应为收缩未反应芯扩散控制。反应为扩散控制时，一般反应温度对砷浸出率影响较小，这与反应温度对浸出率影响实验结果一致。

根据图4 – 12(b)求斜率得表观活化能为$E_a = 3.68$ kJ/mol，求截距得频率因子k_0为1.868×10^3，即$k = 1.868 \times 10^3 \exp^{-3682/(RT)}$。

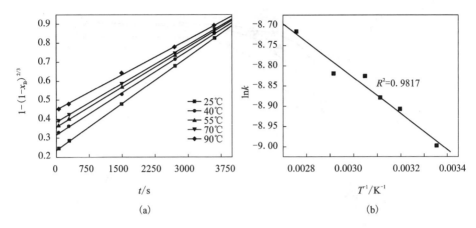

图 4 - 12　不同温度下 $1 - (1 - x_B)^{2/3}$ 与反应时间的关系图(a)及 $\ln k$ 与 $1/T$ 关系图(b)

反应活化能一般小于 62.78 kJ/mol 时，反应速度很快[146]。硫化砷渣中 As₂S₃ 与 NaOH 反应活化能低，说明硫化砷渣中 As₂S₃ 易溶于氢氧化钠。但是，由于反应物中 CuS 等不溶物的包裹作用和生成物的扩散阻碍，使其反应速度减慢。

4.3　As(Ⅴ)还原动力学

含砷沉淀经过浸出后，得到含砷酸溶液，其砷主要以 As(Ⅴ)形态存在，为了回收 As₂O₃，一般采用 SO₂ 还原含砷酸溶液，根据 As(Ⅴ)、As(Ⅲ)和 S(Ⅳ)在水溶液中的组分分布图[10] 可知，pH 为 0 时，它们分别主要以 H₃AsO₄、H₃AsO₃ 和 H₃SO₃ 形式存在。因此，As(Ⅴ)还原过程涉及的主要反应如式(4 - 95)和式(4 - 96)所示。有研究表明，SO₂ 溶于水或水溶液，达到水合离子形式的平衡所需时间 $< 10^{-6}$ s[158]。因此，式(4 - 95)反应可视为快反应，式(4 - 96)反应为 As(Ⅴ)还原过程的速率控制步骤。

$$SO_{2(g)} + H_2O \Longrightarrow H_2SO_3 \qquad (4 - 94)$$

$$H_2SO_3 + H_3AsO_4 \Longrightarrow H_3AsO_3 + HSO_4^- + H^+ \qquad (4 - 95)$$

当酸溶液中 As(Ⅴ)为 15 g/L，pH 为 0 时，在不同反应温度(25℃、40℃、50℃、60℃)和通气时间下进行一系列还原实验研究 As(Ⅴ)还原动力学，其结果如图 4 - 13 所示。As(Ⅴ)还原率均随通气时间的延长先增大后变化不大，反应达到平衡。另外，反应温度越高，达到平衡的时间缩短。因此，温度对于 As(Ⅴ)还原起重要的作用。

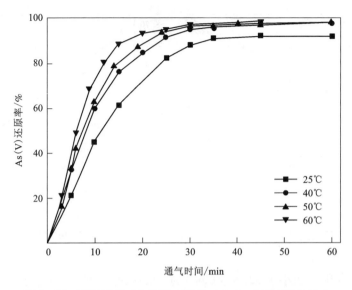

图 4 – 13   不同通气时间下反应温度对 As(V) 还原率的影响

根据上述分析，SO_2 还原 As(V)反应可视为液相中发生的均相还原反应[154]。假设还原过程符合一级反应动力学，其动力学方程如下式所示。

$$\ln\left(\frac{C}{C_0}\right) = -kt \qquad (4-96)$$

其中：C_0 和 C 分别为 As(V)初始浓度和通气时间为 t 时的 As(V)浓度，mol/L；k 为反应速率常数，min^{-1}。

将图 4 – 13 中不同反应温度和通气时间下 As(V)还原率对立的 As(V)浓度代入式(4 – 96)进行计算，得到 $-\ln(C/C_0)$ 与 t 的关系，如图 4 – 14 所示。可以看出，不同反应温度下，$-\ln(C/C_0)$ 与 t 均有非常好的线性关系（$R^2 > 0.99$）。这说明二氧化硫还原 As(V)符合一级反应动力学，为准一级反应。

由图 4 – 14 中各拟合直线斜率，可求出不同温度下该反应的速率常数 k 值，如表 4 – 7 所示。反应速率常数与温度的关系符合 Arrhenius 经验式，根据式(4 – 86)可以计算反应的表观活化能 E_a[74, 159]。

表 4 – 7   不同反应温度下 As(V) 还原的速率常数

反应温度/K	298. 15	313. 15	323. 15	333. 15
速率常数/(min^{-1})	0. 0739	0. 1028	0. 1223	0. 1511

根据表 4 - 7,可做出 $\ln k$ 和 $1/T$ 关系曲线,即 As(Ⅴ)还原反应过程的 Arrhenius 曲线,如图 4 - 15 所示。由图可知,$\ln k$ 与 $1/T$ 具有很好的线性关系($R^2 = 0.9978$),对应的关系式为 $\ln k = 4.1279 - 2.0076 \times 1000/T$。

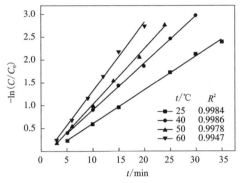

图 4 - 14　不同反应温度下 $-\ln(C/C_0)$ 与 t 的线性关系曲线

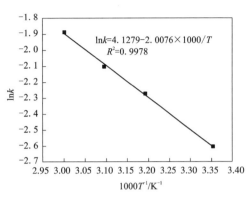

图 4 - 15　As(Ⅴ)还原过程的 阿伦尼乌斯曲线

根据曲线斜率和截距计算,活化能 E_a 为 16.69 kJ/mol,$A = 62.05$ min^{-1}。活化能指一般分子变为活化分子所需的最小能量,它是判断反应控制步骤的一个重要参数[149]。通常,当反应过程由扩散控制时,E_a 一般小于 12 kJ/mol,而由化学反应控制时,E_a 通常大于 40 kJ/mol,混合控制的 E_a 则位于 12 ~ 40 kJ/mol[74, 160, 161]。因此,二氧化硫还原 As(Ⅴ)属于扩散和化学反应混合控制。

第5章 含砷废水沉淀工艺

5.1 石灰与铁盐沉淀含砷废水工艺

含砷废水经氧化钙和氢氧化钠混合碱净化除杂和硫酸铜沉砷后，砷含量从 4.67 g/L 降低到 89 mg/L，此废水中砷含量仍远远高于国家废水综合排放标准（GB 8978—1996）中规定的 0.5 mg/L。因此，需进一步对沉砷后废水进行处理。通常对含砷较低的废水适宜用铁盐絮凝法处理，其工艺流程如图 5−1 所示。

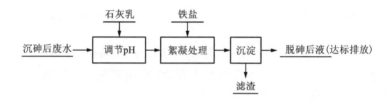

图 5−1 石灰与铁盐沉淀硫酸铜沉砷后废水工艺流程

5.1.1 硫酸亚铁絮凝法处理沉砷后废水

5.1.1.1 绿矾用量对砷去除率的影响

含砷废水经除杂及硫酸铜沉砷处理后废水中砷含量为 89 mg/L，pH 为 1.68。取沉砷后废水 500 mL，在搅拌速度为 180 r/min 下用 10% 的石灰乳液调节 pH 为 9，按照铁砷摩尔比为 1、4、8 和 12，即绿矾质量分别为 0.17 g、0.67 g、1.34 g 和 2.01 g 加入绿矾，在搅拌速度为 180 r/min 下快搅 5 min，在 40～60 r/min 下慢搅 10 min，静置 15 min 后取上清液分析。绿矾用量对砷去除率、终点 pH 和浊度的影响分别如图 5−2 所示。

由图 5−2 可知，砷去除率和终点 pH 随硫酸亚铁用量增加而降低，浊度随硫酸亚铁用量增加而升高。当石灰乳调节废水 pH 为 9、铁砷摩尔比分别为 1、4、8 和 12 时，砷去除率分别为 89.87%、80.84%、80.72% 和 80.72%，处理后废水 pH 分别为 7.72、6.91、5.32 和 4.75，处理后废水浊度分别为 24.4、39.3、86.3 和 132.7。

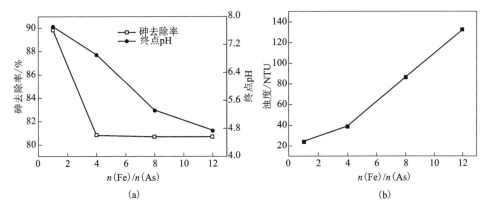

图 5 - 2　绿矾用量对砷去除率、终点 pH(a) 和浊度(b) 的影响

石灰乳调节废水 pH 为 9 时，部分 Fe^{2+} 与 OH^- 作用生成 $Fe(OH)_2$，废水中溶解氧易使 Fe^{2+} 氧化为 Fe^{3+}，$Fe(OH)_2$ 转变为 $Fe(OH)_3$。因此，废水中 Ca^{2+}、Fe^{3+}、AsO_3^{3-}、AsO_4^{3-} 相互作用生成砷酸盐沉淀，使废水中砷被去除，涉及的主要反应如式(5-1)~式(5-4)所示。

$$AsO_3^{3-} + Fe^{3+} \Longrightarrow FeAsO_3 \qquad (5-1)$$

$$AsO_4^{3-} + Fe^{3+} \Longrightarrow FeAsO_4 \qquad (5-2)$$

$$2AsO_3^{3-} + 3Ca^{2+} \Longrightarrow Ca_3(AsO_3)_2 \qquad (5-3)$$

$$2AsO_4^{3-} + 3Ca^{2+} \Longrightarrow Ca_3(AsO_4)_2 \qquad (5-4)$$

由于砷酸盐和亚砷酸盐沉淀的产生，废水中砷被去除。砷酸盐和亚砷酸盐为弱酸盐，废水终点 pH 随绿矾用量增加而降低，使得砷酸盐沉淀发生溶解。同时由于温度升高，说明沉淀不完全，也是造成砷去除率降低的原因。因此，砷去除率随硫酸亚铁用量增加而降低。

5.1.1.2　空气作用下绿矾用量对砷去除率的影响

在絮凝处理前通入空气将 As(Ⅲ) 氧化成 As(Ⅴ)，使之生成溶解度更小的砷酸盐沉淀，以提高砷去除率。

上述其他实验条件不变，使用石灰乳调节废水 pH 后通入空气氧化 10 min，空气流量为 120 L/h，加入绿矾进行絮凝实验，绿矾用量对砷去除率、终点 pH 和浊度的影响分别如图 5-3 所示。

由图 5-3 可知，砷去除率、终点 pH 和浊度均随硫酸亚铁用量增加而降低。当石灰乳调节废水 pH 为 9、铁砷摩尔比分别为 1、4、8 和 12 时，砷去除率分别为 92.90%、89.62%、87.02% 和 82.94%，处理后废水 pH 分别为 7.72、6.91、5.32 和 4.75，废水浊度分别为 12.7、6.2、4.7 和 3.1。

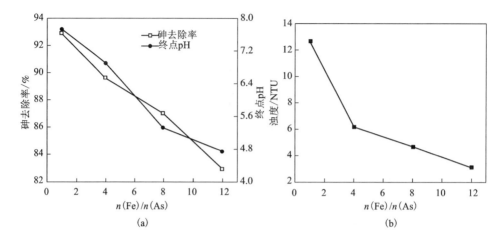

图 5-3 绿矾用量对砷去除率、终点 pH(a)和浊度(b)的影响

图 5-2 与图 5-3 对比可知,絮凝前通入空气可提高砷去除率和降低处理后废水浊度。由于空气中氧气使 Fe^{2+}、AsO_2^- 或 AsO_3^{3-} 被氧化,使得沉淀作用和絮凝作用加强,因此砷去除率增加,浊度下降,其反应原理如式(5-5)~(5-7)所示。

$$4Fe^{2+} + O_2 + 10H_2O \Longrightarrow 4Fe(OH)_3 + 8H^+ \tag{5-5}$$

$$2AsO_2^- + O_2 + 2H_2O \Longrightarrow 2AsO_4^{3-} + 4H^+ \tag{5-6}$$

$$Fe^{3+} + AsO_4^{3-} \Longrightarrow FeAsO_4 \downarrow \tag{5-7}$$

由于 Fe^{2+} 和 AsO_2^- 被氧化过程中产生 H^+,使废水 pH 下降,造成 $FeAsO_4$ 溶解度增加,砷的去除率反而随硫酸亚铁用量增加而降低。可见,硫酸亚铁絮凝法处理含砷废水时溶液 pH 的影响尤为重要。

其他实验条件不变,加入绿矾后通空气使废水中 Fe^{2+} 完全氧化,使用 NaOH 溶液控制终点 pH 为 7.2,绿矾用量对砷去除率和浊度的影响如图 5-4 所示。

由图 5-4 可知,控制终点 pH 为 7.2,通空气将 Fe^{2+} 完全氧化,砷去除率随着硫酸亚铁用量增加而增加,浊度随着硫酸亚铁用量增加而降低。相比图 5-3 和图 5-4 可知,沉砷后废水加入绿矾后通空气氧化并控制 pH,可实现砷的高效脱除。当铁砷摩尔比为 4 时,砷去除率达到 99.51%,残留砷浓度为 0.44 mg/L,浊度为 6.7。因此,选择适宜的铁砷摩尔比为 4。

5.1.1.3 废水 pH 对砷去除率的影响

石灰乳调节废水 pH,按照铁砷摩尔比为 4 加入绿矾,通空气氧化 1 h,进行絮凝实验,废水 pH 对砷去除率、终点 pH 和浊度的影响如图 5-5 所示。

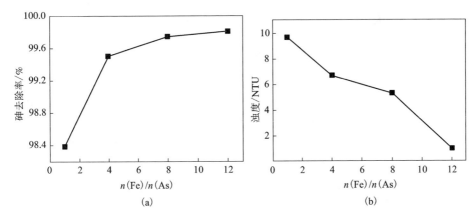

图 5-4 控制终点 pH 为 7.2 时绿矾用量对砷去除率(a)和浊度(b)的影响

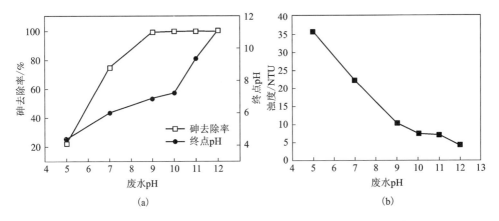

图 5-5 废水 pH 对砷去除率、终点 pH(a)和浊度(b)的影响

由图 5-5 可知,当铁砷摩尔比为 4 时,砷去除率和终点 pH 随废水 pH 升高逐渐升高,浊度随废水 pH 升高逐渐降低。使用石灰乳调节废水 pH,当废水 pH 分别为 5、7、9、10、11 和 12 时,絮凝处理后砷去除率分别为 22.01%、74.66%、99.01%、99.75%、99.83% 和 99.88%,残余砷浓度分别为 69.41 mg/L、22.55 mg/L、0.88 mg/L、0.22 mg/L、0.15 mg/L 和 0.11 mg/L,终点 pH 分别为 4.37、6.01、6.91、7.27、9.40 和 11.15,浊度分别为 35.9、22.2、10.4、7.5、7.2 和 4.3。由上述结果可知,当石灰乳调节废水 pH≥10 时,砷去除率≥99.75%,残留砷浓度≤0.22 mg/L,浊度≤7.5 NTU。因此,为了达到国家排放标准,絮凝处理前应采用石灰乳将废水 pH 调节到 10 以上。

绿矾处理硫酸铜沉砷后浓度为 89 mg/L 的废水，适宜的条件是通入空气，石灰调节废水 pH 为 10，绿矾与废水中砷的物质的量之比为 4:1。

5.1.2 聚合硫酸铁絮凝法处理沉砷后含砷废水

5.1.2.1 聚合硫酸铁用量对砷去除率的影响

取 500 mL 89 mg/L 的含砷废水，用石灰乳调节废水 pH 为 9，按照铁砷摩尔比分别为 1、4、8、12 加入盐基度为 12.5%、总铁浓度为 3.14 mol/L 的聚合硫酸铁（PFS）溶液，在搅拌速度为 180 r/min 下快搅 10 min，并控制终点 pH 为 7.2，在搅拌速度为 60 r/min 下慢搅 10 min，静置 15 min 后取上清液分析。PFS 用量（铁砷摩尔比）对砷去除率和浊度的影响分别如图 5-6 所示。

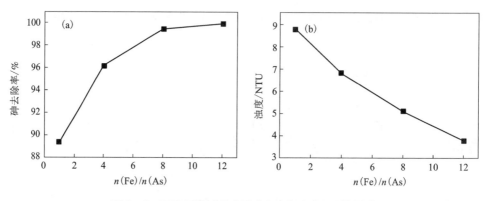

图 5-6　PFS 用量对砷去除率（a）和浊度（b）的影响

由图 5-6 可知，砷去除率随着 PFS 用量的增加而升高，浊度随 PFS 用量增加而降低。使用石灰乳调节废水 pH 为 9，并控制终点 pH 为 7.2，当铁砷摩尔比分别为 1、4、8 和 12 时，砷的去除率分别为 89.37%、96.17%、99.46% 和 99.88%，处理后废水浊度分别为 8.8、6.8、5.1 和 3.8。

由此可知，当铁砷摩尔比为 8 时，砷去除率达到 99.46%，残留砷浓度为 0.48 mg/L，浊度为 5.1，处理后废水中砷浓度达到国家排放标准。

PFS 处理含砷废水，废水中的 AsO_3^{3-}、AsO_4^{3-} 与 Fe^{3+} 反应生成亚砷酸盐和砷酸盐沉淀，其反应式如下：

$$AsO_3^{3-} + Fe^{3+} = FeAsO_3 \downarrow \tag{5-8}$$

$$AsO_4^{3-} + Fe^{3+} = FeAsO_4 \downarrow \tag{5-9}$$

PFS 水解形成多核配合物，通过吸附、架桥、交联等絮凝作用有助于加速砷酸盐和亚砷酸盐沉淀，并提高沉淀效率。

5.1.2.2　终点 pH 对砷去除率的影响

上述其他条件不变,按铁砷摩尔比为 8 加入 1.5 mL 盐基度为 12.5%、浓度为 3.14 mol/L 的 PFS 溶液。终点 pH 对砷去除率和浊度的影响如图 5 − 7 所示。

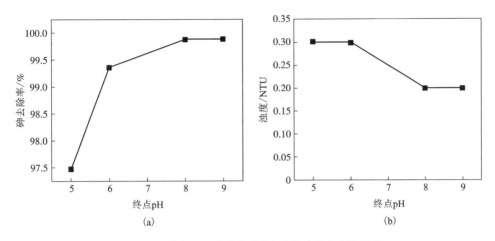

图 5 − 7　终点 pH 对砷去除率(a)和浊度(b)的影响

由图 5 − 7 可知,随终点 pH 升高,砷去除率升高,浊度降低。当终点 pH 为 5、6、8 和 9 时,对应的砷去除率分别达到了 97.47%、99.36%、99.88% 和 99.89%,对应的残留砷浓度分别为 2.25 mg/L、0.57 mg/L、0.11 mg/L 和 0.10 mg/L。由此可知,pH 太低,影响 PFS 最终水解产物 $Fe(OH)_3$ 的絮凝沉降效果,降低砷去除率。因此,选择适宜的终点 pH 为 8。

5.1.2.3　空气作用下 PFS 用量对砷去除率的影响

与通入空气氧化绿矾絮凝处理相比,同样控制终点 pH 为 7.2,使用 PFS 絮凝处理时,铁砷摩尔比高出绿矾 2 倍。对比说明,通入空气有助于提高砷的去除率。由于空气中氧气的作用,使 AsO_3^{3-} 转化为 AsO_4^{3-},AsO_4^{3-} 与 Fe^{3+} 反应生成溶解度更小的砷酸铁,从而砷去除率增加。

上述其他条件不变,石灰乳调节废水 pH 为 12,同时通空气氧化 30 min,PFS 用量对砷去除率、终点 pH 及废水浊度的影响分别如图 5 − 8 所示。

由图 5 − 8 可知,随着 PFS 用量的增加,砷去除率呈现先升高后降低的趋势,终点 pH 随 PFS 用量增加而降低,废水浊度随 PFS 用量增加而升高。当铁砷摩尔比分别为 1、4、6 和 8 时,砷去除率分别达到了 96.36%、99.74%、99.07% 和 89.19%,终点 pH 分别为 11.73、7.66、6.67 和 4.23,浊度分别为 3.5、5.2、6.1 和 6.2。由此可知,通入空气氧化后砷去除率有所提高,与不通空气比较,当铁砷摩尔比为 4 时,通入空气后砷去除率提高 3.57%。

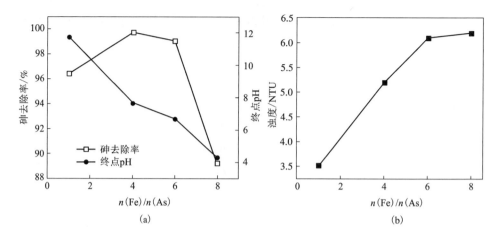

图 5-8 PFS 用量对砷去除率、终点 pH(a) 和浊度(b)的影响

通入空气使 AsO_2^- 氧化成 AsO_4^{3-}，产生溶解度更小的砷酸铁沉淀，因此砷去除率增加。同时由实验可知，絮凝时应将终点 pH 控制在适宜范围内，当终点 pH ≤6.67 时，由于酸性条件下砷酸盐溶解度增加，砷去除率开始迅速下降。

PFS 处理硫酸铜沉砷后废水，石灰调节废水 pH 为 12，通空气氧化，铁砷摩尔比为 4 时，砷去除率达到 99.74%，终点 pH 为 8，处理后废水达到国家排放标准。

5.1.3 实验室放大实验

(1)硫酸亚铁絮凝法处理放大实验

取废水 5 L，用 10% 的石灰乳液调初始 pH 为 10，按铁砷摩尔比 4 加入 6.6 g 硫酸亚铁，以 180 r/min 快搅 10 min，并控制终点 pH 为 7.2，加入 10 mL 0.5% 的聚丙烯酰胺(PAM)在 220 r/min 下反应 2 min，在 40~60 r/min 下慢搅 10 min，静置 15 min 后取上清液分析。

(2)PFS 絮凝法处理放大实验

取废水 5 L，用 10% 的石灰乳液调初始 pH 为 12，按铁砷摩尔比 8 加入盐基度为 12.5%、浓度为 3.14 mol/L 的 PFS 溶液 7.6 mL，以 180 r/min 快搅 10 min，并控制终点 pH = 7.05，加入 10 mL 0.5% 的聚丙烯酰胺(PAM)在 220 r/min 下反应 2 min，40~60 r/min 下慢搅 10 min，静置 15 min 后取上清液分析。

硫酸亚铁絮凝处理与 PFS 絮凝处理结果对比如表 5-1 和表 5-2 所示。

表 5 – 1　硫酸亚铁和 PFS 处理放大实验结果对比

试剂	砷去除率/%	残留砷浓度/(mg·L⁻¹)	废水浊度/NTU
硫酸亚铁	99.95	0.047	0.2
PFS	99.95	0.042	0.2

表 5 – 2　硫酸亚铁和 PFS 处理放大实验结果对比　　　　　　　　　g

试剂	CaO用量	石膏（湿重）	石膏（干重）	絮凝渣（湿重）	絮凝渣（干重）
硫酸亚铁	13.00	23.00	5.90	21.00	2.40
PFS	14.17	27.20	6.20	26.50	2.60

由表 5 – 1 和表 5 – 2 可知,利用硫酸亚铁和聚合硫酸铁处理低浓度含砷废水效果相同,使用聚合硫酸铁处理时石灰用量增加,造成渣量和药剂成本的增加。

5.2　共沉淀法处理硫化沉砷后废水试验研究

硫化沉淀后砷的残留浓度一般为 50 ~ 100 mg/L,可采用共沉淀法处理硫化沉砷后含砷废水,以实现含砷废水达标排放,其工艺流程如图 5 – 9 所示。

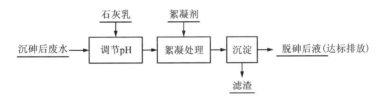

图 5 – 9　共沉淀法处理硫化沉砷后废水工艺流程

5.2.1　石灰乳处理沉砷后废水

取 500 mL 100 mg/L 含砷废水,用 10% 的石灰乳调节废水 pH,搅拌速度为 180 r/min 时搅动 10 min,之后搅拌速度降为 60 r/min,再搅 10 min,静置 15 min 后取上清液分析,则起始 pH 对砷去除率影响如图 5 – 10 所示。由图 5 – 10 可知,砷去除率随 pH 的升高而逐渐增大。当初始 pH 为 6、8、10 和 12 时,砷去除率分别为 13.17%、37.28%、48.40% 和 53.65%,适宜的初始 pH 为 12。

加入石灰乳, 废水中的 AsO_3^{3-}、AsO_4^{3-} 与 Ca^{2+} 发生的反应如式(5 – 10) 和式(5 – 11) 所示。

$$2AsO_3^{3-} + 3Ca^{2+} = Ca_3(AsO_3)_2 \downarrow \qquad (5-10)$$

$$2AsO_4^{3-} + 3Ca^{2+} = Ca_3(AsO_4)_2 \downarrow \qquad (5-11)$$

含砷废水中砷完全脱除的钙砷理论摩尔比为 1.5, 根据水溶液中 AsO_3^{3-}、AsO_4^{3-} 的分布, 高 pH 条件下有利于砷的沉淀。

5.2.2 石灰乳–磷酸钠处理沉砷后废水

5.2.2.1 初始 pH 对砷去除率的影响

取 500 mL 砷为 44.4 mg/L 的废水, 用 10% 的石灰乳调节废水 pH, 搅拌速度为 180 r/min 时搅动 10 min, 之后搅拌速度降为 60 r/min, 再搅 10 min, 静置 15 min 后取上清液分析, 取 PO_4^{3-} 与 As 摩尔比为 1, 则起始 pH 对砷去除率的影响如图 5 – 11 所示。

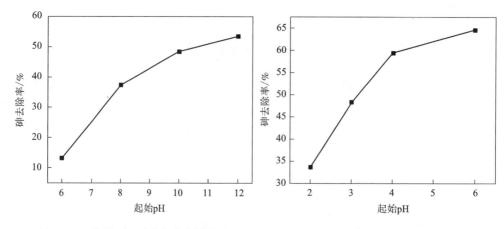

图 5 – 10　起始 pH 对砷去除率的影响　　　图 5 – 11　钙砷摩尔比对砷去除率的影响

由图 5 – 11 可知, 砷去除率随 pH 的升高而逐渐增大。当起始 pH 分别为 6、8、10、12 时, 砷去除率分别为 37.95%、63.23%、80.54% 和 89.19%, 适宜的 pH 为 12。相对石灰单独处理时, 砷去除率有明显提高。

加入 PO_4^{3-} 后, Ca^{2+} 与 PO_4^{3-} 发生如下反应:

$$2PO_4^{3-} + 3Ca^{2+} = Ca_3(PO_4)_2 \downarrow \qquad (5-12)$$

生成的 $Ca_3(PO_4)_2$ 再吸附溶液中的砷, 发生共沉淀。

5.2.2.2　磷酸钠用量对砷去除率的影响

上述条件不变，用 10% 的石灰乳调节废水 pH 为 12，PO_4^{3-} 与 As 摩尔比对砷去除率的影响如图 5 - 12 所示。

由图 5 - 12 可知，砷去除率随 PO_4^{3-} 与 As 摩尔比的升高而逐渐增大。当 PO_4^{3-} 与 As 摩尔比分别为 1、3、4、5 时，砷去除率分别为 83.84%、89.19%、94.75% 和 97.23%。PO_4^{3-} 与 As 摩尔比为 5 时，砷去除率为 97.23%，处理后废水砷为 1.23 mg/L，达不到国标排放标准。继续增加磷酸钠的用量，成本增加，从成本考虑不利于废水的处理。

5.2.3　石灰乳 - 磷酸钠 - PFS 处理沉砷后废水

取 500 mL 含砷废水，用 10% 的石灰乳调节废水 pH，在废水中加入磷酸钠和聚合硫酸铁，在搅拌速度为 180 r/min 时搅动 10 min，在搅拌速度为 60 r/min 时搅拌 10 min 后静置 15 min。当 Fe∶P∶As 为 3∶2∶1，初始 pH 对砷去除率的影响如图 5 - 13 所示。

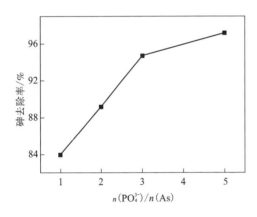

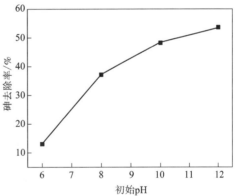

图 5 - 12　PO_4^{3-} 与 As 摩尔比对砷去除率的影响　　**图 5 - 13　初始 pH 对砷去除率的影响**

由图 5 - 13 可知，砷去除率随初始 pH 的增加而增大。当初始 pH 分别为 6、8、10、12 时，砷去除率分别为 88.29%、96.19%、99.35% 和 99.70%。当 pH 为 10 时，处理后废水砷为 0.29 mg/L。

石灰乳 - 磷酸钠 - PFS 法中，体系中同时发生式 (5 - 8) ~ (5 - 12) 的反应，生成的沉淀及配合物通过吸附、架桥、交联等絮凝作用提高砷去除率，且渣量不大。

5.3 聚磷硫酸铁絮凝处理硫酸铜沉砷后废水

对于低浓度含砷废水,为了提高处理效果和减少絮凝渣量,根据共沉淀法研究结果,聚磷硫酸铁有利于低浓度含砷废水的处理,其工艺流程如图 5-14 所示。

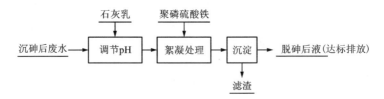

图 5-14 硫酸铜沉砷后废水絮凝处理工艺流程

5.3.1 聚磷硫酸铁处理沉砷后含砷废水工艺研究

PO_4^{3-}、Cl^-、Al^{3+} 等与 PFS 复合后,能有效地提高聚磷硫酸铁(PPFS)絮凝性能。我国有关学者研究 PPFS 处理印染废水、钛白废水、电镀废水、重金属废水以及生活废水,其处理结果也明显好于 PFS。

5.3.1.1 PPFS 用量对砷去除率的影响

取 500 mL 废水,废水中砷的含量为 88.89 mg/L,采用用石灰乳调节废水 pH =9.0,控制终点 pH =7.2,加入盐基度为 12.5%、$n_P:n_{Fe} = 0.05$、总铁浓度为 3.14 mol/L 液体 PPFS,铁砷物质的量比($n_{Fe}:n_{As}$)对砷去除率影响如图 5-15 所示。

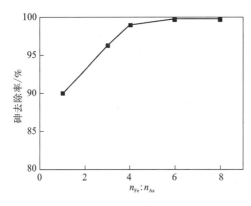

图 5-15 PPFS 用量对砷去除率的影响

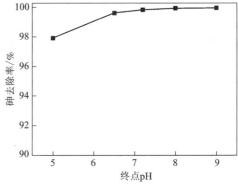

图 5-16 终点 pH 对砷去除率的影响

由图 5 – 15 可知，控制终点 pH 为 7.2，砷去除率随 PPFS 用量增加而增加。$n_{Fe}:n_{As}$ 从 1∶1 增加到 8∶1，砷去除率从 90.01% 增加到 99.93% 。当 $n_{Fe}:n_{As}$ 为 6∶1 时，砷去除率达到 99.82% ，残留砷为 0.16 mg/L，达到国家排放标准，与 PFS 相比较，PPFS 用量有所减少。

5.3.1.2　终点 pH 对砷去除率的影响

当 $n_{Fe}:n_{As}=6:1$ ，其他条件不变，终点 pH 对砷去除率影响如图 5 – 16 所示。

由图 5 – 16 可知，砷去除率随终点 pH 升高而增加。当终点 pH 从 5.0 增加到 9.0 时，砷去除率从 97.90% 增加到 99.95% ，终点 pH > 7.2 时，升高终点 pH 对砷去除率影响不大。因此，选择适宜的终点 pH 为 7.2。

5.3.1.3　$n_P:n_{Fe}$ 对砷去除率的影响

其他条件不变，控制终点 pH 为 7.2，PPFS 的 $n_P:n_{Fe}$ 对砷去除率影响如图 5 – 17 所示。由图可知，PPFS 中增加 $n_P:n_{Fe}$ ，对砷去除效果影响不大。当 $n_P:n_{Fe}=0.05$ 时，其砷去除率达到 99.82% 。

5.3.1.4　空气作用下 PPFS 用量对砷去除率的影响

用石灰乳调节废水 pH 为 9，控制终点 pH 为 7.2，加入盐基度为 12.5% 、$n_P:n_{Fe}=0.05$ 、总铁浓度为 3.14 mol/L 的液体 PPFS，空气作用下，$n_{Fe}:n_{As}$ 对砷去除率影响如图 5 – 18 所示。

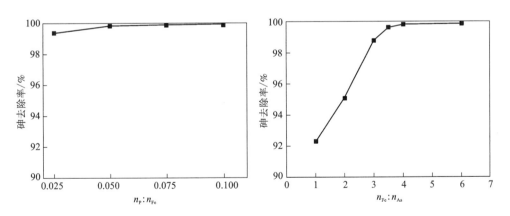

图 5 – 17　$n_P:n_{Fe}$ 对砷去除率的影响　　**图 5 – 18　空气作用下 PPFS 用量对砷去除率的影响**

由图 5 – 18 可知，控制终点 pH = 7.2，空气作用下，砷去除率随 PPFS 用量增加而增加。$n_{Fe}:n_{As}$ 从 1∶1 增加到 6∶1，砷去除率从 92.31% 增加到 99.90% 。当 $n_{Fe}:n_{As}=3.5$ 时，砷去除率达到 99.62% ，残留砷为 0.34 mg/L。实验说明通入空气有利于改善处理效果，并减少 PPFS 用量。PPFS 与 PFS 比较，用量有所减少。

5.3.2　实验室放大实验

取 5 L 废水，通入空气，用浓度为 10% 的石灰乳液调节初始 pH 为 10，并控制终点 pH 为 7.2。以绿矾和液体 PFS 处理时，按 $n_{Fe}:n_{As}$ 为 4 加入绿矾或 PFS。以液体 PPFS 处理时，按 $n_{Fe}:n_{As}$ 为 3.5 加入液体 PPFS。加入试剂后，在 220 r/min 下快搅 3 min，加入 10 mL 浓度为 0.5% 的聚丙烯酰胺（PAM）继续搅拌 2 min，在 40～60 r/min 下慢搅 10 min，静置 15 min 取上清液分析砷，过滤、烘干滤渣称重。结果如表 5 - 3 所示。

表 5 - 3　绿矾和 PFS 及 PPFS 处理含砷废水的实验室放大实验结果

试剂	砷去除率/%	砷残留量/(mg·L^{-1})	渣重/g
绿矾	99.84	0.14	8.6
PFS	99.55	0.40	8.5
PPFS	99.67	0.29	7.48

由表 5 - 3 可知，硫酸铜沉砷后废水经过绿矾、PFS 和 PPFS 处理，均可达到国家排放标准。但是，PPFS 处理效果好，试剂用量少，渣量减少约 12%，PPFS 更有利于含砷废水的处理，进一步证明了其沉淀法优势。

5.3.3　絮凝法处理含砷废水过程机理研究

5.3.3.1　絮凝过程基础理论

在废水处理中，絮凝过程主要是使水中纳米级、微米级的悬浮体或胶体杂质颗粒，在絮凝剂的作用下，经过凝聚 - 絮凝反应而形成大的絮体颗粒，最后由沉淀、过滤等工艺将其去除。絮凝现象十分复杂。絮凝剂种类不同，作用机理不同；同一种絮凝剂，在不同条件下作用机理也不同。到目前为止，看法比较一致的絮凝机理包括以下 4 个方面[162-167]：

（1）压缩双电层作用

水中胶粒能维持稳定的分散悬浮状态，主要是由于胶粒的 ζ 电位。在胶体分散系中投入能产生高价反离子的活性电解质，通过增大溶液中的反离子强度来减少扩散层厚度，从而使 ζ 电位降低。由于扩散层厚度的减少，ζ 电位相应降低，因此胶粒间的相互排斥力也减少。另一方面，由于扩散层减薄，它们相撞时的距离减少，因此相互间的吸引力相应变大。从而其排斥力与吸引力的合力由斥力为主变成以引力为主，胶粒得以迅速凝聚。图 5 - 19 为电解质对电层的影响。图中 b 表示扩散层的厚度，d 表示胶粒间距离。

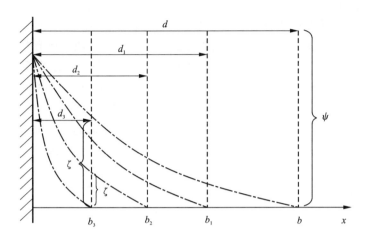

图 5 - 19　电解质对双电层的影响

（2）吸附 - 架桥作用

铁盐以及其他高分子絮凝剂溶于水后经水解和缩聚反应形成高分子聚合物，具有线性结构。这类高分子物质可被胶体微粒强烈吸附。因其线性长度较大，当它的一端吸附胶粒后，另一端又吸附另一胶粒，在相距较远的两胶粒间进行吸附架桥，使颗粒逐渐变大，形成肉眼可见的粗大絮凝体。当高分子物质的一端与胶粒接触而相互吸附后，其余部分则伸展在溶液中，可以与另一个表面有空位的胶粒黏附，形成"胶粒 - 高分子 - 胶粒"的絮凝体，这样聚合物就起到了架桥连接的作用。图 5 - 20 为吸附 - 桥架作用示意图。

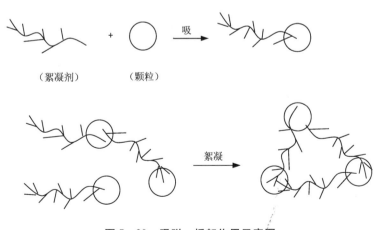

图 5 - 20　吸附 - 桥架作用示意图

（3）电荷中和作用

电荷中和作用是指胶体颗粒的 ζ 电位降低到足以克服能量阻碍而产生絮凝沉淀的过程。絮凝剂加入废水中，被吸附在胶体颗粒上，而使胶体颗粒表面电荷被中和。胶体颗粒表面电荷被中和时，胶体颗粒间的距离缩小，在范德华力作用下，胶体颗粒间的相互作用能处于第一最小能量值，结果形成稳定的絮凝体。

（4）网捕卷扫作用

三价铁盐水解而生成沉淀物，这些沉淀物在自身沉降过程中能卷扫、网捕水中的胶体等微粒，使胶体黏结。用金属盐（如硫酸铝或氯化铁）或金属氧化物和氢氧化物（如石灰）作絮凝剂时，当投加量足够大时，金属氢氧化物或金属碳酸盐能迅速沉淀，水中的胶粒可被这些沉淀物在形成时网捕、卷扫发生絮凝。在发生卷扫絮凝时，若胶体粒子的浓度小，则需要投加较多的水解金属盐类，若胶体粒子的浓度较大，则需要较少的水解金属盐类。

针对不同类型的絮凝剂，上述 4 种作用机理所起的作用程度并不相同。对于有机高分子絮凝剂而言，吸附架桥可能起主要作用；对于无机絮凝剂，压缩双电层作用和电荷中和作用相对占主导作用。

5.3.3.2　铁基絮凝剂作用机理[58]

（1）绿矾

绿矾絮凝机理是利用 Fe^{3+}（Fe^{2+} 氧化后成为 Fe^{3+}）有较高的正电荷、有较大的电荷半径比、易发生水解，水解平衡反应如下：

$$Fe^{3+} + H_2O \Longleftrightarrow FeOH^{2+} + H^+ \tag{5-13}$$

随着水解反应的进行，同时发生聚合反应如下：

$$2[Fe(OH)(H_2O)_5]^{2+} \Longleftrightarrow [Fe(H_2O)_4(OH)_2Fe(H_2O)_4]^{4+} + 2H_2O \tag{5-14}$$

水解的最终产物是析出红棕色的氢氧化铁胶体沉淀：

$$Fe^{3+} + 3H_2O \Longleftrightarrow Fe(OH)_3 \downarrow + 3H^+ \tag{5-15}$$

通过这些水解反应，会形成各种形态的水合配合物如 $Fe(H_2O)_3(OH)_3$ 沉淀物。带正电荷的水合单核离子及多核离子配合物，都可以吸附水中带负电荷的离子，部分或全部中和胶体颗粒表面电荷，使胶体脱稳并相互碰撞黏结生长为大颗粒，并进一步通过压缩双电层、电性中和、羟基间的桥联和卷扫沉积等作用，使水中胶体颗粒脱稳沉降。

（2）PFS

PFS 在水溶液中配合水解状况比简单铁盐混凝剂要复杂。由于 PFS 中的铁离子在使用之前已发生水解、聚合，并经过一段时间的陈化，其实质是铁盐水解过程中与硫酸生成的中间产物。PFS 在水溶液中配合水解状况远比一般无机铁盐絮凝剂组分的种类复杂，低分子铁盐类絮凝剂中 Fe^{3+} 的水解速度很快，水解产物能聚合、成核形成无定形的 $Fe(OH)_3$ 沉淀，其溶度积很小，$K_{sp} = 3.5 \times 10^{-38}$。它本身已含有多种核羟基配合物，如 $Fe_2(OH)_3^{3+}$、$Fe_3(OH)_4^{5+}$、$Fe_4(OH)_6^{6+}$ 等络离子，在溶液中随 pH 的升高，会发生水解 – 配合 – 沉降反应：

$$[Fe(H_2O)_6]^{3+} + H_2O \Longleftrightarrow [Fe(H_2O)_5(OH)]^{2+} + H_3O^+ \qquad (5-16)$$

$$[Fe(H_2O)_5(OH)]^{2+} + H_2O \Longleftrightarrow [Fe(H_2O)_4(OH)_2]^+ + H_3O^+ \qquad (5-17)$$

$$2[Fe(H_2O)_5(OH)]^{2+} \Longleftrightarrow [Fe_2(H_2O)_3(OH)_2]^{4+} + 7H_2O \qquad (5-18)$$

更高度的氢氧化物交联体由上述配合物进一步聚合形成：

$$[Fe_2(H_2O)_3(OH)_2]^{4+} + 6H_2O \Longleftrightarrow [Fe_2(H_2O)_7(OH)_3]^{3+} + H_3O^+$$
$$(5-19)$$

$$[Fe_2(H_2O)_7(OH)_3]^{3+} + [Fe(H_2O)_5(OH)]^{2+} \Longleftrightarrow [Fe_3(H_2O)_5(OH)_4]^{5+} + 7H_2O$$
$$(5-20)$$

最后胶质氢氧化物聚合体逐渐变成疏水性，形成沉淀，将水中的胶体颗粒去除。多聚体的结构如图 5 – 21 所示。

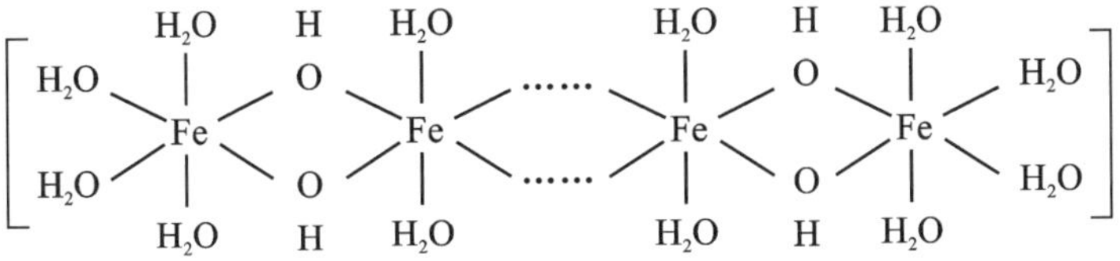

图 5 – 21　铁基多聚体示意图

（3）PPFS

PPFS 的絮凝作用机理与聚合硫酸铁基本相同，都是以铁基羟基配合物为基础，不同的是在合成中引入磷酸根离子。除了改善絮凝性能外，另一个目的就是利用 Fe^{3+} 外层电子层中有未充满的 d 轨道这一性质，使磷酸根离子与游离的 Fe^{3+} 结合生成配合物。磷酸根是一个很好的配合剂，可利用氧上的孤对电子作 Lewis 碱配对，尤其是对 Fe^{3+} 的配合较为显著，形成 $[Fe(PO_4)_2]^{3-}$，在分析化学中常用 PO_4^{3-}、HPO_4^{2-} 掩蔽铁离子。其反应如下：

$$Fe^{3+} + 2PO_4^{3-} \Longleftrightarrow [Fe(PO_4)_2]^{3-} \qquad (5-21)$$

由于磷酸根有该性质，故在合成过程中应注意添加顺序与添加量，以免过多的配合离子影响水解聚合的铁离子量，从而降低总体的絮凝性能。

5.4 复盐法沉淀含砷废水工艺

三价砷的毒性比五价砷的高出约 60 倍[102]。砷化物的冶炼及其他有色金属的冶炼造成砷对环境的持续污染，又因砷化物作为玻璃、制革、纺织、化肥等工业的原材料，增加了环境中砷的污染量[168, 169]。含砷废水的治理主要采用化学沉淀法，包括硫化物沉淀法、铁盐法、石灰中和法等。但这些方法也存在一些缺点，如硫化物沉淀法中硫化剂本身有毒、价格昂贵；铁盐法处理后渣量大，需固化后才可堆放处置；石灰中和法中沉淀物沉降慢，且沉淀物稳定性差，易造成二次污染等[102, 168 - 171]。所以也有学者研究将砷回收制得三氧化二砷，使三氧化二砷不仅能得到有效回收，而且沉淀剂硫酸铜可循环利用，但是该法中硫酸铜成本较高，且所得砷酸铜沉淀不易过滤[105]。

为了解决上述问题，根据第 3 章 pH 对含砷沉淀物的影响研究，采用复合盐沉淀法处理含砷废水具有协同作用。以氯化钙、氯化锌、硫酸亚铁和五水硫酸铜混合后作为沉淀剂处理含砷废水，处理后废水中砷浓度小于 0.4 mg/L，所得含砷沉淀物，经硫酸浸出、还原后回收三氧化二砷，回收砷后母液可循环利用，且过滤速度快，实现了含砷废水中有价金属的高效回收，有效减少了渣量，实现了含砷废水的污染治理及资源回收。

5.4.1 复合盐沉淀含 As(Ⅲ) 废水

一般 As(Ⅲ) 废水易于沉淀处理，而含 As(Ⅲ) 废水难以沉淀处理，而白色冶炼烟气洗涤废水主要为含 As(Ⅲ) 废水。因此，该节重点讨论复合盐对 As(Ⅲ) 废水的处理，并采用复合盐对 As(Ⅲ) 废水处理进行比较。

5.4.1.1 复合盐配比对砷脱除率的影响

含砷废水的处理常在室温进行，且沉淀速度较快，故废水中砷脱除率主要受复合盐配比的影响。采用氯化钙、氯化锌、硫酸亚铁和五水硫酸铜（均为分析纯）混合作为沉淀剂处理含砷废水，在废水初始 As(Ⅲ) 浓度为 2.34 g/L(pH = 1.8 ~ 1.9) 和室温条件下，用氢氧化钠溶液控制反应最终 pH 为 8.5 ~ 9.0。采用 $L_9(3^4)$ 正交表，研究了复合盐配比对脱砷效果的影响，正交试验结果如表 5 - 4 所示。

由表 5 - 4 可知，各因素对砷脱除率影响的顺序由大到小为 Ca, Zn, Cu, Fe，其最优条件为 $A_3B_3C_2D_3$，即 $n(Ca)/n(As) = 1.05$、$n(Cu)/n(As) = 0.45$、$n(Fe)/n(As) = 1.20$、$n(Zn)/n(As) = 1.20$。在该条件下对 2.34 g/L 含 As(Ⅲ) 废水进行脱砷实验，处理后滤液中砷残留浓度为 12.14 mg/L，所得复合盐配比为最佳沉砷配比。

表 5 – 4　复合盐配比 $L_9(3^4)$ 正交试验结果

序号	A, $\dfrac{n(\mathrm{Ca})}{n(\mathrm{As})}$	B, $\dfrac{n(\mathrm{Cu})}{n(\mathrm{As})}$	C, $\dfrac{n(\mathrm{Fe})}{n(\mathrm{As})}$	D, $\dfrac{n(\mathrm{Zn})}{n(\mathrm{As})}$	残留 As 浓度 /($\mathrm{mg \cdot L^{-1}}$)
1	0.35	0.15	0.60	0.40	131.4
2	0.35	0.30	1.20	0.80	37.7
3	0.35	0.45	1.80	1.20	35.4
4	0.70	0.15	1.20	1.20	32.6
5	0.70	0.30	1.80	0.40	41.8
6	0.70	0.45	0.60	0.80	25.7
7	1.05	0.15	1.80	0.80	23.4
8	1.05	0.30	0.60	1.20	15.1
9	1.05	0.45	1.20	0.40	28.0
I	204.56	187.44	172.25	201.28	
II	100.12	94.61	98.31	86.72	
III	66.49	89.12	100.61	83.18	
K_1	68.19	62.48	57.42	67.09	
K_2	33.37	31.54	32.77	28.91	
K_3	22.16	29.71	33.54	27.73	
R	46.02	32.77	24.65	39.37	

5.4.1.2　初始 As(Ⅲ)浓度对复合盐脱砷效果的影响

在上述复合盐沉淀最佳配比 $A_3B_3C_2D_3$ 不变条件下，处理 500 mL 不同初始 As(Ⅲ)浓度废水，考察复合盐对不同浓度 As(Ⅲ)废水的处理效果。As(Ⅲ)浓度对复合盐脱砷的影响如图 5 – 22 所示。

由图 5 – 22 可知，当初始 As(Ⅲ)浓度由 0.05 g/L 增加到 9.76 g/L 时，砷脱除率由 95.98% 上升到 99.87%。在初始 As(Ⅲ)浓度为 0.05 g/L 时，砷脱除率与其他 As(Ⅲ)浓度相比偏低，可见复合盐脱砷在低 As(Ⅲ)浓度下脱砷效果相对较差。As(Ⅲ)初始浓度为 0.99~9.76 g/L 时，复合盐脱砷效果均比较好，砷脱除率都大于 99%，As 残留浓度均低于 14 mg/L。对处理后脱砷后液中残留复合盐浓度进行测定，其结果如表 5 – 5 所示。

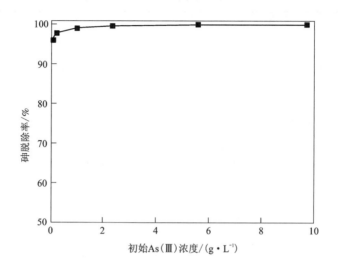

图 5 - 22 初始 As(Ⅲ) 浓度对复合盐脱砷的影响

表 5 - 5 脱砷后液中残留复合盐浓度

初始 As 浓度 /(g·L⁻¹)	残留组分浓度/(mg·L⁻¹)			
	Ca	Cu	Fe	Zn
0.05	9.36	0.42	1.08	2.16
0.21	98.60	0.66	1.28	2.03
0.99	375.47	0.51	1.32	2.27
2.39	387.25	0.74	1.53	2.26
5.60	403.25	0.89	1.84	2.61
9.76	520.13	0.96	1.74	2.83

由表 5 - 5 可知，脱砷后复合盐各组分浓度随初始 As(Ⅲ) 浓度的增大而增大，溶液中 Ca、Cu、Fe 和 Zn 的最大残留浓度分别为 520.13 mg/L、0.96 mg/L、1.84 mg/L 和 2.83 mg/L，这些浓度均在《污水综合排放标准》(GB 8978—1996) 范围内。将处理 0.05 g/L、0.21 g/L、2.39 g/L 和 9.76 g/L 含 As(Ⅲ) 废水所得沉淀渣烘干后进行 XRD 检测，测得 XRD 图如图 5 - 23 所示。

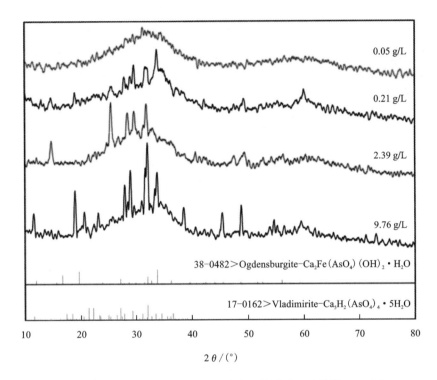

图 5 - 23　处理不同浓度 As(Ⅲ) 废水所得脱砷沉淀物的 XRD 图

由图 5 - 23 可以看出，随着 As(Ⅲ) 浓度的升高，沉淀物的衍射峰逐渐增强，当含 As(Ⅲ) 浓度为 0.05 g/L 时，沉淀物衍射峰为无定形；As(Ⅲ) 浓度为 0.21 g/L 时，沉淀物衍射峰也主要表现为无定形；当 As(Ⅲ) 浓度为 2.36 g/L 时，沉淀物的衍射峰强度增加，但未能识别出合适的组分物相；当废水 As(Ⅲ) 浓度为 9.76 g/L 时，沉淀物衍射峰强度明显增强，结晶性相对较好，沉淀物中能识别出 $Ca_2Fe(AsO_4)(OH)_4 \cdot H_2O$、$Ca_5H_2(AsO_4)_4 \cdot 5H_2O$ 等物质。

As(Ⅴ) 的存在是空气及 Fe^{3+} 共同作用的结果[172,173]，在含砷废水中 Fe^{2+} 易被氧化成 Fe^{3+}：

$$4Fe^{2+} + O_2 + 4H^+ \Longleftrightarrow 4Fe^{3+} + 2H_2O \qquad (5-22)$$

$$12Fe^{2+} + 3O_2 + 6H_2O \Longleftrightarrow 8Fe^{3+} + 4Fe(OH)_3 \downarrow \qquad (5-23)$$

而 Fe^{3+} 有较高的电极电势，如下所示[173]：

$$4H^+ + O_2 + 4e \Longleftrightarrow 2H_2O_{(1)} \quad E^\ominus = 1.229 \text{ V} \qquad (5-24)$$

$$Fe^{3+} + e \Longleftrightarrow Fe^{2+} \quad E^\ominus = 0.77 \text{ V} \qquad (5-25)$$

As(Ⅲ) 电极反应及标准电极电势如下[173]：

$$AsO_4^{3-} + 3H_2O + 2e \Longrightarrow H_2AsO_3^- + 4OH^- \quad E^{\ominus} = -0.67 \text{ V} \quad (5-26)$$

$$H_3AsO_4 + 2H^+ + 2e \Longrightarrow H_3AsO_3 + H_2O \quad E^{\ominus} = 0.559 \text{ V} \quad (5-27)$$

所以空气及 Fe^{3+} 在适宜 pH 条件下能将少部分 As(Ⅲ) 氧化为 As(Ⅴ)，从而生成砷酸盐类沉淀，同时废水中 As(Ⅲ) 也能和复合盐反应生成沉淀。主要反应方程式如下[110, 173-175]：

$$Fe^{3+} + AsO_4^{3-} \Longrightarrow FeAsO_4 \downarrow \quad (5-28)$$

$$Fe^{3+} + AsO_3^{3-} \Longrightarrow FeAsO_3 \downarrow \quad (5-29)$$

$$3Ca^{2+} + 2AsO_3^{3-} \Longrightarrow Ca_3(AsO_3)_2 \downarrow \quad (5-30)$$

$$3Ca^{2+} + 2AsO_4^{3-} \Longrightarrow Ca_3(AsO_4)_2 \downarrow \quad (5-31)$$

$$3Cu^{2+} + 2AsO_3^{3-} \Longrightarrow Cu_3(AsO_3)_2 \downarrow \quad (5-32)$$

$$Cu^{2+} + AsO_3^{3-} + H^+ \Longrightarrow CuHAsO_3 \downarrow \quad (5-33)$$

$$3Zn^{2+} + 2AsO_3^{3-} \Longrightarrow Zn_3(AsO_4)_2 \downarrow \quad (5-34)$$

反应过程中形成的氢氧化铁胶体会吸附砷及含砷沉淀物[176]。因此，复合盐脱砷是沉淀与吸附作用共同的结果。由于添加的铁盐量较多，故沉淀物中主要组分可能是砷酸铁、砷酸亚铁和吸附态砷的混合物[177]。处理 0.05 g/L、0.21 g/L、2.36 g/L、9.76 g/L As(Ⅲ) 废水所得脱砷沉淀渣的 SEM 图如图 5-24 所示。

图 5-24 不同初始 As(Ⅲ) 浓度下脱砷沉淀物的 SEM 图

(a)0.05 g/L；(b)0.21 g/L；(c)2.36 g/L；(d)9.76 g/L

由图 5 - 24 可看出,沉淀物形状、颗粒大小不一,颗粒连接紧密,且大多为小颗粒的团聚体,随着 As(Ⅲ)浓度的增大,沉淀物由絮状逐渐变为块状,说明其进行了有效的沉淀,并具有一定的吸附性[178]。对处理 9.76 g/L As(Ⅲ)废水所得脱砷沉淀物进行红外光谱分析,其结果如图 5 - 25 所示。

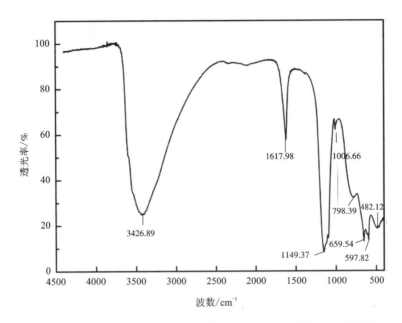

图 5 - 25　复合盐脱砷所得沉淀物[9.76 g/L As(Ⅲ)]的红外光谱图

图 5 - 25 中 3426 cm^{-1} 处的峰为水分子中羟基和氢氧化铁中羟基的伸缩振动峰,在 1617 cm^{-1} 处出现的峰为水分子中羟基和氢氧化铁中羟基的弯曲振动峰[173],在 798 cm^{-1}、597 cm^{-1} 和 659 cm^{-1} 处出现三个不同的峰,这证明存在羟基氧化铁(FeOOH),472 cm^{-1} 吸收峰为 O—As—O 键的弯曲振动峰[179, 180],As—O 键的伸缩振动范围为 750 ~ 950 cm^{-1},所以在 798 cm^{-1} 出的峰可以认为来自 AsO_3^{3-}[4, 181, 182]。

5.4.2　含砷废水二次沉淀脱砷

为使废水中砷达标排放,根据所得最佳复合盐配比 $A_3B_3C_2D_3$,增大复合盐用量(如表 5 - 7 所示),将所得一次沉淀后含砷废水混合后,取 2 L 混合液进行二次沉淀脱砷,该含砷废水中主要元素含量以及二次脱砷效果分别如表 5 - 6 和表 5 - 7 所示。

表5-6　一次沉淀后废水中主要元素含量　　　　　　　　　mg/L

As	Ca	Cu	Fe	Zn
16.8	354.5	4.1	0.3	5.1

表5-7　含砷废水中复合盐二次沉淀砷效果

复合盐增加比例 /%	残留组分浓度/(mg·L⁻¹)					As 沉淀率/%
	Ca	Cu	Fe	Zn	As	
5	394.37	0.29	0.11	2.32	0.37	97.78
10	374.19	0.70	0.10	1.41	0.40	97.62
20	360.13	1.24	0.05	1.19	0.34	98.39
40	363.95	2.79	0.001	0.86	0.27	97.98

由表5-7可知，通过增大复合盐用量，对一次沉淀后废水进行二次脱砷，可使滤液中砷含量为0.5 mg/L以下，低于排放标准。增大用量后可使废水中砷与复合盐发生反应，形成沉淀或吸附共沉淀。二次沉淀后废水Ca、Fe、Cu、Zn浓度均低于排放标准。

图5-26(a)和(b)复合盐用量增大20倍所得脱砷沉淀渣的SEM及XRD图。由图5-26(a)可以看出，二次沉淀物以大小不均匀的颗粒组成，部分呈现球状、片状，该物质形貌与对砷有较强吸附作用的水铁矿类物质相似[178]。由图5-26(b)可知，沉淀物中含有$CaSO_4$、$Ca_5H_2(AsO_4)_4 \cdot 5H_2O$、$Ca_2FeAsO_4(OH)_2 \cdot H_2O$等物相。

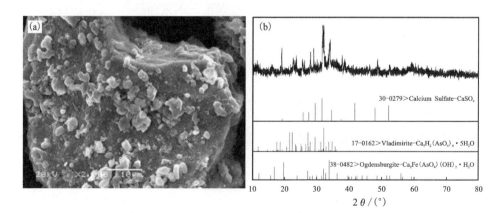

图5-26　二次沉淀渣的 SEM 图(a)和 XRD 图(b)

5.4.3　复合盐沉淀含 As(Ⅴ)废水

采用铁、铜、钙、锌复合盐处理含 As(Ⅴ)废水,控制搅拌速度 250 r/min,采用质量浓度为 34% 氢氧化钠溶液调节废水 pH,考察单一金属盐、溶液 pH、As(Ⅴ)初始浓度和金属盐种类对砷脱除的影响。对于不同金属盐,其配比(摩尔比)分别为 $n(\mathrm{Ca})/n(\mathrm{As}) = 5:3$、$n(\mathrm{Cu})/n(\mathrm{As}) = 3:2$、$n(\mathrm{Zn})/n(\mathrm{As}) = 5:4$ 和 $n(\mathrm{Fe})/n(\mathrm{As}) = 1:1$。

5.4.3.1　单一金属盐对含砷废水的处理

在 $n(\mathrm{Ca})/n(\mathrm{As}) = 1.05$、$n(\mathrm{Cu})/n(\mathrm{As}) = 0.45$、$n(\mathrm{Fe})/n(\mathrm{As}) = 1.20$、$n(\mathrm{Zn})/n(\mathrm{As}) = 1.20$ 条件下,采用钙、铁、铜、锌盐分别处理含 3.17 g/L As(Ⅴ)溶液,在 $2 \leqslant \mathrm{pH} \leqslant 10$ 取样分析,溶液中主要元素残留浓度随 pH 的变化趋势如图 5-27 所示。

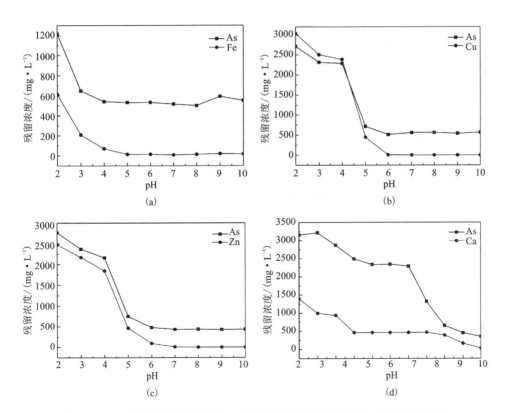

图 5-27　不同金属盐处理含砷废水后主要元素残留浓度随 pH 的变化趋势

(a)铁盐处理;(b)铜盐处理;(c)锌盐处理;(d)钙盐处理

由图 5 - 27 可知，随着 pH 的增大，采用铁、钙、锌及铜盐单独处理含砷废水时，废水中主要元素浓度均随 pH 的增大而减小，当溶液 pH 达到沉砷适宜 pH 时，生成的砷酸盐类沉淀溶解度达到最小，使溶液中砷浓度急剧下降；随着 pH 的增加，溶液中 As 浓度变化不大，这是由于各砷酸盐沉淀具有一定的稳定性，且溶液中钙、铁、铜、锌的氢氧化物或氧化物生成，具有一定的吸附作用[183, 184]。沉砷后液中 As 浓度并未降至 3.2 ~ 3.5 节中沉淀物溶解时的理论计算值，由于砷沉淀过程中生成的砷酸盐化合物的组成、结构及砷去除率取决于溶液中各金属离子与 As 摩尔比和 pH，反应时间对沉砷率也有一定的影响[110, 185 - 187]。

结合上述结果，实测沉砷反应适宜 pH 与理论计算较为吻合。但仍有偏差，且随着 pH 升高，溶液中 As 浓度并没有大幅上升，因为实际反应情况要比理论分析复杂，且在热力学计算过程中并未能考虑各化学反应或吸附等作用对 As(V) 浓度的影响。将在适宜 pH 条件下所得沉淀渣烘干后进行 SEM 及 XRD 检测，其结果分别如图 5 - 28 和图 5 - 29 所示。

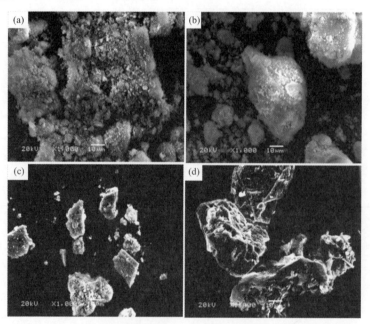

图 5 - 28　不同金属盐处理含 As(V) 废水所得沉淀物的 SEM 图

(a)铁盐处理；(b)铜盐处理；(c)锌盐处理；(d)钙盐处理

由图 5 - 28 可以看出，采用铁、钙、锌、铜盐单独处理含砷废水所得沉淀物为大小、外观和形貌不同的颗粒；用铁、铜盐处理所得沉淀物团聚现象较为严重，主要为絮团状，这是由形成胶体物质吸附性能较大引起的；而采用钙、锌盐处理所得沉淀物形貌较为密实。

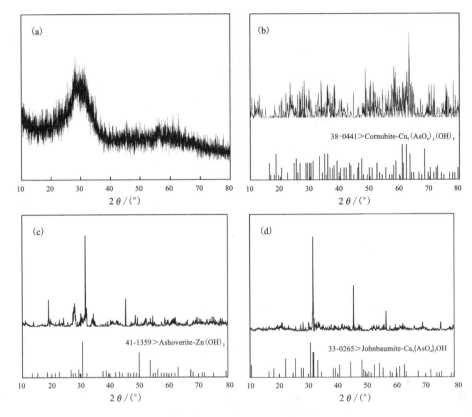

图 5-29　不同金属盐处理含 As(Ⅴ)废水所得沉淀物的 XRD 图
(a)铁盐处理；(b)铜盐处理；(c)锌盐处理；(d)钙盐处理

由图 5-29 可以看出，采用铁盐单独处理含砷废水所得沉淀物的衍射峰主要为无定形峰，未能识别出合适的组分物相；采用铜盐单独处理含砷废水所得沉淀物的衍射峰也为无定形峰，但沉淀物中能识别出 $Cu_5(AsO_4)_2(OH)_4$；采用钙盐及锌盐单独处理时，所得沉淀物衍射峰的强度明显增强，但仅能检测出 $Ca_5(AsO_4)_3OH$ 和 $Zn(OH)_2$。由 XRD 图可知，铁盐、铜盐处理废水所得沉淀物结晶性较差，而钙盐、锌盐处理废水所得沉淀物结晶性较好。对所得沉淀渣进行红外光谱分析，其结果如图 5-30 所示。

图 5-30 中 3069 cm^{-1} 处的峰为水分子中羟基和氢氧化物中羟基的伸缩振动峰，在 1529 cm^{-1} 处出现的峰为水分子中羟基和氢氧化物中羟基的弯曲振动峰[173]，在 1131 cm^{-1} 处的峰为金属水合氧化物中 M—OH 键的振动峰[179]，在 831 cm^{-1} 处的吸收峰为 As—O 键的伸缩振动峰[188,189]，467 cm^{-1} 处的吸收峰为 O—As—O 键的弯曲振动吸收峰[189]。由红外光谱图可知，采用金属盐单独处理含

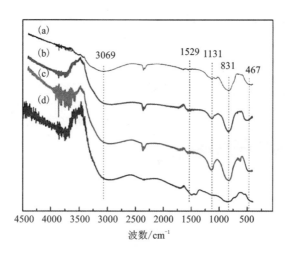

图 5 - 30 不同金属盐处理含 As(V)废水所得沉淀物的红外光谱图

(a)铁盐处理;(b)铜盐处理;(c)锌盐处理;(d)钙盐处理

As(V)废水所得沉淀物中均含有金属氢氧化物及砷酸盐类沉淀,进一步说明金属盐沉砷是化学沉淀与吸附共同作用的结果。

5.4.3.2 溶液 pH 对复合盐沉砷效果的影响

在 $n(Ca)/n(As) = 1.05$、$n(Cu)/n(As) = 0.45$、$n(Fe)/n(As) = 1.20$、$n(Zn)/n(As) = 1.20$ 条件下,采用钙、铁、铜、锌盐复合后处理含 3.17 g/L As(V)溶液,在 $4 \leqslant pH \leqslant 10$ 取样分析。溶液中主要元素残留浓度随 pH 的变化趋势如图 5 - 31 所示。

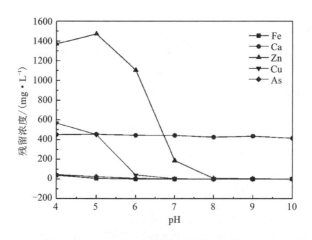

图 5 - 31 滤液中主要元素残留浓度随 pH 的变化趋势图

　　由图 5 - 31 可知,4≤pH≤10 时,随着 pH 的增大,溶液中各元素的浓度均下降,这是由于溶液中 Zn、Cu、Ca、Fe 与 As 均能生成砷酸盐沉淀,随着 pH 增加,溶液中铁离子开始生成氢氧化铁,其具有一定的吸附作用[185],能将其他砷酸盐类沉淀吸附共沉淀。溶液中 As 浓度随 pH 的增大而减小,当 pH = 9 时,溶液中 As 残留浓度为 0.39 mg/L,浓度在《污水综合排放标准》(GB 8978—1996)范围内。在碱性条件下,复合盐脱砷效果均比较好,砷脱除率都大于 99%。对复合盐处理含砷废水所得沉淀渣进行 SEM 及 XRD 分析,其结果分别如图 5 - 32(a)和(b)所示。

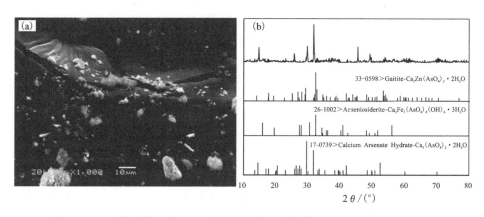

图 5 - 32 复合盐处理含 As(Ⅴ)废水所得沉淀物的 SEM(a)和 XRD 图(b)

　　由图 5 - 32 可以看出,金属盐复合处理后所得沉淀物与单独处理所得沉淀物相比粒径更大,大颗粒呈现不规则块状且表面较为平滑,小颗粒大多为絮团状并黏附在大颗粒上,结合 XRD 图可以看出,复合盐处理含砷废水所得沉淀物的衍射峰峰强较强,结晶度较好,沉淀物中能识别出 $Ca_2Zn(AsO_4)_2 \cdot 2H_2O$、$Ca_3Fe_4(AsO_4)_4(OH)_6 \cdot 3H_2O$、$Ca_3(AsO_4)_2 \cdot 2H_2O$,由此可知,复合盐沉砷化学沉淀结晶好,具有良好的沉淀效果。

5.4.3.3 初始 As(Ⅴ)浓度对复合盐沉砷效果的影响

　　在复合盐配比 $n(Ca)/n(As) = 5:3$、$n(Cu)/n(As) = 3:2$、$n(Zn)/n(As) = 5:4$ 和 $n(Fe)/n(As) = 1:1$ 条件下,用复合盐处理不同初始 As(Ⅴ)浓度含砷废水,在 pH = 9 时过滤,取样分析,滤液中主要元素残留浓度如表 5 - 8 所示。

　　由表 5 - 8 可以看出,当控制反应终点 pH 为 9 时,处理高浓度含 As(Ⅴ)废水,溶液中残留 As 浓度可以降到 0.5 mg/L 以下。处理含 500 mg/L As(Ⅴ)废水时,溶液中 As 残留浓度为 5.42 mg/L,需进行二次沉砷处理。采用复合盐处理高浓度含 As(Ⅴ)废水,可使处理后废水达标排放。

表5-8　脱砷后液中各组分残留浓度

As 初始浓度 /(mg·L⁻¹)	组分残留浓度/(g·L⁻¹)					As 沉淀率 /%
	Ca	Cu	Fe	Zn	As	
0.52	242.5	0.03	0.01	0.10	5.42	98.95
0.99	606.8	0.08	0.02	0.60	0.06	99.99
3.17	434.8	0.05	0.08	0.08	0.33	99.99
10.0	411.1	1.88	0.01	1.15	0.31	99.99

5.4.3.4　金属盐种类对沉砷效果的影响

通过前期实验发现，在 pH = 9 时，处理不同初始 As(Ⅴ) 浓度废水的效果均较好，故在此 pH 下，通过改变加入废水中复合盐的种类，处理含 3.17 g/L As(Ⅴ) 废水，考察加入金属盐的种类对脱砷率的影响，滤液中各元素残留浓度如表5-9所示。

表5-9　脱砷后液中各组分残留浓度

复合盐类型	组分残留浓度/(mg·L⁻¹)					As 沉淀率 /%
	Ca	Cu	Fe	Zn	As	
Fe + Ca + Cu + Zn	434	0.14	0.027	0.15	0.38	99.99
Fe + Ca + Cu	813	0.79	0.71	—	2.07	99.93
Fe + Ca + Zn	1319	—	9.99	1.28	2.38	99.92
Fe + Cu	—	0.52	2.19	—	192.96	93.91

由表5-9可以看出，将铁盐和铜盐复合后处理含 3.17 g/L As 废水，采用氢氧化钙调节 pH 为 9，脱砷后液中 As 残留浓度为 2.07 mg/L；将铁盐、钙盐及锌盐复合后处理，脱砷后液中 As 残留浓度为 2.38 mg/L；将铁盐和铜盐复合后处理含 3.17 g/L As 废水，脱砷后液中 As 残留浓度为 192.96 mg/L，由此可知钙、铜、铁及锌盐均有一定的脱砷效果，但钙盐对脱砷的影响更大。结合图3-9可知，在 pH 为 9 时，砷酸钙盐溶解度基本达到最小，但其他砷酸盐类沉淀已经开始溶解，而且溶液中 Ca²⁺ 对 As(Ⅴ) 的去除有明显的促进作用及生成的硫酸钙也能固砷[190,191]，故实际工业处理过程中，也常采用钙盐脱砷。采用 4 种盐复合后处理含砷废水，能使脱砷后废水中 As 残留浓度降至 0.5 mg/L 以下，这是由于金属盐

种类的增加，提高了溶液中 As 与各金属盐反应效率，从而使脱砷后液中 As 残留浓度降低。对所得沉淀渣进行 XRD 检测，其结果如图 5-33 所示。

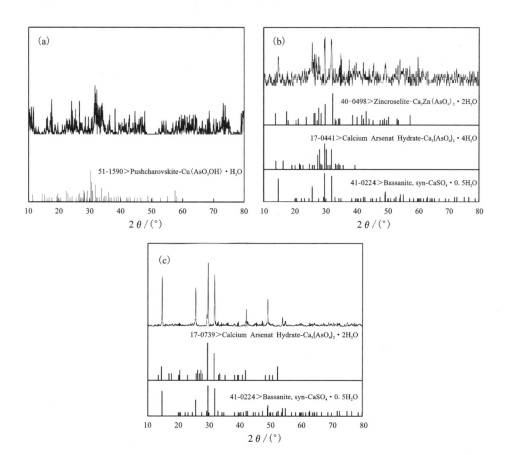

图 5-33　不同金属盐种类处理含 As(V) 废水所得沉淀渣的 XRD 图
（a）铁、铜盐复合处理；（b）铁、钙、锌盐复合处理；（c）铁、铜、钙盐复合处理

　　由图 5-33（a）可以看出，铁、铜盐复合处理含砷废水所得沉淀物的衍射峰为无定形峰，峰宽且杂，与铁盐、铜盐单独处理所得沉淀物的衍射峰类似，结晶性较差，仅能识别出 $Cu_2(AsO_3OH) \cdot H_2O$；由图 5-33（b）可以看出，铁、钙、锌复合处理后所得沉淀物的衍射峰杂峰较多，但峰强增强，能识别出 $CaSO_4 \cdot 0.5H_2O$、$Ca_3(AsO_4)_2 \cdot 4H_2O$、$Ca_2Zn(AsO_4)_2 \cdot 2H_2O$；由图 5-33（c）可以看出，铁、铜、钙盐复合处理后所得沉淀物的衍射峰峰强明显增强且杂峰减少，能识出 $Ca_3(AsO_4)_2 \cdot 2H_2O$、$CaSO_4 \cdot 0.5H_2O$，由此可知，加入钙盐有助于改善砷酸盐类沉淀的结晶性。对所得沉淀渣进行红外光谱分析，其结果如图 5-34 所示。

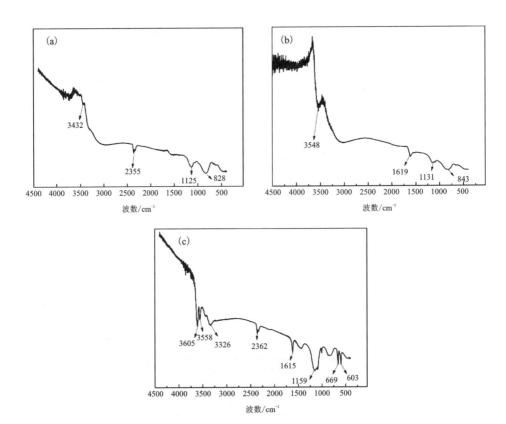

图 5 – 34 不同复合盐种类处理含 As(V)废水所得沉淀渣的红外光谱图

(a)铁、铜盐复合处理;(b)铁、钙、锌盐复合处理;(c)铁、铜、钙盐复合处理

图 5 – 34 中 3326 ~ 3605 cm^{-1} 时的峰为水分子中羟基和氢氧化铁中羟基的伸缩振动峰, 在 1125 cm^{-1}、1131 cm^{-1}、1159 cm^{-1} 处的吸收峰是针铁矿(α – FeOOH)的吸收峰[177]。图 5 – 34(a)和(b)中 828 cm^{-1}、843 cm^{-1} 处的峰为 As—O 键的伸缩振动峰[192], 图 5 – 34(c)和(a)相比, 增加了 669 cm^{-1}、603 cm^{-1} 两个吸收峰, 为石膏的振动吸收峰[192]。

5.5 硫酸铜沉淀含砷废水工艺[193]

铜冶炼厂洗涤二氧化硫烟气产生的酸性废水中含有大量砷, 其浓度高达 3 ~ 10 g/L, 并含有其他金属离子如铜、铁、锌、铅等, 该废水不经处理将严重污染环境。国内某冶炼厂净化烟气产生的含砷废水量约为 300 t/d, 本实验室对该冶炼厂含砷废水样品进行了分析,其相关组分含量如表 5 - 10 所示,该含砷废水中含有大量砷,且主要以 As(Ⅲ)形式存在。

表 5 - 10　含砷废水的成分　　　　　　　　　　g/L

As(Ⅲ)	As(Ⅴ)	Pb	Cu	Sb	Bi	Zn	Fe	Mg	H₂SO₄
4.44	0.23	0.2	0.22	0.03	0.15	0.36	0.26	0.007	10.5

为充分利用含砷废水中的砷资源,利用含砷废水制备亚砷酸铜[194]。亚砷酸铜由瑞典科学家舍勒于 1778 年首次制备,并将其作为一种颜料命名为舍勒绿[195]。1900 年,亚砷酸铜在美国成为一个首次被立法的农药,用于生产杀虫剂、木材防腐剂等[196]。亚砷酸铜用途广泛,用于铜电解液净化能够有效去除电解液中的杂质 Sb、Bi[197-199]。

通过中和净化法除去含砷废水中杂质离子,同时得到副产物石膏和含有价金属的中和渣。采用净化后液制备亚砷酸铜,回收砷后废水用石灰 - 聚合硫酸铁(PFS)絮凝[31]处理后可达标排放,其工艺流程如图 5 - 35 所示。

图 5 - 35　含砷废水中砷的回收及处理工艺流程

5.5.1　中和除杂

由表 5 - 10 可知,废水中除含 4.67 g/L 砷外,还含硫酸、铜、铁、锌、铅等组分。为制备高纯度的亚砷酸铜,实验确定采用石灰和氢氧化钠中和硫酸并沉淀去除其他金属离子。实验考察了氢氧化钠、氧化钙、氧化钙 + 氢氧化钠调节废水 pH 对废水中砷损失率的影响。

5.5.1.1　氢氧化钠中和含砷废水 pH 对除杂效果的影响

向 500 mL 废水中加入氢氧化钠调节废水 pH,pH 对废水中杂质金属离子浓度和去除率的影响分别如表 5 - 11 和表 5 - 12 所示,废水中砷损失率的影响如图 5 - 38 所示。

表 5-11　pH 对废水中金属离子浓度的影响　　　　　　mol/L

pH	Pb^{2+}	Cu^{2+}	Sb^{3+}	Bi^{3+}	Zn^{2+}	Fe^{2+}	Mg^{2+}
2	0.97	3.46	0.25	0.72	0.55	0.46	0.29
4	0.0039	1.26	0.23	0.13	0.41	0.066	0.032
6	0.0029	0.28	0.22	0.11	0.38	0.0051	0.020

表 5-12　pH 对杂质金属去除率的影响　　　　　　　　%

pH	Pb	Cu	Sb	Bi	Zn	Fe	Mg
2	0	0	0	0	0	0	0
4	99.6	63.6	7.4	82.4	25.6	85.7	88.9
6	99.7	92	11.1	85	30.1	98.9	93.2

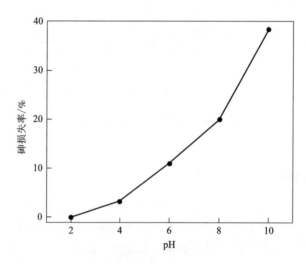

图 5-36　氢氧化钠中和含砷废水 pH 对除杂效果的影响

　　从表 5-11 和表 5-12 可知,随 pH 增加,残留金属离子浓度降低,金属离子去除率增加。pH 为 6 时,Cu、Pb、Fe、Mg 去除率均达到 90% 以上,Bi 去除率达到 85%。实验过程中发现,pH 为 2 时无沉淀物析出,pH 为 4 时,产生少量黄色沉淀物,pH 为 6 时黄色沉淀物量增多。

　　废水中各金属氢氧化物溶度积如表 5-13 所示。根据溶度积计算,pH 为 6.0

时，废水中 Cu^{2+}、Bi^{3+} 产生部分沉淀，Fe^{3+} 完全沉淀，其他金属离子在 $pH \leqslant 6.0$ 时均无沉淀产生。溶液中 SO_4^{2-} 浓度达到 0.1 mol/L，硫酸铅 K_{sp} 为 1.2×10^{-8}，故 Pb^{2+} 可转化为硫酸铅沉淀而被除去。调节 pH 时，Fe^{2+} 被氧化形成溶度积很小的 $Fe(OH)_3$ 沉淀，由于 $Fe(OH)_3$ 吸附与共沉淀作用，可促使其他金属离子脱除。

表 5 - 13　废水中金属氢氧化物溶度积

$Cu(OH)_2$	$Pb(OH)_2$	$Zn(OH)_2$	$Fe(OH)_2$	$Bi(OH)_3$	$Mg(OH)_2$	$Fe(OH)_3$
2.2×10^{-20}	1.2×10^{-15}	1.2×10^{-17}	8.0×10^{-16}	4.0×10^{-31}	1.8×10^{-11}	4.0×10^{-38}

由图 5 - 36 可知，砷损失率随废水 pH 的增加而增加，溶液 pH 为 2、4、6、8 和 10 时，砷损失率分别为 0、3.2%、11.0%、19.9% 和 38.3%。综合考虑除杂适宜 pH 为 6.0，此时砷保留率为 89.0%。

5.5.1.2　氧化钙中和含砷废水 pH 对除杂效果的影响

向 500 mL 废水中加入氧化钙调节废水 pH，pH 对废水中砷损失率的影响如图 5 - 37 所示。由图可知，采用氧化钙除杂，砷损失率随中和后废水 pH 的增加而增加，溶液 pH 为 2、4、6、8 和 10 时，砷损失率分别为 4.5%、13.6%、27.5%、40.0% 和 54.9%。

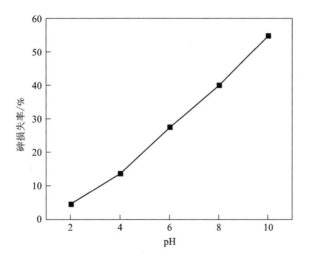

图 5 - 37　氧化钙中和含砷废水 pH 对除杂效果的影响

显然，采用氧化钙调节废水 pH 时砷损失率比用氢氧化钠中和时砷损失率更大。废水 pH 为 6 时，氢氧化钠中和砷损失率为 11.0%，而用氧化钙时砷损失率达到 27.5%，这是由于氧化钙与砷反应生成亚砷酸钙和砷酸钙所致。

为除去溶液中的杂质同时保留砷，实验确定调节废水 pH 为 6.0 比较适宜。在 pH 为 6 时氧化钙对废水的除杂效果如表 5 - 14 所示。由表 5 - 14 对比表 5 - 12 可知，在 pH 为 6 时，氧化钙与氢氧化钠二者的除杂效果基本一致。

表 5 - 14　pH 为 6 时氧化钙对废水的除杂效果

杂质元素	Cu	Pb	Zn	Fe	Bi	Sb	Mg
去除率/%	98.9	99.9	37.2	99.6	100	11.1	92.7

5.5.1.3　氧化钙 + 氢氧化钠二段中和对含砷废水除杂效果的影响

单独使用氢氧化钠成本太高，而单独使用氧化钙砷损失较大。为降低处理成本和提高砷回收率，分别采用氧化钙和氢氧化钠进行两段中和。一段中和时氧化钙用量对废水 pH 的影响结果如图 5 - 38 所示。

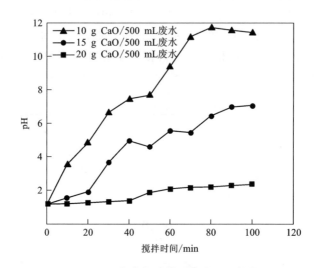

图 5 - 38　氧化钙用量对废水 pH 影响

由图 5 - 38 可知，废水 pH 随氧化钙用量增多和搅拌时间的延长而升高。每 500 mL 废水加入 10 g 石灰，随搅拌时间的延长，废水 pH 缓慢增加，说明氧化钙主要与废水中的酸发生了中和反应。氧化钙用量为 15 g 和 20 g 时，在 60 min 前后废水 pH 发生较大变化。

为了降低石灰用量和减少砷的损失，当搅拌时间为 60 min 时，实验考察氧化钙的量对废水中砷损失率的影响，其结果如图 5 - 39 所示。由图可知，砷损失率随氧化钙用量增加而增加，每 500 mL 废水分别加入 8 g 和 9 g 氧化钙时，砷损失率分别为 7.0% 和 15.4%。实验发现 500 mL 废水加入 8 g 氧化钙时，废水 pH 为 2.0，沉淀为白色晶体，其沉淀 XRD 分析结果如图 5-40 所示，由图可知沉淀物主要成分为石膏 $CaSO_4 \cdot 0.5H_2O$ 和 $CaSO_4 \cdot H_2O$。

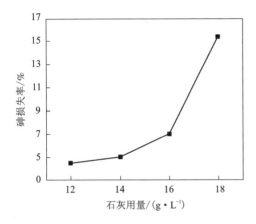

图 5-39   氧化钙用量对砷损失率的影响　　图 5-40   石灰一段中和沉淀物 XRD 图

当氧化钙用量为 9 g 时，沉淀略带黄色，说明石膏纯度降低。考虑石膏的纯度和减少砷损失，一段中和适宜的氧化钙用量为 8 g，对于处理该类废水，氧化钙用量为 16 g/L。

氧化钙一段中和后，氢氧化钠二段中和至废水 pH 为 6.0，砷总损失率为 7.1%。这些结果表明，采用氧化钙和氢氧化钠二段中和，砷损失较少，其除杂效果如表 5-15 所示。

表 5-15   氧化钙 + 氢氧化钠二段中和调节废水 pH 为 6 时除杂效果

杂质元素	Cu	Pb	Zn	Fe	Bi	Sb	Mg
组分去除率/%	95.5	99.8	33.7	99.4	92.7	11.1	93.0

由表 5-15 可知，采用氧化钙 + 氢氧化钠调节废水 pH 为 6 时，其除杂效果与单独使用氧化钙、氢氧化钠基本一致，Pb、Cu、Fe、Mg 杂质去除率为 90% 以上，说明采用氧化钙 + 氢氧化钠二段中和除杂是可行的。

500 mL 含砷废水经二段中和后产生 1.05 g 中和渣,将其进行 XRF 分析,其主要元素含量如表 5-16 所示。

表 5-16   二段中和后渣中的主要元素含量 w   %

元素	As	Cu	Fe	Zn	Mo	Sn	In	Pb
含量	15.5	2.447	3.765	3.495	0.219	1.453	0.035	3.975

由表 5-16 可知,二段中和渣中含有大量 Pb、Cu、Fe、Zn 等金属,证实金属杂质得到有效去除。中和渣中有价金属 Pb、Cu、Zn、Mo 含量较高,可综合回收。

从实验室数据估算氧化钙 + 氢氧化钠分段中和处理 1 m³ 含砷废水,一段中和产出的石膏量以及二段中和渣量如表 5-17 所示。由表可知,一段中和石膏量较大,二段中和渣量大大减少。但一段和二段中和渣均可综合利用与回收,不造成二次污染和处理成本增加。

表 5-17   废水一段中和石膏量和二段中和渣量   kg/m³

一段 pH	二段 pH	一段湿石膏	一段干石膏	二段湿渣	二段干渣
2	6	210	36	5.4	2.1

5.5.1.4　中和除杂所需物料及生产成本

根据上述实验数据,估算 1 m³ 含砷废水处理成本,其不同中和方法所需物料如表 5-18 所示。由表 5-18 可知,单纯使用石灰虽然成本低,但石灰使用量大,砷损失率高。单纯使用烧碱砷损失少,但成本高。因此,采用石灰 + 烧碱二段中和法有利于减少物料使用量,提高砷保留率,从而降低生产成本,提高砷的回收率。

表 5-18   实验室二段中和所需物料及物料成本

中和方法	石灰中和法	烧碱中和法	石灰 + 烧碱二段中和法
一段中和 pH	6	6	2
二段中和 pH			6
石灰物料数/(kg·m⁻³废水)	33.33		15.5
烧碱物料数/(kg·m⁻³废水)		33.76	5.125
砷保留率/%	61.24	89.03	92.9

5.5.2　亚砷酸铜的制备[200]

5.5.2.1　反应时间对亚砷酸铜产率的影响

将废水 pH 调节为 6 后加入固体硫酸铜。当硫酸铜与废水中砷摩尔比 ($n_{Cu}:n_{As}$) 为 1:1 和反应温度为 20℃时，反应时间对亚砷酸铜产率 (α) 的影响如图 5-41 所示。

由图 5-41 可知，亚砷酸铜产率随反应时间的增加而增大。当反应时间分别为 0.5 h、1.0 h、2 h 和 4 h 时，亚砷酸铜产率分别为 87.0%、91.1%、91.5% 和 91.7%。

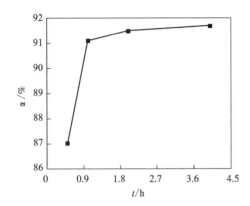 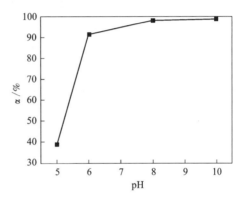

图 5-41　反应时间对亚砷酸铜产率的影响　　图 5-42　溶液 pH 对亚砷酸铜产率的影响

废水中的 AsO_2^- 和 AsO_3^{3-} 与硫酸铜反应可生成 $CuHAsO_3$、$Cu_3(AsO_3)_2 \cdot xH_2O$[201] 或 $Cu(AsO_2)_2$[202]，其相关反应如下：

$$2AsO_2^- + Cu^{2+} =\!=\!= Cu(AsO_2)_2 \downarrow \qquad (5-35)$$

$$2AsO_3^{3-} + 3Cu^{2+} =\!=\!= Cu_3(AsO_3)_2 \downarrow \qquad (5-36)$$

$$AsO_3^{3-} + H^+ + Cu^{2+} =\!=\!= CuHAsO_3 \downarrow \qquad (5-37)$$

反应中调节溶液 pH 为 6 时，立即产生绿色亚砷酸铜沉淀。随着反应时间的延长，亚砷酸铜产率有所增加。但超过 1 h，亚砷酸铜产率增加不明显，适宜反应时间为 1 h。

5.5.2.2　反应溶液 pH 对亚砷酸铜产率的影响

上述实验条件不变，反应时间为 1 h 时，溶液 pH 对亚砷酸铜产率的影响如图 5-42 所示。由图可知，当溶液 pH 分别为 5、6、8 和 10 时，亚砷酸铜产率分别为 39.0%、91.1%、98.2% 和 98.8%。

溶液中存在以下电离平衡：

$$Cu(AsO_2)_2 \rightleftharpoons 2AsO_2^- + Cu^{2+} \tag{5-38}$$

$$Cu_3(AsO_3)_2 \rightleftharpoons 2AsO_3^{3-} + 3Cu^{2+} \tag{5-39}$$

$$HAsO_2 \rightleftharpoons AsO_2^- + H^+ \tag{5-40}$$

$$H_3AsO_3 \rightleftharpoons AsO_3^{3-} + 3H^+ \tag{5-41}$$

亚砷酸为弱酸，pH 升高，H^+ 浓度降低，电离平衡向右移动。因此，亚砷酸铜产率随 pH 的增加而增加。根据亚砷酸铜产率可知适宜 pH 为 8。

5.5.2.3 铜砷摩尔比对亚砷酸铜产率的影响

上述实验条件不变，溶液 pH 为 8 时，$n_{Cu}:n_{As}$ 对亚砷酸铜产率的影响如图 5-43 所示。由图可知，亚砷酸铜产率随 $n_{Cu}:n_{As}$ 增加而增大，当 $n_{Cu}:n_{As}$ 分别为 1:2、1:1、3:2、2:1 和 3:1 时，亚砷酸铜产率分别为 59.4%、86.8%、94.7%、98.2% 和 98.6%。$n_{Cu}:n_{As}$ 越大，溶液中 Cu^{2+} 浓度越高，因此，废水中的 AsO_2^- 和 AsO_3^{3-} 反应越彻底，亚砷酸铜产率越大。$n_{Cu}:n_{As} = 2:1$ 时亚砷酸铜产率已达 98.2%，故选择适宜的 $n_{Cu}:n_{As}$ 为 2:1。

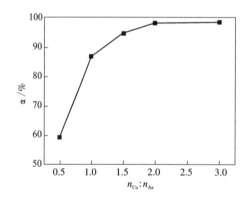 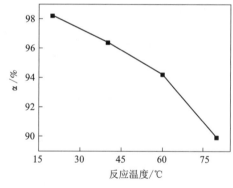

图 5-43　$n_{Cu}:n_{As}$ 对亚砷酸铜产率的影响　图 5-44　反应温度对亚砷酸铜产率的影响

5.5.2.4 反应温度对亚砷酸铜产率的影响

上述实验条件不变，当 $n_{Cu}:n_{As} = 2:1$ 时，反应温度对亚砷酸铜产率的影响如图 5-44 所示。由图可知，亚砷酸铜产率随温度升高而降低。当反应温度分别为 20℃、40℃、60℃ 和 80℃ 时，亚砷酸铜产率分别为 98.2%、96.4%、94.2% 和 89.9%。温度升高，亚砷酸铜溶解度增加，导致了亚砷酸铜产率降低。因此，制备亚砷酸铜适宜温度选择 20℃。

上述研究表明，制备亚砷酸铜适宜条件如下：反应时间为 1 h，反应溶液 pH 为 8，$n_{Cu}:n_{As}$ 为 2:1，反应温度为 20℃。在该条件下，2 L 含砷废水制备得到 41.7 g

亚砷酸铜，产率为 98.2%，产品中 Cu 和 As 质量分数分别为 34.2% 和 18.7%。

由产物成分可知，产物中 Cu 与 As 物质的量之比为 2.15，因此，反应时以 $n_{Cu}:n_{As}$ 为 2:1 的反应产物主要为 $Cu_3(AsO_3)_2$。对所得产物进行 XRD 分析，结果如图 5-45 所示，由图可知，所得亚砷酸铜为非晶态。

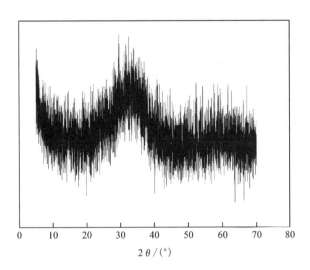

图 5-45　亚砷酸铜 XRD 图

亚砷酸铜 $[Cu_3(AsO_3)_2]$ 在溶液中存在以下溶解平衡：

$$Cu_3(AsO_3)_2 \Longleftrightarrow 2AsO_3^{3-} + 3Cu^{2+} \quad K_{sp} = 10^{-45.82} \qquad (5-42)$$

As(Ⅲ) 在酸性溶液中主要以 H_3AsO_3 形式存在。一定温度下，As(Ⅲ) 在溶液中存在以下电离平衡：

$$H_3AsO_3 \Longleftrightarrow H_2AsO_3^- + H^+ \qquad (5-43)$$

$$H_2AsO_3^- \Longleftrightarrow HAsO_3^{2-} + H^+ \qquad (5-44)$$

$$HAsO_3^{2-} \Longleftrightarrow AsO_3^{3-} + H^+ \qquad (5-45)$$

根据共同平衡原理可知，这些物质在体系中共存且处于平衡状态，它们存在的相互比例随着溶液 pH 的变化而变化。

针对上述平衡式，其标准平衡常数分别为：

$$K_1 = [H_2AsO_3^-][H^+]/[H_3AsO_3] = 10^{-9.22} \qquad (5-46)$$

$$K_2 = [HAsO_3^{2-}][H^+]/[H_2AsO_3^-] = 10^{-12.13} \qquad (5-47)$$

$$K_3 = [AsO_3^{3-}][H^+]/[HAsO_3^{2-}] = 10^{-13.40} \qquad (5-48)$$

以 $[As]_T$ 表示体系溶液中含 As 组分的总浓度，则：

$$[As]_T = [AsO_3^{3-}] + [HAsO_3^{2-}] + [H_2AsO_3^-] + [H_3AsO_3] = [AsO_3^{3-}] \times \varphi_{As}$$

$$(5-49)$$

其中

$$\varphi_{As} = 1 + 10^{pK_3 - pH} + 10^{pK_3 + pK_2 - 2pH} + 10^{pK_3 + pK_2 + pK_1 - 3pH} \quad (5-50)$$

AsO_3^{3-} 的分布系数为：$\alpha(AsO_3^{3-}) = 1/\varphi_{As}$。

所以，根据反应式(5-42)的溶解平衡以及结合式(5-49)可知：

$$lgK_{sp} = 3lg[Cu^{2+}] + 2lg[As]_T - 2lg(1 + 10^{pK_3 - pH} + 10^{pK_3 + pK_2 - 2pH} + 10^{pK_3 + pK_2 + pK_1 - 3pH}) \quad (5-51)$$

改变 Cu^{2+} 浓度，即可获得溶液中总砷浓度与 pH 的平衡关系图。溶液中的 Cu^{2+} 会生成 4 种羟基配合离子 $CuOH^+$、$Cu(OH)_{2(aq)}$、$Cu(OH)_3^-$、$Cu(OH)_4^{2-}$，由 3.2 可得[Cu^{2+}]与 pH 的关系式：

$$[Cu^{2+}] = [Cu]_T(1 + [OH^-]/K_1 + [OH^-]^2/K_2 + [OH^-]^3/K_3 + [OH^-]^4/K_4)^{-1}$$
$$= [Cu]_T(1 + 10^{-14}/[H^+]K_1 + 10^{-28}/[H^+]^2K_2 + 10^{-42}/[H^+]^3K_3 + 10^{-56}/[H^+]^4K_4)^{-1} \quad (5-52)$$

$$[Cu^{2+}] = [Cu]_T(1 + 10^{pH-7} + 10^{2pH-14.3} + 10^{3pH-25} + 10^{4pH-37.5})^{-1} \quad (5-53)$$

假设体系中仅有 $Cu_3(AsO_3)_2$ 存在，$Cu_3(AsO_3)_2$ 溶于水后水溶液中则 $2[Cu]_T = 3[As]_T$，结合式(5-51)和式(5-53)可得：

$$lg[As]_T = -9.269 + 0.6 \times lg(1 + 10^{pH-7} + 10^{2pH-14.3} + 10^{3pH-25} + 10^{4pH-37.5}) + 0.4 \times lg(1 + 10^{13.40-pH} + 10^{25.53-2pH} + 10^{34.75-3pH}) \quad (5-54)$$

由式(5-54)作图得 $Cu_3(AsO_3)_2 - H_2O$ 系 $lg[As]_T - pH$ 图如图 5-46 所示。

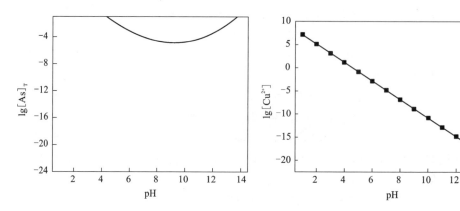

图 5-46 $Cu_3(AsO_3)_2 - H_2O$ 系 $lg[As]_T - pH$ 图   图 5-47 $Cu(OH)_2$ 的浓度-pH 图

从图中可知，pH = 4~13 时，$Cu_3(AsO_3)_2$ 沉淀发生溶解，在 pH = 8 时，As 浓度仅为 9.42 mg/L。pH < 8，$Cu_3(AsO_3)_2$ 沉淀的溶解均随 pH 的降低而加强。pH > 8 后，$Cu_3(AsO_3)_2$ 沉淀的溶解随 pH 的增加而加强。理论分析表明，硫酸铜是废水中 AsO_3^{3-} 的有效沉淀剂。

若在酸性条件下，溶液中 $Cu(OH)_2$ 与 H^+ 发生反应，则溶液中的 Cu 以 Cu^{2+} 形式存在以下平衡：

$$Cu(OH)_2 + 2H^+ \Longrightarrow Cu^{2+} + 2H_2O \tag{5-55}$$

$$K_4 = [Cu^{2+}]/[H^+]^2 = 10^{9.19} \tag{5-56}$$

由式(5-56)绘图得 $Cu(OH)_2$ 的 $lg[As]_T - pH$ 图如图5-47所示。

图5-47为 $Cu(OH)_2$ 的 $lg[As]_T - pH$ 图。从图中可知，溶液中的 Cu^{2+} 浓度随 pH 的上升而下降，且其 Cu^{2+} 浓度的对数与 pH 成直线关系。

假设溶液中 Cu 均以 Cu^{2+} 表示，结合式(5-51)和式(5-56)可得：

$$lg[As]_T = -36.71 + 3pH + lg(1 + 10^{13.40-pH} + 10^{25.53-2pH} + 10^{34.75-3pH}) \tag{5-57}$$

在以上基本原理、体系内溶液的平衡和各种离子的热力学数据的基础上，计算 $lg[As]_T$ 与 pH 的关系，作图即得到平衡曲线。

图5-48为亚砷酸铜体系的 $lg[As]_T - pH$ 图，由图可知，在相同 Cu^{2+} 浓度下，pH 越高，溶液中的总砷含量越低。在相同 pH 条件下，铜离子浓度越高，溶液中砷含量越低。当 pH 为 5.56、5.06 和 4.56 时，Cu^{2+} 浓度分别为 0.01 mol/L、0.1 mol/L 和 1.0 mol/L，溶液中 As 浓度为 1.11 g/L。通过上述计算，若 pH = 2，Cu^{2+} 浓度分别为 0.01 mol/L、0.1 mol/L 和 1.0 mol/L 时，理论上溶液中 As 浓度分别为 662.87 g/L、525.80 g/L、444.16 g/L。

在实际情况中，必须考虑 Cu^{2+} 的水解反应，即溶液中 Cu^{2+} 浓度与 pH 的关系。由式(5-54)得图5-49为饱和 Cu^{2+} 浓度下亚砷酸体系的 $lg[As]_T - pH$ 图，即溶液中 Cu^{2+} 足够且考虑 Cu^{2+} 水解时的 $lg[As]_T - pH$ 图。

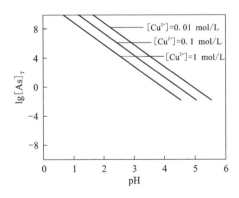

图5-48 确定 Cu^{2+} 浓度下亚砷酸铜体系的 $lg[As]_T - pH$ 图

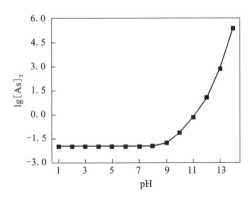

图5-49 饱和 Cu^{2+} 浓度下亚砷酸铜体系的 $lg[As]_T - pH$ 图

由图可知，在 pH ≤ 8 时，随着 pH 升高，溶液中总砷浓度基本保持不变。当 pH > 8 时，总砷浓度随 pH 的升高急剧增加。

上述分析表明，在亚砷酸溶液中加入硫酸铜生成亚砷酸铜过程中，增大溶液 pH 有助于砷的沉淀。当 pH 大于 8 之后，随着 pH 的升高，溶液中的总砷浓度增大。

5.5.3 聚丙烯酰胺(PAM)对亚砷酸铜沉降性能的影响

在过滤、洗涤亚砷酸铜时发现亚砷酸铜很难抽滤，为提高抽滤效率，本实验选取 PAM 作为絮凝剂[203]，考察了不同浓度 PAM 对亚砷酸铜沉降性能的影响。

实验制取了 3.0 L 亚砷酸铜浆液，然后分别转入 6 个 500 mL 烧杯中，使用六联搅拌机搅拌，在转速为 200 r/min 下快搅 5 min，在转速为 60 r/min 下慢搅 10 min，静置 1 h 后真空过滤。PAM 浓度对过滤时间的影响如图5-50 所示。

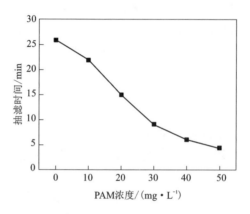

图 5-50 PAM 浓度对过滤时间的影响

由图 5-50 可知，向亚砷酸铜浆液中加入 PAM 可大大缩短过滤时间。当 PAM 浓度分别为 0 mg/L、10 mg/L、20 mg/L、30 mg/L、40 mg/L、50 mg/L 时，500 mL 亚砷酸铜浆液过滤所需时间分别为 26 min、22 min、15 min、9 min、6 min、4.3 min。与不加 PAM 过滤相比，其过滤速度可以提高为之前的 5 倍以上。

5.5.4 工业放大实验

由硫酸铜沉淀含砷废水工艺可知，废水净化除杂的适宜条件为氧化钙一段中和除杂到 pH 为 2.0，二段中和用氢氧化钠调节溶液 pH 为 6.0；亚砷酸铜制备的适宜工艺条件为反应时间为 1 h，反应温度为 20℃，反应溶液 pH 为 8，铜砷摩尔比为 2:1。PAM 适宜浓度为 40 mg/L。在上述工艺条件下进行工业放大实验，实验时用泵抽取 6.0 m³ 废水(已进行一段中和)进行实验。工业放大实验所用主要设备有泵、真空过滤机、反应釜(7.5 m³)；主要原料有 PAM，工业片状氢氧化钠(纯度≥96.0%)，硫酸铜(纯度≥94.0%)，一段中和后液(含砷 1.59 g/L，含铜 1.12 g/L，含硫酸 6.24 g/L，pH = 0.90)。

5.5.4.1　氢氧化钠二段中和实验结果

由于实验所用原料为一段中和后液，故本实验只采用氢氧化钠二段中和。当向一段中和后液中加入烧碱至溶液 pH 为 6 时，溶液中砷浓度为 0.68 g/L，砷保留率为 42.8%，烧碱用量为 225 kg。由于原废水中砷含量低，其他元素如 Bi、Cu、Fe、Ni 等相对含量较高，从而造成砷损失增加，这与实验室结果一致。

二段中和渣成分如表 5-19 所示，由表可知，二段中和渣含铜、镍较高，可以综合利用。

表 5-19　二段中和渣成分　　　　　　　　　　　　　　　　　　　%

As	Sb	Bi	Cu	Fe	CaO	Zn	Pb	Ni	Cd	F
11.1	0.13	0.6	5.35	4.10	3.88	0.20	0.18	4.22	1.90	2.41

5.5.4.2　亚砷酸铜制备实验结果

取二段中和后上清液加入硫酸铜并用固体烧碱调节溶液 pH。反应后取上清液进行分析，其上清液水质如表 5-20 所示。由表可知，按体积不变计算，二段中和砷转化率达到 88.8%，其转化率基本与实验室结果相吻合。上清液中铜含量低，铜基本进入了产物当中。

表 5-20　制备亚砷酸铜后上清液水质　　　　　　　　　　　　g/L

As	Sb	Bi	Cu	Ca	F
0.76	0.037	0.036	0.016	0.036	0.556

将制得的亚砷酸铜湿样进行洗涤、过滤、烘干，采用 XRF 分析后知产品中含砷 13.8%，含铜 35.0%。实验室及工业放大制备的亚砷酸铜主要成分对比如表 5-21 所示。

表 5-21　实验室和工业放大实验制备的亚砷酸铜洗涤后 XRF 分析结果　　%

	O	Na	S	Cl	Fe	Ca	Ni	Cu	Zn	As	Co	Mo
实验室实验	29.8	1.7	3.5	0.65	0.05	1.6	0.19	34.2	1.06	18.7	—	0.02
工业放大实验	31.0	1.4	0.51	0.26	0.21	2.1	0.27	34.5	9.5	13.8	0.02	—

由表 5 - 21 可知,工业放大实验制备的亚砷酸铜中铜砷物质的量的比高,说明亚砷酸铜含有一定量的氢氧化铜沉淀。

5.5.5 制备亚砷酸铜后含砷废水的处理

制备亚砷酸铜后含砷废水中砷浓度约为 76 mg/L,远高于国家废水排放标准。目前,对于低砷废水的处理多用石灰 - 铁盐法。由于用绿矾处理须经氧化(比如鼓空气暴气等)才能彻底除砷,工艺流程长,操作不便[204, 205]。为此,实验采用石灰 - PFS 法处理制备亚砷酸铜后含砷废水。

5.5.5.1 PFS 加入量与 As 去除率的关系

用石灰乳调节回收砷后废水 pH 为 9.0,按照 $n_{Fe}:n_{As}$ 为 1:1、4:1、8:1 和 12:1 加入液体 PFS,实验结果如图 5 - 51 所示。

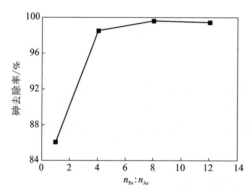
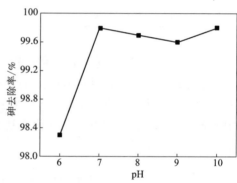

图 5 - 51 $n_{Fe}:n_{As}$ 对砷去除率的影响　　　　图 5 - 52 pH 对砷去除率的影响

由图 5 - 51 可知,砷去除率随 $n_{Fe}:n_{As}$ 增加而增加。当 $n_{Fe}:n_{As}$ 为 1:1 时,砷去除率为 86.1%。当 $n_{Fe}:n_{As}$ 为 8:1 时,砷去除率达到 99.6%,同时废水中砷为 0.30 mg/L,达到国家废水排放标准(GB 8978—1996)。因此,实验取 $n_{Fe}:n_{As}$ =8 为适宜 PFS 用量。

由于 Fe^{3+} 与废水中 AsO_4^{3-} 和 AsO_2^- 反应生成难溶的砷酸铁及亚砷酸铁沉淀使砷脱除[206],同时聚合硫酸铁水解生成的氢氧化铁絮凝体对砷具有较强吸附作用。因此,聚合硫酸铁处理含砷废水具有很好的效果。

5.5.5.2 pH 与 As 去除率的关系

固定上述条件不变,当 $n_{Fe}:n_{As}$ 为 8:1 时,溶液 pH 对砷去除率的影响如图 5 - 52 所示。由图可知,砷去除率随溶液 pH 增加而增大,溶液 pH 分别为 6、7、8 和 10 时,砷去除率分别为 98.3%、99.8%、99.7% 和 99.8%。

pH≥7 时溶液中砷含量增加可能与以下反应有关:

$$FeAsO_4 \cdot 2H_2O + 3OH^- \Longrightarrow Fe(OH)_3 + AsO_4^{3-} + 2H_2O \qquad (5-55)$$

$$FeAsO_4 \cdot 2H_2O + 3OH^- \Longrightarrow FeOOH + AsO_4^{3-} + 3H_2O \qquad (5-56)$$

砷酸铁沉淀在高 pH 条件下转化为氢氧化铁或针铁矿，从而放出砷酸根，使溶液中砷含量增加[207]。

pH 会影响沉淀的溶解度，pH 变化引起溶液中的平衡离子变化，进而影响溶液中组分浓度。当溶液 pH 升高时，溶液中的砷浓度急剧降低。当 pH≥7 时，砷酸铁盐的形式发生变化造成溶液中砷的含量再次上升[208]。可见，除砷的适宜 pH 为7.0，此时砷浓度为 0.15 mg/L。

5.6　硫化法沉淀含砷废水工艺

硫化钠沉淀法也是常用处理含砷废水的一种方法，利用硫化沉淀法[209]处理某铜冶炼厂烟气洗涤废水，相关组分含量如表 5-22 所示。由表 5-22 可知，此烟气洗涤废水中主要含有铜、砷、铋等价值较高的元素，且废水显强酸性。

表 5-22　烟气洗涤废水各元素含量　　　　　　　　g/L

Cu	As	Sb	Bi	Pb	Zn	Fe	Ni
1.55	3.44	0.033	0.497	0.014	0.520	0.781	0.165

5.6.1　硫化钠与砷摩尔比对砷和铜去除率的影响

向 500 mL 废水中加入 26% 的 Na_2S 溶液，当反应时间为 20 min，反应温度为 30℃，pH 为 0.8，搅拌速度为 300 r/min 时，不同硫化钠与砷摩尔比 $[n(Na_2S):n(As)]$ 对砷和铜去除率的影响如图 5-53 所示。

由图 5-53 可知，当 $n(Na_2S):n(As)$ 为 7.5:1、6:1、4.5:1、3:1、2.25:1、1.96:1、1.8:1 和 1.5:1 时，砷去除率分别为 99.95%、99.95%、99.95%、99.95%、99.90%、99.71%、91.00% 和 71.57%，铜去除率分别为 99.95%、99.95%、99.95%、99.95%、99.90%、99.90%、99.95% 和 99.95%。砷去除率随 $n(Na_2S):n(As)$ 的增加而增加，$n(Na_2S):n(As)=3:1$ 时可达 99.95%，$n(Na_2S):n(As)$ 继续增加，对砷和铜去除率的影响不大。

由反应原理及废水成分计算可得，1 L 废水中各主要元素所需硫的物质的量为：Cu 0.0242 mol，As 0.06885 mol，Bi 0.00357 mol，Zn 0.008 mol，Fe 0.0139 mol。总硫理论需求量为 0.11852 mol，则 $n(Na_2S):n(As)$ 为 2.58。$n(Na_2S):n(As)=3:1$ 时，反应放出臭鸡蛋气味的气体，而 $n(Na_2S):n(As)=2.25:1$ 时，基本无

H₂S 产生，且砷和铜去除率均较高，为99.90%，所以硫化钠与砷的物质的量之比 $n(Na_2S):n(As)$ 可取为2.25:1。

5.6.2 反应时间对砷和铜去除率的影响

向500 mL废水中加入26%的 Na_2S 溶液，当硫化钠与砷摩尔比为2.25:1，反应温度为30℃，溶液pH为0.8，搅拌速度为300 r/min时，反应时间对砷和铜去除率的影响如图5-54所示。

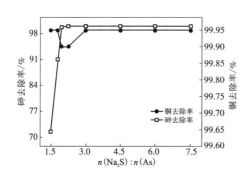

图5-53　不同 $n(Na_2S):n(As)$ 对砷和铜脱除的影响　　　　图5-54　反应时间对砷和铜脱除的影响

由图5-54可知，当反应时间为50 min、40 min、30 min、20 min、10 min和5 min时，砷去除率分别达到了99.71%、99.38%、99.29%、99.90%、99.52%和99.33%，铜去除率分别为99.95%、99.95%、99.95%、99.90%、99.95%和99.95%。反应时间为5 min时砷去除率已较高，为99.33%，20 min时就增到99.90%，此后沉砷率随反应时间延长略有变化，铜去除率几乎不变，保持99.95%不变。

硫化砷、硫化铜、硫化铋等硫化物溶解度较低，易沉淀。硫化氢为气体，易逸出，因此此类硫化沉淀反应为快速反应[210]，20 min以后主要发生结晶长大的过程[211]，反应时间延长，砷去除率变化不大。因此，选择适宜的反应时间为20 min。

5.6.3 反应温度对砷和铜去除率的影响

向500 mL废水中加入26%的 Na_2S 溶液，当硫化钠与砷摩尔比为2.25:1，反应时间为20 min，pH为0.8，搅拌速度为300 r/min时，反应温度对砷和铜去除率的影响如图5-55所示。

由图5-55可知，当反应温度为77℃、70℃、60℃、50℃、40℃和30℃时，砷去除率分别为30.09%、32.97%、82.97%、89.23%、86.30%和99.90%，铜去

除率分别为 99.89%、99.89%、99.89%、99.89%、99.95% 和 99.90%。砷去除率随着反应温度的升高而降低，30℃时最高，为 99.90%；反应温度升高，铜去除率在 99.89% 至 99.95% 之间波动，变化不大。温度高于 50℃ 之后，As_2S_3 的溶解速率增大，且由于铜和硫的亲和力大于砷和硫的亲和力，50℃ 后会发生如下反应[212]：

$$3CuSO_4 + As_2S_3 + 4H_2O \Longrightarrow 3CuS\downarrow + 2HAsO_2 + 3H_2SO_4$$

　　由于该反应的进行，砷去除率降低，增加了硫化钠的用量，沉砷成本增加，因此反应温度可取 30℃。

5.6.4　pH 对砷和铜去除率的影响

　　向 500 mL 废水中加入 26% 的 Na_2S 溶液，当硫化钠与砷摩尔比为 2.25∶1，反应时间为 20 min，反应温度为 30℃，搅拌速度为 300 r/min 时，pH 对砷和铜去除率的影响如图 5-56 所示。

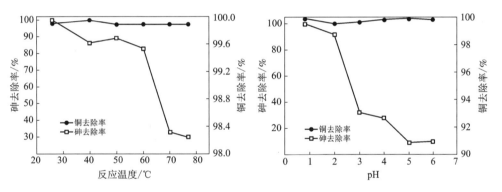

图 5-55　反应温度对砷和铜去除率的影响　　　　图 5-56　pH 对砷和铜去除率的影响

　　由图 5-56 可知，当废水 pH 为 0.8、2、3、4、5 和 6 时，砷去除率分别为 99.90%、91.68%、32.04%、28.07%、9.13% 和 10.14%；铜去除率分别达到 99.90%、99.53%、99.65%、99.83%、99.91% 和 99.83%。砷去除率随 pH 的增加而迅速降低，废水 pH 为 0.8 时，砷去除率最大，为 99.90%。pH 增加，铜去除率在 99.53% 至 99.91% 之间波动，变化不大。因此，选择硫化沉砷适宜的 pH 为 0.8。

　　As_2S_3 可溶解于氢氧化钠溶液中，故 pH 增大会致使反应生成的 As_2S_3 部分溶解，使得砷去除率降低，而 CuS 不溶于碱，铜去除率影响不大。

5.6.5 不同搅拌速度对砷和铜去除率的影响

向 500 mL 废水中加入 26% 的 Na₂S 溶液，当硫化钠与砷摩尔比为 2.25:1，反应时间为 20 min，反应温度为 30℃，pH 为 0.8 时，搅拌速度对砷和铜去除率的影响如图 5-57 所示：

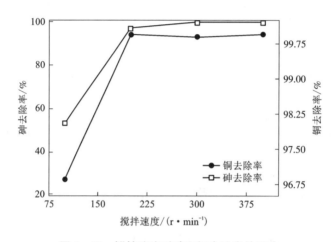

图 5-57 搅拌速度对砷和铜去除率的影响

由图 5-57 可知，当搅拌速度分别为 400 r/min、300 r/min、200 r/min 和 100 r/min 时，砷去除率分别为 99.94%、99.90%、96.97% 和 53.71%，铜去除率分别为 99.95%、99.90%、99.95% 和 96.86%。砷和铜去除率随搅拌速度的增加而增大。搅拌速度增大，增加了反应物的接触面积，即增大了硫化钠与砷和铜的接触概率，砷和铜去除率随之增加。当搅拌速度增大至 300 r/min 以上时，砷和铜去除率增加不大，并且 400 r/min 的搅拌速度对设备要求较高，因此搅拌速度取 300 r/min。

综上所述，硫化沉砷的适宜条件为硫化钠与砷摩尔比为 2.25:1，反应时间为 20 min，反应温度为 30℃，pH 为 0.8，搅拌速度为 300 r/min。

5.6.6 硫化沉砷优化及实验室放大实验

在上述硫化沉砷适宜条件下进行硫化沉砷实验室放大实验，结果如表 5-23 所示。产物硫化砷渣的 XRD 图、粒度分布和电镜扫描图如图 5-58 所示。

表 5 - 23　硫化沉砷实验室放大实验结果比较

废水体积/L	砷去除率/%	铜去除率/%
0.5	94.93	99.91
10	95.39	99.84

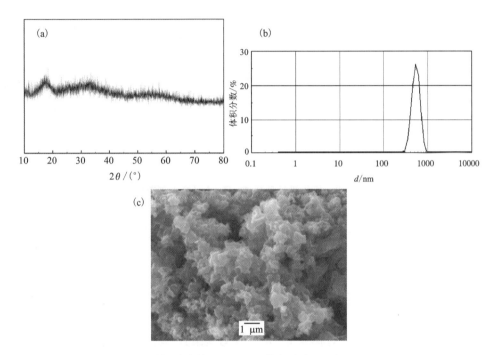

图 5 - 58　硫化砷渣的 XRD(a)、粒径分布(b)和 SEM 图(c)

由表 5 - 23 可知，在硫化沉砷适宜条件下，优化实验的砷去除率和铜去除率较高，重现性较好，且实验室放大实验结果较为理想。沉砷后废水经铁盐絮凝沉淀处理后达标排放。

由图 5 - 58(a)中硫化砷渣物相可知，该沉淀渣为无定形固体。图 5 - 58(b)中粒度分析结果表明，硫化砷渣体积平均粒径为 786 nm。由图 5 - 58(c)中硫化砷渣的 SEM 图证实该沉淀渣是由细小粒子聚集成的松散体。这种沉淀渣结构空隙大，稳定性较差，堆放后易被空气氧化，严重污染环境。然而，也易于进行浸出反应。

5.7 氧化铅处理洗涤 As_2O_3 后废水工艺

由于砷铅矿是一种难溶的矿物,实验研究了铅及铅的化合物对含砷废水的处理。

实验所用原料为不同浓度的洗涤 As_2O_3 后废水,废水中含有 Cl^-,其中洗涤后液中相关化学组分如表 5 - 24 所示。对于 As_2O_3 洗涤废水中砷的脱除,采用双氧水氧化 As(Ⅲ)、氧化铅脱砷和 pH 调节处理,其工艺流程如图 5 - 59 所示。

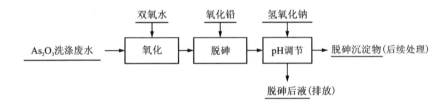

图 5 - 59 氧化铅处理粗 As_2O_3 洗涤废水工艺流程

表 5 - 24 As_2O_3 洗涤废水中相关组分浓度   mg/L

As	Sb	Se	Cu	Fe	Zn
7654	4.9	0.11	0.013	0.75	0.15

5.7.1 不同含铅物质对模拟废水脱砷效果的比较

利用不同含铅物质处理 200 mg/L As(Ⅴ) 模拟液,该溶液 pH 为 1.8,Cl^- 浓度为 0.52 g/L。$n(Pb)/n(As)$ 为 2.12 时,不同含铅物质脱砷结果如表 5 - 25 所示。由表可知,铅粉脱砷效果差,As 脱除率仅为 26.5%。氧化铅、氢氧化铅和硝酸铅可实现 As 的高效脱除,其脱除率分别为 > 99.9%、98.5% 和 96.3%。然而,这三类含铅物质脱砷时铅溶出率均比较高,脱砷后液中铅残留浓度大大超过铅排放标准[污水综合排放标准,GB 8978—1996,$\rho(Pb) \leqslant 1$ mg/L]。氧化铅脱砷所得脱砷后液 As 残留浓度低于 0.01 mg/L,该浓度低于砷排放标准[GB 8978—1996,$\rho(As) \leqslant 0.5$ mg/L],而其他含铅物质脱砷后溶液中 As 残留浓度均超过国标。另外,铅粉、氧化铅和氢氧化铅脱砷后溶液 pH 均增加,说明这些含铅物质脱砷需要消耗溶液中 H^+。

表 5 - 25　不同含铅物质脱砷效果

含铅物质	终点 pH	As 残留浓度 /(mg·L^{-1})	Pb 残留浓度 /(mg·L^{-1})	As 脱除率 /%	Pb 溶出率 /%
铅粉	2.0	151.4	29.4	26.5	2.5
氧化铅	2.1	<0.01[①]	337.6	>99.9[②]	27.8
氢氧化铅	1.9	3.1	255.8	98.5	21.7
硝酸铅	1.8	7.6	283.1	96.3	24.3

注：①砷检测限为 0.01 mg/L；②根据砷检测限计算值。

　　实验过程中发现，铅粉脱砷所得沉淀为灰白混合沉淀物（主要为灰色，铅粉颜色也为灰色），而其他含铅物质脱砷所得沉淀为白色沉淀物。结合表 5 - 25 可知，脱砷过程中大部分铅粉未溶解。由于铅粉密度大，容易沉于反应器底部，这减少了铅粉在溶液中的扩散，使得与 H$^+$ 反应的铅粉量减少，这是铅粉脱砷效果差的主要原因。硝酸铅在水溶液中溶解度较高，但脱砷后液中存在含氮污染。氧化铅可实现砷高效脱除，且在脱砷过程中不引入杂质阴离子。

　　图 5 - 60(a) 为不同含铅物质脱砷所得沉淀物的 FT - IR 光谱图，图 5 - 60(b) 为不同含铅物质脱砷所得沉淀物的 XRD 图。图 5 - 60(a) 中，波数在 4000 至 1200 cm^{-1} 时几乎无明显吸收峰，因此相关数据未列出。波数在 821 cm^{-1}、789 cm^{-1} 处吸收峰归因于 [AsO$_4$] 四面体中 As—O 反对称伸缩振动，而 420 cm^{-1} 处对应 As—O 面外弯曲振动[213, 214]，这说明不同含铅物质脱砷所得沉淀物中均存在砷酸根（AsO$_4^{3-}$）。然而，铅粉脱砷所得沉淀物 As—O 键吸收峰较弱，这说明该沉淀

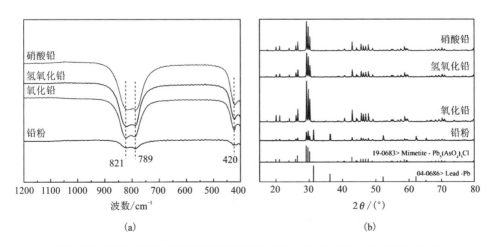

(a)　　　　　　　　　　　　　　(b)

图 5 - 60　不同含铅物质脱砷所得沉淀物的 FT - IR 光谱图(a) 和 XRD 图(b)

物中砷酸根含量较低, 这与表 5 - 25 结果和脱砷沉淀物颜色变化相一致。

由图 5 - 60(b) 可知, 采用氧化铅、氢氧化铅和硝酸铅脱砷沉淀物可识别的主要物相为砷铅矿 $Pb_5(AsO_4)_3Cl$ (JCPDS 19—0683), 而铅粉脱砷所得沉淀物含铅 (JCPDS 04—0686) 和砷铅矿衍射峰。从表 5 - 25 和图 5 - 60(b) 结果可知, 含铅物质脱砷主要是基于形成砷铅矿。有研究报道, 砷铅矿的形成主要是利用 Pb^{2+} 结合 AsO_4^{3-} 和 Cl^- 形成低溶解度的 $Pb_5(AsO_4)_3Cl^{[215]}$。铅粉、氧化铅和氢氧化铅脱砷需消耗溶液中 H^+, 因此, 这些含铅物质在形成砷铅矿前需先与 H^+ 反应形成 Pb^{2+}, 涉及的主要反应如式 (5 - 58) ~ 式 (5 - 61) 所示。铅粉脱砷所得沉淀物中存在 Pb 衍射峰, 这进一步说明脱砷过程中铅粉未完全溶解, 这与表 5 - 25 和图 5 - 60(a) 结果一致。衍射峰强度与产物结晶性和组分相对含量有关$^{[216, 217]}$。由图 5 - 60(b) 可以看出, 氧化铅脱砷所得砷铅矿衍射强度最高, 而砷脱除率也最高 (表 5 - 25), 故其脱砷沉淀物结晶性能和稳定性相对更好。

$$Pb + 2H^+ \rule[0.5ex]{2em}{0.4pt} Pb^{2+} + H_2 \uparrow \tag{5 - 58}$$

$$PbO + 2H^+ \rule[0.5ex]{2em}{0.4pt} Pb^{2+} + H_2O \tag{5 - 59}$$

$$Pb(OH)_2 + 2H^+ \rule[0.5ex]{2em}{0.4pt} Pb^{2+} + 2H_2O \tag{5 - 60}$$

$$5Pb^{2+} + 3AsO_4^{3-} + Cl^- \rule[0.5ex]{2em}{0.4pt} Pb_5(AsO_4)_3Cl \tag{5 - 61}$$

图 5 - 61 为不同含铅物质脱砷所得沉淀物的 SEM 图。铅粉脱砷沉淀物主要由柱状和不规则球形颗粒组成, 其中, 球状颗粒大小为 0.5 ~ 1.0 μm, 而柱状颗

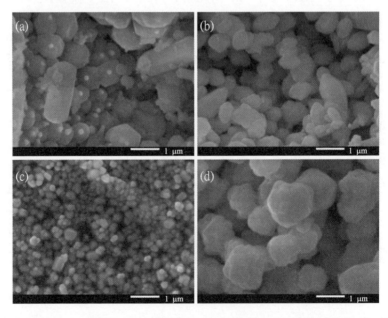

图 5 - 61 铅粉(a)、氧化铅(b)、氢氧化铅(c)和硝酸铅(d)脱砷沉淀物的 SEM 图

粒可能是未反应的铅粉颗粒。氧化铅脱砷沉淀物主要为椭球形颗粒,颗粒大小相对较均匀,为 0.5~1.0 μm。氢氧化铅脱砷沉淀物主要为无规则小颗粒,颗粒大小为 0.1~0.3 μm。硝酸铅脱砷沉淀物,主要为由不规则的圆形薄片堆积而成的大球形颗粒,颗粒表面较粗糙,大小为 1.0~1.5 μm。不同含铅物质脱砷所得沉淀物颗粒平均粒径从大到小依次为硝酸铅、氧化铅和氢氧化铅,其中,硝酸铅脱砷后固液分离最快,且脱砷沉淀物过滤性能最好。然而,颗粒越小,表面越粗糙,其活性面积越大,稳定性越差。因此,通过比较不同含铅物质脱砷所得沉淀物的形貌和颗粒大小,可推断氧化铅脱砷沉淀物稳定性相对更好,这与图 5-60(b)结果一致。

通过上述分析可知,氧化铅脱砷效果最好,且所得脱砷沉淀物结晶性能相对更好,稳定性更高。另外,氧化铅脱砷不会引入杂质阴离子。因此,本研究选择氧化铅作为脱砷试剂用于含 As(V)溶液中砷的脱除[218]。

5.7.2　氧化铅对模拟废水脱砷的影响

5.7.2.1　n_{Pb} : n_{As} 的影响

在初始溶液 pH 为 1.8、含 200 mg/L As(V)和 0.52 g/L Cl⁻ 的含砷溶液中采用氧化铅脱砷,研究了 n_{Pb} : n_{As} 对 As 脱除和 Pb 溶出的影响,其结果如图 5-62(a)所示。由图可知,当 n_{Pb} : n_{As} 从 0.30 增加到 2.73 时,As 脱除率随 n_{Pb} : n_{As} 的增加而增加。而在 n_{Pb} : n_{As} 为 0.30~1.52 条件下,增大 n_{Pb} : n_{As},Pb 溶出率变化较小,维持在 4%~10%,这说明氧化铅主要用于脱砷。对于砷而言,当 n_{Pb} : n_{As} 增加到 1.52,As 脱除率呈线性增加,从 21.4% 增加到 92.7%,其脱除率随 n_{Pb} : n_{As} 变化的数据满足线性公式 $y = 4.31 + 58.43x$($R^2 = 0.9991$),这说明砷脱除具有明显的铅依赖性。当 n_{Pb} : n_{As} 为 2.12 时,As 脱除率达 99.9%,进一步增大 n_{Pb} : n_{As},As 脱除率变化不大。而 n_{Pb} : n_{As} 从 1.52 增加到 2.73 时,Pb 溶出率从 6.5% 增至 34.2%,这说明增加的氧化铅大部分溶解于溶液中,铅以离子形式在溶液中积累。有文献报道[219],硝酸铅脱砷时,随 n_{Pb} : n_{As} 的增大,As 残留浓度减小,而 Pb 残留浓度逐渐增大,这结果与本研究结果相似。

当 n_{Pb} : n_{As} 为 1.52 时,As 残留浓度为 15.1 mg/L,该浓度超过了 GB 8978—1996 中砷排放标准。而 n_{Pb} : n_{As} 增大到 2.12 时,As 残留浓度小于 0.01 mg/L,低于砷排放标准。然而,Pb 残留浓度高达 337.6 mg/L,该浓度高于 GB 8978—1996 中铅排放标准。因此,脱砷后液的达标排放需进行脱铅处理。然而,随 n_{Pb} : n_{As} 的增加(n_{Pb} : n_{As} > 1.52),脱砷后固液分离时间延长,沉淀物过滤性能变差,这可能是由于脱砷沉淀物结晶性变差。

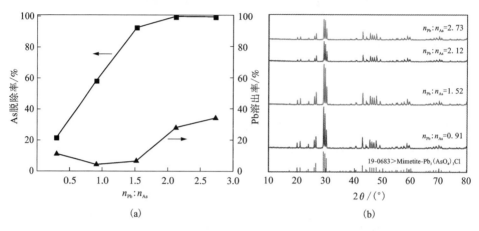

图 5 - 62　不同 $n_{Pb}:n_{As}$ 条件下 As 脱除率和 Pb 溶出率(a)以及所得脱砷沉淀物 XRD 图(b)

图 5 - 62(b) 为 $n_{Pb}:n_{As}$ 在 0.91 ~ 2.73 条件下所得脱砷沉淀物的 XRD 图。由图可知,不同 $n_{Pb}:n_{As}$ 所得脱砷沉淀物可识别的主要物相均为高结晶性的砷铅矿,并未检测到其他物相。结合图 5 - 62(a)和脱砷沉淀物颜色(均为白色沉淀)可知,不同 $n_{Pb}:n_{As}$ 条件下所用氧化铅几乎完全溶解。这结果说明增加 $n_{Pb}:n_{As}$ 所用氧化铅部分被用于增加砷脱除率,剩余部分以 Pb(Ⅱ)形式积累在溶液中。另外,由 XRD 图可以看出,$n_{Pb}:n_{As}$ 为 0.91 和 1.52 时脱砷沉淀物中砷铅矿衍射峰强度高于 $n_{Pb}:$ n_{As} 为 2.12 和 2.73 时砷铅矿衍射峰强度,这说明 $n_{Pb}:n_{As}$ 为 0.91 和 1.52 时脱砷沉淀物结晶性更好,这进一步说明高 $n_{Pb}:n_{As}$ 会使沉淀物结晶性恶化。

5.7.2.2　初始溶液 pH 的影响

采用氧化铅在 $n_{Pb}:n_{As}$ 为 1.52、含 200 mg/L As(Ⅴ)和 0.52 g/L Cl⁻ 的含砷溶液中脱砷,研究初始溶液 pH 对砷脱除和铅溶出的影响,其结果如表 5 - 26 所示。

由表 5 - 26 可知,初始 pH 对砷脱除和铅溶出的影响较大。对于砷而言,初始 pH 从 0.9 增加到 1.8 时,砷脱除率从 1.8% 增加到 92.7%,而初始 pH 在 1.8 至 2.4 范围时,砷脱除率保持在 92% 左右。继续增大初始 pH 到 4.0,砷脱除率从 92.2% 下降到 3.1%。初始 pH 在 4.0 至 10.2 范围时,砷脱除率维持在 3% ~4%,而初始 pH 为 12.4 时,砷脱除率增加到 30.4%。对于氧化铅脱砷过程中铅的溶出,当初始 pH 从 0.9 增加到 2.8 时,铅溶出率从 96.8% 下降到 0.04%。初始 pH 在 4.0 至 12.4 范围时,Pb 溶出率均低于 0.01%。因此,氧化铅脱砷选择适宜的初始溶液 pH 为 1.8 ~ 2.4,该条件下砷脱除率高于 92%。

表 5 - 26　初始 pH 对 As 脱除和 Pb 溶出的影响

初始 pH	终点 pH	As 脱除率/%	Pb 溶出率/%
0.9	0.9	1.8	96.8
1.3	1.4	59.0	39.0
1.5	1.6	80.3	17.8
1.8	1.9	92.7	6.5
2.4	2.7	92.2	0.40
2.5	3.1	61.2	0.05
2.8	3.3	32.0	0.04
4.0	4.5	3.1	<0.01[①]
7.0	7.0	3.8	<0.01[①]
10.2	8.4	3.6	<0.01[①]
12.4	12.4	30.4	<0.01[①]

注：①根据铅检测限(0.05 mg/L)的计算值。

实验过程中发现，初始溶液 pH 为 0.9 时，脱砷后溶液中有少量黄色沉淀物（与氧化铅颜色相同），未见白色沉淀物析出。另外，由表 5 - 26 显示 Pb 溶出率达到 96.8%，但 As 脱除率仅为 1.8%，这说明即使在高的铅溶出条件下，高酸度不利于 As - Pb 沉淀物的形成。当初始 pH 为 1.3 ~ 2.4 时，脱砷沉淀物颜色为白色，而初始 pH 为 2.5 ~ 2.8 时，脱砷沉淀物为黄白混合沉淀(主要为白色)，其砷脱除率下降主要是由于氧化铅溶解量下降。当初始 pH 为 4.0 ~ 10.2 时，砷脱除率非常低，且脱砷沉淀物颜色为黄色，结合表 5 - 26 可知该 pH 下氧化铅溶解量很少。当初始 pH 为 12.4 时，脱砷沉淀物为黄白混合沉淀，结合砷脱除率说明氧化铅部分溶解，而溶解的铅促使砷脱除。

表 5 - 27 为氧化铅在不同 pH 水溶液中的溶解情况(该溶液不含砷，其他条件与表 5 - 26 一致)。

表 5 - 27　不同 pH 条件下氧化铅的溶解

初始 pH	终点 pH	Pb 残留浓度/($mg \cdot L^{-1}$)	Pb 溶出率/%
1.3	1.6	873.2	100
1.8	4.5	719.4	82.9
4.1	6.0	0.41	0.05
10.2	10.2	<0.05[①]	<0.01[②]
12.5	12.5	48.3	5.6

注：①铅检测限 0.05 mg/L；②根据铅检测限的计算值。

　　由表 5 - 27 可知，铅溶出率变化规律与表 5 - 26 结果相似，但铅溶出率更高，这进一步说明溶液中砷和铅可结合形成 As - Pb 沉淀物。氧化铅的溶解与溶液初始 pH 有关，溶解后以 Pb(Ⅱ)形式进入溶液。在酸性溶液中，Pb^{2+} 是 Pb(Ⅱ)主要存在形式；在碱性溶液中，氧化铅与 OH^- 反应会生成 $HPbO_2^-$ 和 PbO_2^{2-}，而 $HPbO_2^-$ 和 PbO_2^{2-} 可通过水解与 Pb^{2+} 共存，因此，氧化铅溶解涉及的主要反应如式(5 - 62)~式(5 - 66)所示[213, 220, 221]。结合表 5 - 26 和表 5 - 27 可说明，氧化铅脱砷主要是基于 Pb(Ⅱ)与 As(Ⅴ)反应形成 As - Pb 沉淀物。As(Ⅴ)的存在形式与 pH 有关(图 3 - 1)，因此，即使在高 Pb(Ⅱ)浓度条件下，砷脱除率不一定大，这与酸度和溶液中 As(Ⅴ)和 Pb(Ⅱ)存在形式有关。

$$PbO + 2H^+ \Longrightarrow Pb^{2+} + H_2O \qquad (5-62)$$

$$PbO + OH^- \Longrightarrow HPbO_2^- \qquad (5-63)$$

$$PbO + 2OH^- \Longrightarrow PbO_2^{2-} + H_2O \qquad (5-64)$$

$$HPbO_2^- + H_2O \Longrightarrow Pb^{2+} + 3OH^- \qquad (5-65)$$

$$PbO_2^{2-} + 2H_2O \Longrightarrow Pb^{2+} + 4OH^- \qquad (5-66)$$

　　图 5 - 63 为不同初始 pH 条件下脱砷沉淀物的 XRD 图。初始 pH 为 1.3、1.8、2.5 和 12.4 时脱砷沉淀物的 XRD 图没有明显的差异，识别的主要物相均为结晶性较好的砷铅矿。另外，初始 pH 为 2.5 和 12.4 时，脱砷沉淀物中还可识别出较弱的 PbO 衍射峰(JCPDS 35 - 1482)。而在初始 pH 为 4.0 时，脱砷沉淀物可识别的主要物相为 PbO(JCPDS 35 - 1482 和 38 - 1477)，同时可以观察到非常弱的砷铅矿衍射峰。不同 pH 条件下脱砷沉淀物的 XRD 结果与沉淀物颜色变化相一致。

　　由图 5 - 63 和表 5 - 26 可知，不同初始 pH 条件下砷的脱除主要是基于形成砷铅矿。有研究报道，形成砷铅矿的主要反应如式(5 - 61)所示，而砷铅矿在低铅和砷总浓度下是非常稳定的，其稳定区域涵盖自然水 pH 范围[215, 219, 222, 223]。表 5 - 26 中 pH <1.8 时，Pb 溶出率随溶液酸度的增加而增加，而 As 脱除率减小，可能的原因如下：高酸度下砷铅矿稳定性较差；该 pH 范围 H_3AsO_4 是 As(Ⅴ)的

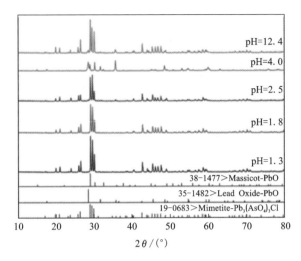

图 5 - 63 不同初始 pH 条件下脱砷所得沉淀物的 XRD 图

主要存在形式，溶液酸度增大不利于 H_3AsO_4 转化为 AsO_4^{3-}，从而减少了与 Pb^{2+} 和 Cl^- 反应的 AsO_4^{3-} 量。在弱酸和弱碱性条件下，氧化铅几乎不溶解，溶液中 Pb^{2+} 浓度非常低（见表 5 - 24 和表 5 - 25），砷铅矿较难形成，故砷脱除率低。初始 pH 为 12.5 时，根据式（5 - 63）~式（5 - 66）和图 5 - 63 可知，少量氧化铅与 OH^- 反应，生成的 $HPbO_2^-$ 和 PbO_2^{2-} 与 Pb^{2+} 在溶液中存在化学平衡，而 AsO_4^{3-} 的存在可以促使 AsO_4^{3-} 与 Pb^{2+} 和 Cl^- 反应形成砷铅矿，故砷脱除率增加。

通过上述分析，可以得出氧化铅脱砷分成两个过程：首先，氧化铅溶解，以 Pb（Ⅱ）形式进入溶液；然后，溶液中 Pb^{2+} 结合 AsO_4^{3-} 和 Cl^- 形成砷铅矿。

5.7.2.3 Cl⁻浓度的影响

$n_{Pb}:n_{As}$ 为 1.52 时，采用氧化铅从初始 pH 为 1.8 和含 200 mg/L As（Ⅴ）的溶液中脱砷，研究 Cl^- 浓度对砷脱除和铅溶出的影响，其结果如图 5 - 64（a）所示。Cl^- 浓度在 0.52 至 10.0 g/L 时，随 Cl^- 浓度的增加，As 脱除率减小，Pb 溶出率增加，说明 Cl^- 浓度越高，越不利于砷脱除。Cl^- 浓度为 0.52 ~ 2.0 g/L 时，砷脱除率高于 86%，而 Cl^- 浓度为 5.0 g/L 和 10.0 g/L 时，砷脱除率分别下降到 73.2% 和 53.3%。另外，在实验过程中发现，Cl^- 浓度为 0.52 ~ 2.0 g/L 时所得脱砷沉淀物均为白色沉淀物，而 Cl^- 浓度为 5.0 g/L 和 10.0 g/L 时所得脱砷沉淀物均为黄白混合沉淀，这说明溶液中过量 Cl^- 减少了氧化铅的溶解量。

图 5 - 64（a）不能反映 Cl^- 的存在有利于砷的脱除。因此，设计一组实验研究 Cl^- 浓度对砷脱除的影响。将五氧化二砷溶于去离子水配制 200 mg/L As（Ⅴ）溶液，溶液初始 pH 为 2.6，采用氧化铅在 $n_{Pb}:n_{As}$ 为 1.52 条件下进行脱砷实验，其

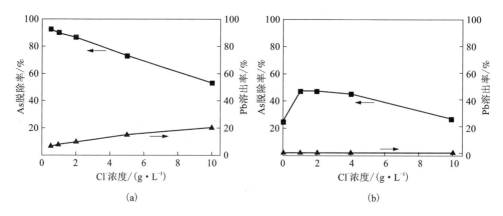

图 5 - 64 不同 Cl⁻ 浓度下 As 脱除率和 Pb 溶出率
(a)初始溶液 pH = 1.8；(b)初始溶液 pH = 2.6

结果如图 5 - 64(b)所示。由图可知，当 Cl⁻ 浓度从 0 增加到 0.52 g/L，砷脱除率从 24.9% 增加到 47.6%，说明 Cl⁻ 的存在一定程度上有利于砷的脱除。当 Cl⁻ 浓度为 0.52 ~ 2.00 g/L 时，As 脱除率随 Cl⁻ 浓度的增大变化不明显，维持在 45% ~ 48%，这说明该 Cl⁻ 浓度范围对于砷脱除相对有利。当 Cl⁻ 浓度增加到 5.0 g/L 时，As 脱除率下降到 26.9%，说明溶液中 Cl⁻ 浓度过高不利于砷脱除。另外，在实验过程中发现，Cl⁻ 浓度为 0 ~ 5.00 g/L 时，所得脱砷沉淀物均为黄白混合沉淀，说明脱砷沉淀物中含未溶解的氧化铅。所有 Cl⁻ 浓度下，随 Cl⁻ 浓度的增加，Pb 溶出率几乎为 0，这说明氧化铅溶解所得可溶性铅几乎全用来形成 As - Pb 沉淀物。由图 5 - 64(a)和(b)可以看出，相同 Cl⁻ 浓度下，初始 pH 为 1.8 时砷脱除效果相比 pH 为 2.6 更好，这与表 5 - 25 结果相一致。另外，溶液中过量 Cl⁻ 不利于砷脱除。因此，对于 200 mg/L As(Ⅴ)溶液，适宜的 Cl⁻ 浓度为 0.52 ~ 2.0 g/L。

Cl⁻ 浓度为 0、0.52 g/L 和 5.0 g/L 时所得脱砷沉淀物的 XRD 图(溶液初始 pH 为 2.6)如图 5 - 65 所示。由图可知，不同 Cl⁻ 浓度下所得脱砷沉淀物均含 PbO 衍射峰，说明氧化铅未完全溶解，该结果与脱砷沉淀物颜色变化相一致。当 Cl⁻ 浓度为 0 时脱砷沉淀物检测到砷酸氢铅衍射峰(PbHAsO₄，JCPDS 29 - 0772)，而 Cl⁻ 浓度为 0.52 g/L 和 5.00 g/L 时脱砷沉淀物含砷铅矿，并未检测到砷酸氢铅，这说明在氯化水溶液中砷铅矿相比砷酸氢铅更稳定。有文献报道，在氯化溶液中砷酸氢铅与 Pb²⁺ 和 Cl⁻ 反应可形成砷铅矿[215]，另外，Cl⁻ 浓度为 0.52 g/L 时脱砷沉淀物中砷铅矿衍射峰强度相比 5.00 g/L Cl⁻ 时更高，这说明 Cl⁻ 浓度为 0.52 g/L 时脱砷沉淀物中砷铅矿含量更高，其结果与图 5 - 64(b)中砷脱除率变化一致。在氯化溶液中，Pb²⁺ 和 Cl⁻ 可形成 PbCl⁺，PbCl₂，PbCl₃⁻ 和 PbCl₄²⁻ 配合物[213, 224]，因此，溶液中存在 Pb²⁺ 与这些配合物之间的化学平衡。溶液中高 Cl⁻ 浓度有利于

Pb^{2+} 和 Cl^- 形成配合物，故 Pb^{2+} 浓度减少。图 5 – 64(a)和(b)显示溶液中过量 Cl^- 不利于砷铅矿的形成，这可能是由于溶解的 Pb^{2+} 和 Cl^- 形成配合物，减少了与 AsO_4^{3-} 和 Cl^- 反应的 Pb^{2+} 量。

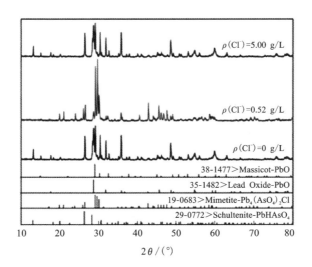

图 5 – 65　不同 Cl^- 浓度下所得脱砷沉淀物的 XRD 图(初始溶液 pH = 2.6)

5.7.2.4　As 浓度的影响

由 As(Ⅴ)模拟液稀释得到不同浓度的含砷溶液，调节溶液 pH 为 1.8，其中 Cl^- 浓度为 0.52 g/L，不同砷浓度溶液中 $n_{As}:n_{Cl^-}$ 不相同，且随砷浓度的减小而减小。在 $n_{Pb}:n_{As}$ 为 1.52 条件下，研究砷浓度对 As 脱除和 Pb 溶出的影响，其结果如图 5 – 66(a)所示。

由图 5 – 66(a)可知，砷浓度为 30 ~ 208 mg/L 时，As 脱除率随 As 浓度的增加逐渐增加，而 Pb 溶出率逐渐减小。当砷浓度从 30 mg/L 增加到 208 mg/L 时，As 脱除率从 24.0% 增加到 92.7%，而 Pb 溶出率从 81.2% 下降到 6.5%。在相同 $n_{Pb}:n_{As}$ 条件下，在不同砷浓度下 As 脱除率的显著差异主要是由于含砷溶液中 $n_{As}:n_{Cl^-}$ 的不同。

为验证上述假设，设计了以下实验：所用含砷溶液由 As(Ⅴ)储液稀释而成($n_{As}:n_{Cl^-}$ 相同)，溶液初始 pH 不调节，故随砷浓度的减小初始溶液 pH 逐渐增大，其初始 pH 分别为 2.6、2.3、2.2、2.1、1.9 和 1.8。在 $n_{Pb}:n_{As}$ 为 1.52 条件下，研究砷浓度对 As 脱除和 Pb 溶出的影响，其结果如图 5 – 66(b)所示。由图可知，砷浓度在 30 至 208 mg/L 时，As 脱除率和 Pb 溶出率随砷浓度的改变变化不大，其中 As 脱除率保持为 89% ~ 93%，而 Pb 溶出率维持在 6% ~ 12%，这说明在相同 $n_{As}:n_{Cl^-}$ 和 $n_{Pb}:n_{As}$ 条件下，砷浓度对氧化铅脱砷效果影响较小。

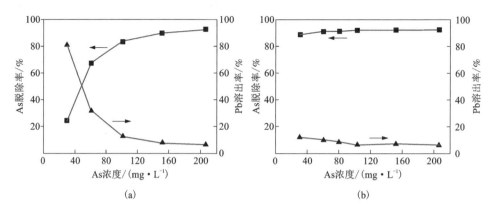

图 5 - 66　不同 As 浓度下 As 脱除率和 Pb 溶出率

（a）初始 pH = 1.8，n_{As} : n_{Cl^-} 不相等；（b）n_{As} : n_{Cl^-} 相等，初始 pH 分别为 2.6、2.3、2.2、2.1、1.9 和 1.8

图 5 - 66 结果表明，在氯化水溶液中 [As(V) 浓度为 30 ~ 208 mg/L]，当 n_{As} : n_{Cl^-} 适当控制和 n_{Pb} : n_{As} 为 1.52 时，氧化铅可在不同砷浓度溶液中实现相同的脱砷效果，这也进一步说明 Cl⁻ 浓度过高不利于砷脱除。

5.7.2.5　脱砷沉淀物的表征

在初始 pH 为 1.8 和 n_{Pb} : n_{As} 为 2.12 条件下，采用氧化铅从含 200 mg/L As(V) 和 0.52 g/L Cl⁻ 溶液中脱砷，并进行了 3 次重复实验和 1 次放大实验（放大实验倍数为 20 倍，5 L）。研究发现，脱砷后液中 As 残留浓度低于 0.01 mg/L，而 Pb 残留浓度为（337.60 ± 8.24）mg/L。对氧化铅脱砷放大实验所得沉淀物进行相关表征，其结果如图 5 - 67 所示。

从脱砷沉淀物的实体图 [图 5 - 67(a)] 可以看出，脱砷沉淀物为白色颗粒状固体。图 5 - 67(b) 为脱砷沉淀物的 XRD 图，该沉淀物可识别的主要物相为高结晶性的砷铅矿，并未检测到其他物相，这说明氧化铅脱砷主要是由于形成砷铅矿，其中氧化铅起提供 Pb²⁺ 的作用。图 5 - 67(c) 为脱砷沉淀物的 FT - IR 光谱图，波数在 821.53 cm⁻¹、790.67 cm⁻¹ 处峰归因于 [AsO₄] 四面体反对称伸缩振动，而波数在 420.41 cm⁻¹ 处为 As—O 面外弯曲振动峰[213, 214]，这说明脱砷沉淀物中存在砷酸根（AsO₄³⁻）。由图 5 - 67(c) 还可以看出脱砷沉淀物中不含水峰（H₂O 的 OH 伸缩和弯曲振动峰波数分别为 3412 cm⁻¹、1635 cm⁻¹）和 OH⁻ 振动峰（590 ~ 675 cm⁻¹），这说明脱砷沉淀物不含水分子和 OH⁻ 代替 Cl⁻[214, 225]。图 5 - 67(d) 为脱砷沉淀物的拉曼光谱图，该沉淀物存在的主要峰如下：813 cm⁻¹ 处为 As—O 对称伸缩振动峰，313 cm⁻¹、338 cm⁻¹ 处为 As—O 对称弯曲振动峰，768 cm⁻¹ 处为 As—O 反对称伸缩振动峰，372 cm⁻¹、404 cm⁻¹ 处为 As—O 面外弯曲振

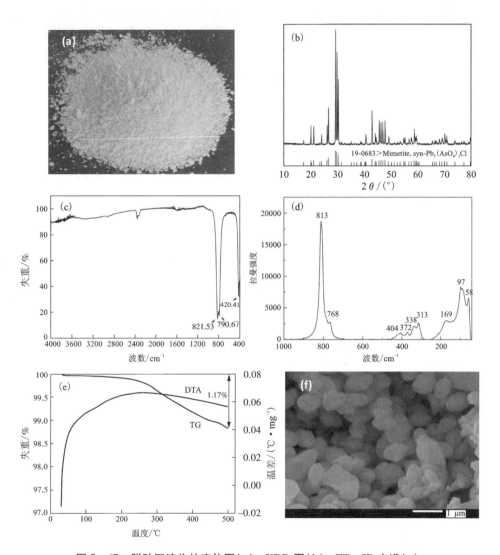

图 5 - 67　脱砷沉淀物的实体图(a)、XRD 图(b)、FT - IR 光谱(c)、
拉曼光谱(d)、TG - DTA 曲线(e)和 SEM 图(f)

动峰,而波数小于 300 cm^{-1}处对应为晶格振动峰[213, 214]。拉曼光谱也说明脱砷沉
淀物中存在砷酸根,这与 FT - IR 分析结果一致。

　　采用 TG - DTA 分析脱砷沉淀物的热稳定性,其结果如图 5 - 67(e)所示。由
DTA 曲线可知,当温度从 30℃上升到 500℃,无吸热和放热峰,而 TG 曲线显示脱
砷沉淀物的质量损失仅为 1. 17%,这说明脱砷沉淀物在加热过程中并未分解,表
现为较好的热稳定性。另外,脱砷沉淀物不含自由水和结合水。脱砷沉淀物的

SEM 图如图 5 -67(f) 所示，该沉淀物主要由椭球形颗粒组成，颗粒大小较均匀，为 0.5 ~ 1.0 μm。Bajda 利用 $Na_2HAsO_4 \cdot 7H_2O$、$Pb(NO_3)_2$ 和 NaCl 反应合成砷铅矿，其颗粒大小为 1 ~ 2 μm，形状为端接六角锥的筒形六棱柱[213]。通过比较可知，氧化铅脱砷所得砷铅矿颗粒相比采用硝酸铅更细和更均匀。

5.7.3 氧化铅脱砷工艺优化

5.7.3.1 氧化铅添加方式的影响

氧化铅作为脱砷试剂可以实现氯化水溶液中砷的高效脱除，在 $n_{Pb} : n_{As}$ 为 2.12 时，砷脱除率可达 99.9%，砷残留浓度从 200 mg/L 下降到低于 0.01 mg/L。然而，该脱砷方法存在一些不足，如脱砷后固液分离时间相对较长($t > 30$ min)和脱砷沉淀物过滤性能较差，这些问题均增加含砷废水处理成本。

针对上述问题，本研究通过改变氧化铅添加方式以优化脱砷过程，其结果如表 5 -28 所示。由表可知，氧化铅 3 种添加方式铅残留浓度相差不大。采用添加方式 2 脱砷时，As 脱除率相比添加方式 1 稍小，但脱砷后液中砷残留浓度低于排放标准。另外，在实验过程中发现，氧化铅添加方式 2 相比 1 脱砷后固液分离明显加快($t < 10$ min)，脱砷沉淀物过滤性能显著改善。虽然添加方式 3 脱砷后固液分离速度快和沉淀物过滤性能好，但砷残留浓度没有达到排放标准，且脱砷工艺流程相对较长。

表 5 -28 氧化铅添加方式对砷脱除的影响

添加方式	终点 pH	As 残留浓度 /($mg \cdot L^{-1}$)	Pb 残留浓度 /($mg \cdot L^{-1}$)	As 脱除率 /%	Pb 溶出率 /%
添加方式 1	2.1	<0.01[①]	337.6	>99.9[②]	27.8
添加方式 2	2.1	0.4	330.7	99.8	27.2
添加方式 3	2.1	5.9	335.6	97.2	27.6

注：添加方式 1：氧化铅(0.35 g)一次添加；添加方式 2：首先，加入 0.25 g 氧化铅到溶液中，反应 0.5 h 后再加入 0.10 g 氧化铅；添加方式 3：首先，加入 0.25 g 氧化铅反应 0.5 h，然后悬浊液静置 0.5 h 后过滤，再往滤液中加入 0.10 g 氧化铅；①砷检测限为 0.01 mg/L；②根据砷检测限的计算值。

图 5 -68 为氧化铅添加方式 1 和 2 脱砷沉淀物的 XRD 图。由图可知，氧化铅两种添加方式所得脱砷沉淀物识别的主要物相均为砷铅矿。然而，添加方式 2 所得砷铅矿衍射峰强度相比方式 1 明显增大。图 5 -69 为氧化铅添加方式 1 和 2 脱砷沉淀物的 SEM 图，可以看出添加方式 2 相比添加方式 1 脱砷沉淀物颗粒由椭球状转变为球状，颗粒粒径增大，且形状更均匀。由 XRD 图和 SEM 图可得出添加方式 2 所得脱砷沉淀物结晶性能相对方式 1 更好，因此，脱砷后固液分离速度加

快,沉淀物过滤性能改善。结合表 5 - 28,选择添加方式 2 为氧化铅添加方式,该条件下 As 脱除率为 99.8%,砷残留浓度为 0.4 mg/L。

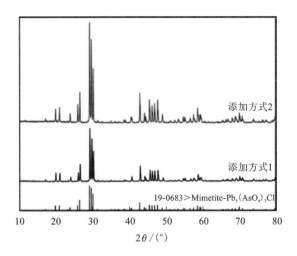

图 5 - 68　氧化铅添加方式 1 和添加方式 2 脱砷所得沉淀物的 XRD 图

(a)　　　　　　　　　　　　　　　　　(b)

图 5 - 69　氧化铅添加方式 1(a)和添加方式 2(b)脱砷所得沉淀物的 SEM 图

5.7.3.2　脱砷过程中 pH 调节的影响

氧化铅脱砷所得脱砷后液中铅残留浓度高(其他含铅物质也存在该问题,见表 5 - 25),为实现脱砷后液达标排放,需进行脱铅处理。增大溶液 pH,溶液中铅可通过水解沉淀脱除。因此,本研究考虑在脱砷的基础之上通过调节溶液 pH 实现残留铅与砷铅矿的共沉淀。

5.7.3.1 节中氧化铅添加方式 2 脱砷所得脱砷后液 pH 为 2.1，而砷和铅残留浓度分别为 0.4 mg/L 和 330.7 mg/L。在脱砷过程中利用氢氧化钠调节溶液 pH，其结果如表 5 - 29 所示。由表可知，终点溶液 pH 在 3.0 至 11.1 时，砷脱除率大于 99.9%，砷残留浓度小于 0.01 mg/L，这说明 pH 调节可进一步脱砷。砷铅矿在弱酸和弱碱性条件下具有较高的稳定性[215, 219, 226]，故残留砷的进一步脱除可能是溶液中 AsO_4^{3-} 和 Pb^{2+} 继续反应形成砷铅矿。随终点 pH 的增大铅残留浓度减小，终点 pH 为 8.1 ~ 11.1 时，铅残留浓度小于 0.05 mg/L。铅残留浓度的减小可能是溶液中铅通过水解与砷铅矿共沉淀。与不调节 pH 相比，铅残留浓度随终点 pH 的增大而减小，在终点 pH 不小于 8.1 条件下，脱砷后液可达到排放标准。本研究采用氧化铅脱砷，在终点 pH 为 8.1 条件下分别进行三次重复实验和一次放大实验（扩大 20 倍），脱砷后液中砷和铅浓度分别低于砷和铅检测限，这说明通过对氧化铅脱砷过程进行优化，其脱砷后液可达 GB 8978—1996 中废水排放标准。

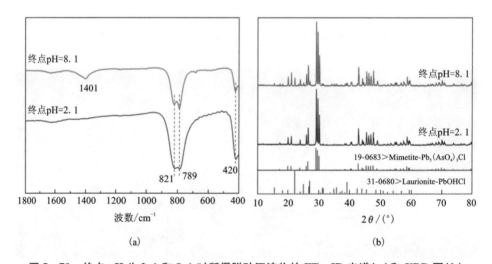

(a)　　　　　　　　　(b)

图 5 - 70　终点 pH 为 2.1 和 8.1 时所得脱砷沉淀物的 FT - IR 光谱(a)和 XRD 图(b)

终点溶液 pH 为 2.1 和 8.1 所得脱砷沉淀物的 FT - IR 图和 XRD 图如图 5 - 70 所示。由图 5 - 70(a)可知，波数在 821 cm^{-1}、789 cm^{-1} 处峰归因于 $[AsO_4]$ 四面体 As—O 反对称伸缩振动，而 420 cm^{-1} 处峰归因于 As—O 面外弯曲振动[213, 224]，这说明脱砷沉淀物中存在砷酸根(AsO_4^{3-})。终点 pH 为 2.1 时脱砷沉淀物的 As—O 吸收峰强度比终点 pH 为 8.1 时更大，说明该沉淀物中砷铅矿含量相对更高。波数在 1401 cm^{-1} 处为 δ(OH) 吸收峰[225, 227, 228]，说明终点 pH 为 8.1 时所得脱砷沉淀物中存在 OH$^-$。由图 5 - 70(b)可以看出，两个终点 pH 条件下所得脱砷沉淀物可识别的主要物相均为砷铅矿，而终点 pH 为 8.1 时脱砷沉淀物还可识别到羟氯铅矿衍射峰(PbOHCl, JCPDS 31 - 0680)，这与图 5 - 70(a)结果相一致。

表 5 - 29 pH 调节对 As 脱除和 Pb 溶出的影响

终点 pH	As 残留浓度 /(mg·L^{-1})	Pb 残留浓度 /(mg·L^{-1})	As 脱除率 /%	Pb 溶出率 /%
3.0	<0.01[①]	289.4	>99.9[③]	23.8
6.1	<0.01[①]	25.3	>99.9[③]	2.1[①]
8.1	<0.01[①]	<0.05[②]	>99.9[③]	<0.01[④]
11.1	<0.01[①]	<0.05[②]	>99.9[③]	<0.01[④]

注：①砷检测限为 0.01 mg/L；②铅检测限为 0.05 mg/L；③根据砷检测限的计算值；④根据铅检测限的计算值。

水溶液中 Pb(Ⅱ)存在形式与溶液 pH 有关。溶液 pH < 7 时，Pb(Ⅱ)主要存在形式为 Pb^{2+}，pH 为 7 ~ 10 时，主要为 $PbOH^+$ 和 $Pb(OH)_2$，而 pH > 10，主要为 $Pb(OH)_2$ 和 $Pb(OH)_3^-$，Pb^{2+} 水解过程涉及的主要反应如式(5 - 67) ~ 式(5 - 69)所示[221, 229]。在氯化溶液中，$PbOH^+$ 可结合 Cl^- 形成羟氯铅矿，其反应如式(5 - 70)所示[230-232]。终点 pH 为 8.1 时铅的脱除主要是由于形成了羟氯铅矿，这可以从图 5 - 70(b)中得到证明。脱砷沉淀物中氢氧化铅物相没有检测到，这是由于氢氧化铅是无定形结构，它的衍射峰强度低于 XRD 检测限。终点 pH 为 11.1 时铅的脱除可能是 Pb^{2+} 水解以 $Pb(OH)_2$ 形式与砷铅矿共沉淀。

$$Pb^{2+} + OH^- \Longrightarrow Pb(OH)^+ \qquad (5 - 67)$$
$$Pb(OH)^+ + OH^- \Longrightarrow Pb(OH)_2 \downarrow \qquad (5 - 68)$$
$$Pb(OH)_2 + OH^- \Longrightarrow Pb(OH)_3^- \qquad (5 - 69)$$
$$Pb(OH)^+ + Cl^- \Longrightarrow Pb(OH)Cl \downarrow \qquad (5 - 70)$$

5.7.4 氧化铅处理三氧化二砷洗涤废水

5.7.4.1 不同砷浓度下氧化铅脱砷效果

粗三氧化二砷洗涤废水经双氧水氧化后稀释，再用氧化铅处理该类含砷废水，不同砷浓度下氧化铅脱砷效果如表 5 - 30 所示。由表可知，砷浓度不大于 0.5 g/L 时，砷脱除率为 99.9% 以上，脱砷后液中砷和铅残留浓度均低于 GB 8978—1996 中砷和铅排放标准。而砷浓度大于 0.5 g/L 时，砷脱除率逐渐减小，脱砷后液中砷和铅残留浓度逐渐增大，当砷浓度为 0.75 g/L 时，砷脱除率为 98.8%，但脱砷后液中砷残留浓度为 9.3 mg/L，该浓度高于 GB 8978—1996 中砷排放标准。当砷浓度达到 2.0 g/L 时，砷脱除效果差，仅为 18.8%，而脱砷后液中砷残留浓度达到 1598.2 mg/L。由此可见，采用氧化铅处理粗三氧化二砷洗涤废水，为实现溶液达标排放，需控制砷浓度不高于 0.5 g/L。图 5 - 71 为砷浓度在 0.5 ~ 2.0 g/L 时氧化铅脱砷所得沉淀物的 XRD 图。

表 5 - 30　不同砷浓度下氧化铅脱砷结果

As 浓度 /(g·L⁻¹)	As 残留浓度 /(mg·L⁻¹)	Pb 残留浓度 /(mg·L⁻¹)	As 脱除率 /%	Pb 溶出率 /%
0.2	0.11	0.56	99.94	0.045
0.5	0.042	0.14	99.99	0.0046
0.75	9.3	0.51	98.8	0.011
1.0	49.7	1.1	94.9	0.017
2.0	1598.2	3.8	18.8	0.029

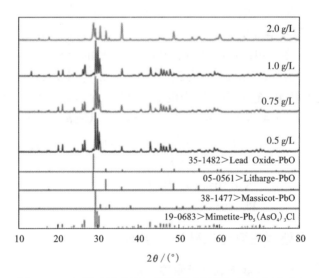

图 5 - 71　不同砷浓度下氧化铅脱砷所得沉淀物 XRD 图

由图 5 - 71 可知，砷浓度为 0.5 g/L、0.75 g/L 和 1.0 g/L 所得脱砷沉淀物可识别的主要物相为砷铅矿，同时也可以检测到较弱的 PbO 衍射峰，这说明砷浓度在 0.5 ~ 1.0 g/L 时所得脱砷沉淀物主要为砷铅矿，含少量 PbO，这从脱砷沉淀物颜色也可以验证(白色稍偏黄色)。砷浓度为 2.0 g/L 时，脱砷沉淀物中可检测到的主要物相为 PbO，同时可检测到极弱的砷铅矿衍射峰，这说明该浓度所得脱砷沉淀物主要为 PbO，含极少量砷铅矿，这与沉淀物颜色一致(黄色)。结合表 5 - 30 和脱砷沉淀物颜色可知，高砷浓度不利于氧化铅脱砷。因此，采用氧化铅处理粗三氧化二砷洗涤废水以实现含砷废水达标排放，需控制氧化后液中砷浓度不高于 0.5 g/L。

5.7.4.2　氧化铅处理 As_2O_3 洗涤废水实验室放大实验

为进一步验证氧化铅对粗三氧化二砷洗涤废水中砷脱除的效果，根据研究得到的适宜工艺条件，进行了三组放大实验，每组处理 4 L 0.5 g/L 含砷溶液，其脱砷结果如表 5 - 31 所示。由表可知，氧化铅脱砷效果好，所得脱砷后液中砷和铅残留浓度均低于 GB 8978—1996 中砷和铅排放标准。与表 5 - 30 小规模实验结果比较可知，放大实验砷脱除效果相对更好，脱砷后液中砷和铅残留浓度相对更低，远低于 GB 8978—1996 中砷和铅排放标准。由此可知，氧化铅处理粗三氧化二砷洗涤废水效果好，脱砷后液可达标排放。

表 5 - 31　氧化铅脱砷放大实验结果

实验组	As 残留浓度/(mg · L^{-1})	Pb 残留浓度/(mg · L^{-1})	As 脱除率/%
第一组	<0.01[1]	<0.05[2]	>99.9[3]
第二组	<0.01[1]	0.059	>99.9[3]
第三组	<0.01[1]	0.052	>99.9[3]

注：①砷检测限为 0.01 mg/L；②铅检测限为 0.05 mg/L；③根据砷检测限的计算值。

第6章 砷酸盐沉淀回收三氧化二砷

含砷废水回收砷在20世纪60年代就已得到世人的关注。如能回收利用砷则不仅解决了砷对环境的污染问题，而且经济效益显著，节约了资源。

6.1 亚砷酸铜回收三氧化二砷工艺

6.1.1 实验原料及工艺流程

实验所用主要原料为洗涤炼铜烟气后产生的含砷废水，该废水除含砷以外，还含多种金属离子，相关成分如表6-1所示。采用中和除杂、硫酸铜沉淀、SO_2还原、蒸发结晶工艺处理含砷废水并回收三氧化二砷的工艺流程如图6-1所示。

表6-1 含砷废水成分   g/L

元素	As	Pb	Cu	Sb	Bi	Zn	Fe	H_2SO_4
浓度	4.67	0.2	0.22	0.027	0.15	0.36	0.26	10.5

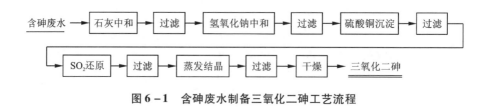

图6-1 含砷废水制备三氧化二砷工艺流程

6.1.2 含砷废水净化除杂与亚砷酸铜的制备

由于含砷废水中含有大量SO_2，对废水中As（V）有还原作用，因而废水砷主要以As（Ⅲ）形式存在。

含砷废水除含砷外，还含大量的Pb、Cu、Sb、Bi、Zn、Fe等重金属离子，不能直接从该溶液中制备亚砷酸铜，否则产品亚砷酸铜会含有大量的杂质。因此在制备亚砷酸铜前，先要进行含砷废水的除杂，去除大部分的重金属杂质元素，使污酸成为较纯的含砷溶液以便进行下一步工序。

研究表明[157]，单独使用氢氧化钠净化含砷废水，随着氢氧化钠加入量增大，溶液 pH 升高，溶液中杂质离子浓度降低，滤液含砷也随之降低，但 NaOH 中和除杂其经济成本高。单独使用氧化钙除杂，在氧化钙加入量一定的条件下，溶液 pH 越高，滤液含砷越低，溶液中杂质离子浓度也越低，砷的损失较单独使用氢氧化钠除杂要大，且产生的废渣量大，安全填埋费用高。因此，采用混合碱 CaO + NaOH 二段中和除杂，此法经济合理，不仅能够降低生产成本、减小砷损失，而且能够有效地避免废渣的产生。一段中和用石灰乳控制溶液 pH 为 2.0 左右，过滤得到纯度较高的石膏可作为副产品外销，二段中和用氢氧化钠控制溶液最终 pH 为 6，过滤得到少量含有价金属的富集渣。

实验取 75 L 含砷废水，利用硫酸铜沉淀废水中砷并制得含砷 14.92% 的亚砷酸铜 2.22 kg，砷回收率为 98%。亚砷酸铜成分如表 6 - 2 所示。

表 6 - 2　亚砷酸铜成分

元素	O	Cu	As	Al	Si	Cd	S	Cl
含量/%	31.66	34.59	14.92	0.204	1.631	2.88	0.409	0.513
元素	Ca	Pb	Fe	Bi	F	Zn	Na	Sb
含量/%	3.696	0.058	0.667	0.247	0.439	6.928	0.687	0.112

含砷废水中 95% As 以 As(Ⅲ) 存在，调节废水 pH 为 6，废水中 H^+ 被中和，Fe^{2+}、Bi^{3+}、Sb^{3+} 等杂质被沉淀去除。然后加入硫酸铜发生如下反应：

$$Cu^{2+} + 2AsO_2^- \Longrightarrow Cu(AsO_2)_2 \downarrow \qquad (6-1)$$

为了充分回收砷，使用了过量硫酸铜，为了减少铜的损失，废水 pH 调至 8。由于产物含氢氧化铜沉淀，致使亚砷酸铜产物中铜含量高。

6.1.3　亚砷酸铜的还原与砷铜分离

实验制备得到亚砷酸铜后，采用 SO_2 直接还原亚砷酸铜分离铜和砷[233]。

6.1.3.1　液固比对砷和铜浸出率的影响

按照一定液固比，将水加入亚砷酸铜中调成浆料，启动搅拌。当反应温度为 25℃、SO_2 流量为 16 L/h、反应时间为 1 h 时，液固比对砷和铜浸出率的影响如图 6 - 2 所示。由图可知，砷浸出率和铜浸出率随液固比增大而增大，当液固比分别为 2:1、3:1、4:1 和 5:1 时，砷浸出率分别达到了 53.35%、64.30%、84.81% 和

88.27%，铜浸出率分别为 7.15%、9.27%、14.27% 和 21.56%。

亚砷酸铜经 SO_2 还原，砷大量转入溶液，产生粉红色还原渣和亚砷酸溶液。还原渣进行 XRD 分析，其结果如图 6 - 2 所示。由图可知，粉红色还原渣主要物相为 $Cu_3(SO_3)_2 \cdot 2H_2O$，俗称红盐。根据产物可以推断 SO_2 还原亚砷酸铜分离砷和铜的反应原理为：

$$3Cu(AsO_2)_2 + 3SO_2 + 6H_2O = Cu_3(SO_3)_2 \cdot 2H_2O\downarrow + 6HAsO_2 + H_2SO_4$$

$$(6 - 2)$$

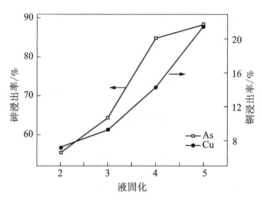

图 6 - 2 液固比对砷浸出率和铜浸出率的影响

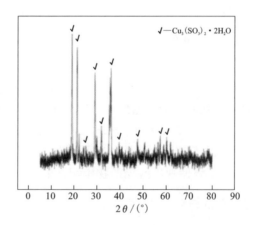

图 6 - 3 还原渣的 XRD 图

由式 (6 - 2) 可知，经 SO_2 还原后铜被还原形成 $Cu_3(SO_3)_2 \cdot 2H_2O$ 沉淀，砷则以 $HAsO_2$ 形式溶于溶液中。亚砷酸溶解量随液固比升高而增加。因此，砷的浸出率随液固比的增加而增加。同时，铜的浸出率也随液固比增加而升高。为了减少铜的浸出，适宜的液固比为 4 : 1。

6.1.3.2　硫酸浓度对砷和铜浸出率的影响

上述其他条件不变,当液固比为 4:1 时,硫酸浓度对砷和铜浸出率的影响如图 6 -4 所示。

由图 6 -4 可知,随着硫酸浓度的升高,砷浸出率也升高,当硫酸浓度为 98 g/L 时,砷浸出率达到最大值,继续增大酸度,砷浸出率开始降低。铜浸出率随着硫酸浓度的升高而升高。当硫酸浓度分别为 0 g/L、50 g/L、98 g/L 和 180 g/L 时,砷浸出率分别为 84.81%、89.68%、94.30% 和 76.14%,铜浸出率则分别为 14.27%、31.97%、58.03% 和 73.62%。硫酸浓度越大,溶液酸度越大,且由反应式(6 -2)可知,随着反应的进行,不断有硫酸生成,还原渣部分返溶,导致铜浸出率升高。基于在任何温度下三氧化二砷在硫酸水溶液中的溶解度随酸度的升高而降低,溶液中的 As(Ⅲ)在高酸性条件下部分析出,导致砷浸出率降低。因此,实验选择水浸出。

6.1.3.3　反应时间对砷和铜浸出率的影响

上述其他条件不变,当液固比为 4:1 时,反应时间对砷和铜浸出率的影响如图 6 -5 所示。

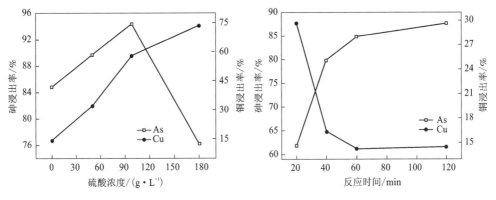

图 6 -4　硫酸浓度对砷浸出率
和铜浸出率的影响

图 6 -5　反应时间对砷浸出率和
铜浸出率的影响

由图 6 -5 可知,砷浸出率随反应时间延长而升高,铜浸出率随反应时间延长而降低。当反应时间为 60 min 时,砷、铜浸出率分别为 84.81% 和 14.27%,继续延长反应时间,砷、铜浸出率变化不大。当反应时间为 20 min 时,反应不充分,约 40% 的砷未被浸出进入溶液,砷浸出率低;而进入溶液中的铜离子未来得及完全转化为沉淀,致使大量的铜仍留在浸出液中,铜浸出率高。当反应时间 ≥60 min 以后,反应时间对砷、铜浸出率的影响不大。因此,控制反应时间为 60 min。

根据反应时间对砷和铜浸出率的影响和反应原理可以推测反应式(6-2)为多步反应的结果，其反应过程可推测为：

$$SO_2 + H_2O \rightleftharpoons H_2SO_3 \quad\quad\quad (6-3)$$

$$H_2SO_3 \rightleftharpoons H^+ + HSO_3^- \quad\quad\quad (6-4)$$

$$Cu(AsO_2)_2 + 2H^+ \rightleftharpoons Cu^{2+} + 2HAsO_2 \quad\quad\quad (6-5)$$

$$3Cu^{2+} + 3SO_2 + 6H_2O \rightleftharpoons Cu_3(SO_3)_2 \cdot 2H_2O \downarrow + 8H^+ + SO_4^{2-} \quad (6-6)$$

根据上述反应过程可知，反应开始时 $Cu(AsO_2)_2$ 溶解，随后 SO_2 还原 Cu^{2+} 生成 $Cu_3(SO_3)_2 \cdot 2H_2O$ 沉淀。因此，随着反应时间的增加，砷浸出率增加，铜浸出率随反应时间延长而降低。

6.1.3.4 反应温度对砷和铜浸出率的影响

其他条件不变，当反应时间为 60 min 时，反应温度对砷、铜浸出率的影响如图 6-6 所示。

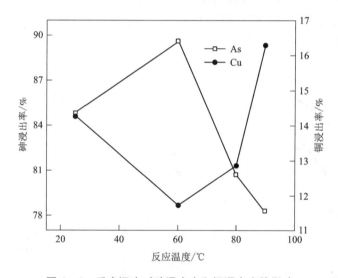

图 6-6 反应温度对砷浸出率和铜浸出率的影响

由图 6-6 可知，当反应温度为 60℃时，砷浸出率最高，达到 89.59%，铜浸出率最低，为 11.72%。由反应现象可知，SO_2 还原时放出大量热量。反应温度升高时，反应(6-2)平衡向反应物方向进行，砷浸出率随反应温度升高而降低。当反应温度为 25℃时，由于反应速度慢，在反应时间为 60 min 时砷铜浸出率都比较低。因此，选择适宜的反应温度为 60℃。

6.1.4　As₂O₃ 的制备

6.1.4.1　还原液 pH 对 As₂O₃ 纯度和砷直收率的影响

实验表明，经过 SO_2 还原亚砷酸铜，砷浸出率达到 89.59%，铜浸出率达到 11.72%，基本达到了砷铜分离的目的。还原液经冷却、结晶、干燥得到 As₂O₃ 粉末。

实验每次取 200 mL 含砷 24.64 g/L、pH 为 1.05 分离铜砷的滤液即还原液，使用 NaOH 溶液和 H_2SO_4 溶液调节还原液 pH。当浓缩后还原液砷浓度为 65 g/L，结晶温度为 28℃时，还原液 pH 对 As₂O₃ 纯度、砷直收率、砷残留率和铜保留率的影响如图 6 - 7 所示。

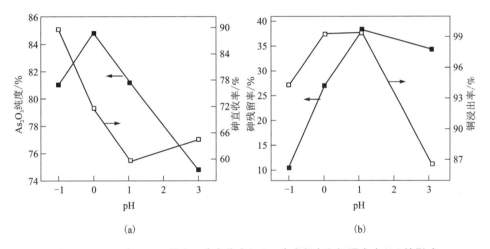

图 6 - 7　pH 对 As₂O₃ 纯度、砷直收率(a)、砷残留率和铜浸出率(b)的影响

由图 6 - 7(a)可知，As₂O₃ 纯度和砷直收率随着还原液 pH 的升高总体呈下降趋势。当 pH 分别为 - 1、0、1.05 和 3 时，As₂O₃ 纯度分别达到 80.98%、84.79%、81.16% 和 74.80%，砷直收率分别达到了 89.59%、71.53%、59.46% 和 64.43%。

还原液中 As 以 $HAsO_2$ 形式存在，酸度越大，$HAsO_2$ 溶解度越小，越易析出 As₂O₃。因此，砷直收率随 pH 降低而升高。研究发现，pH 为 - 1 时，结晶后液中铜的含量有所降低，这使 As₂O₃ 纯度也有所降低，且产品干燥后为灰黑色粉末。随着 pH 升高，亚砷酸溶解度增大，同时溶液中生成含砷铜的黄色沉淀量也增加，产物纯度随之降低，但砷直收率有所升高。

由图 6 - 7(b)可知，随着 pH 升高，砷残留率和铜保留率随之升高。pH 为

1.05 时，砷残留率和铜保留率达到最大值，继续升高 pH，砷残留率和铜保留率随之降低。当 pH 分别为 -1、0、1.05、3 时，砷残留率分别为 10.49%、27.08%、38.17% 和 34.39%，铜保留率分别为 94.29%、99.27%、99.44% 和 86.60%。pH 越低，酸度越大，砷铜越容易结晶析出。当用 NaOH 调节母液 pH 时，有黄色沉淀物析出，该沉淀物含一定的砷和铜，致使砷残留率和铜保留率降低。因此，结合图 6 - 7(a) 和 (b) 选择适宜的 pH 为 0。

6.1.4.2　还原液砷浓度对 As$_2$O$_3$ 纯度和砷直收率的影响

其他条件不变，当 pH 为 0 时将浸出液浓缩至不同砷浓度，还原液砷浓度对 As$_2$O$_3$ 纯度、砷直收率、砷残留率和铜保留率的影响如图 6 - 8 所示。

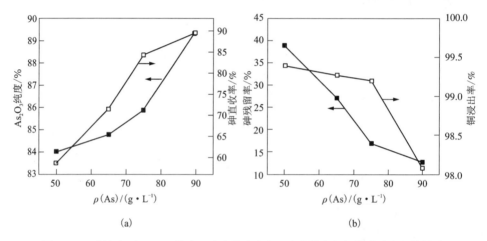

图 6 - 8　砷浓度对 As$_2$O$_3$ 纯度、砷直收率(a)、砷残留率和铜浸出率(b)的影响

由图 6 - 8(a) 可知，产品 As$_2$O$_3$ 纯度和砷直收率随着还原液砷浓度的增加而增加。当浓缩至还原液砷浓度为 90 g/L 时，As$_2$O$_3$ 纯度达到 89.41%，砷直收率为 89.70%。显然，经过浓缩，砷浓度越大，析出的 As$_2$O$_3$ 越多，砷直收率和 As$_2$O$_3$ 纯度越高。继续蒸发浓缩提高浸出液砷浓度时，将会有硫酸铜析出，产品为浅蓝色。

由图 6 - 8(b) 可知，铜浸出率随砷浓度的升高有所降低，但降幅不到 1%，当砷浓度提高到 90 g/L 时，结晶产物中未检测到铜，表明 CuSO$_4$ · 5H$_2$O 未结晶析出。砷残留率随砷浓度的增加而降低，提高砷浓度显然有利于 As$_2$O$_3$ 结晶析出。当砷浓度为 50 g/L、65 g/L、75 g/L 和 90 g/L 时，砷残留率分别达到了 38.76%、27.08%、16.81% 和 12.67%，铜保留率分别为 99.39%、99.27%、99.20% 和 98.08%。因此，结合图 6 - 8(a) 和 (b) 选择适宜的砷浓度为 90 g/L。

6.1.4.3　结晶温度对 As₂O₃ 纯度和砷直收率的影响

其他条件不变，还原液浓缩后砷浓度为 90 g/L 时，结晶温度对 As₂O₃ 纯度、砷直收率、砷残留率和铜浸出率的影响如图 6-9 所示。

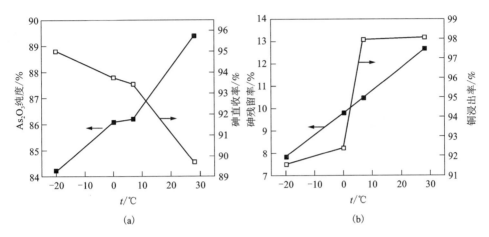

图6-9　结晶温度对 As₂O₃ 纯度、砷直收率(a)和砷残留率、铜浸出率(b)的影响

由图 6-9(a)可知，As₂O₃ 纯度随结晶温度升高而升高，砷直收率随结晶温度升高而降低。As₂O₃ 和 $CuSO_4 \cdot 5H_2O$ 的溶解度随温度升高而升高。低温有利于 As₂O₃ 结晶析出，使砷直收率升高，但由于 $CuSO_4 \cdot 5H_2O$ 的析出降低了 As₂O₃ 纯度。当结晶温度为 -20℃ 时，砷直收率达到了 95.01%，但是 As₂O₃ 纯度仅为 84.21%。结晶温度为 28℃ 时，砷直收率达到 89.70%，As₂O₃ 纯度达到 89.41%。28℃ 下结晶，不仅有利于产品纯度的提高，也有利于降低设备耗资和运行费用。

由图 6-9(b)可知，砷残留率和铜保留率随结晶温度升高而升高，当结晶温度为 -20℃、0℃、7℃ 和 28℃ 时，砷残留率分别为 7.85%、9.80%、10.50% 和 12.67%，铜保留率分别为 91.58%、92.43%、97.96% 和 98.08%。当砷浓度提高到 90 g/L 时，在 20~30℃ 条件下，砷基本结晶完全，因此砷残留率变化不大。低温下 $CuSO_4 \cdot 5H_2O$ 结晶析出，使铜保留率降低。结合图 6-9(a)和(b)选择适宜的结晶温度为 28℃。

根据上述制备 As₂O₃ 的适宜条件，实验室取 10 L 含砷废水，使用石灰乳液和氢氧化钠溶液调节废水 pH 适当除杂，然后加入硫酸铜制备亚砷酸铜，经充分洗涤、过滤、干燥得到 142.28 g 亚砷酸铜，经 XRF 分析，其成分如表 6-3 所示。

用 569 mL 水将 142.28 g 亚砷酸铜调成浆料，启动搅拌。在 60℃ 下通入 SO_2 还原 1 h，经过滤得到砷浓度为 26.38 g/L、pH 为 1.3 的溶液 1.3 L。直接蒸发浓缩至砷浓度 90 g/L，28℃ 下冷却结晶、过滤、干燥，得到 57 g As₂O₃ 白色粉末。产品质量与中华人民共和国有色金属行业标准（YS－T 99—1997）比较结果如表 6－4 所示。由表可知，该 As_2O_3 产品质量达到了 As_2O_3－3 标准。产品的 XRD 分析结果如图 6－10 所示。由图可知，该产品可识别的主要物相为 As_2O_3。

表 6－3 含砷废水制备得到的亚砷酸铜组分含量

元素	O	Cu	As	P	S	Cl	Ca	Fe
含量/%	24.98	44.28	27.39	0.017	0.614	0.174	0.291	0.029
元素	Ni	Al	Zn	Si	Mo	Cd	Sb	
含量/%	0.021	0.108	1.527	0.218	0.012	0.204	0.13	

表 6－4 产物与 YS－T 99—1997 化学成分比较 %

级别	As_2O_3	其他成分					杂质总和
		Cu	Zn	Pb	Bi	Fe	
As_2O_3－1	99.5	0.005	0.001	0.001	0.001	0.002	0.5
As_2O_3－2	98.0	—	—	—	—	—	2.0
As_2O_3－3	95.0	—	—	—	—	—	5.0
产品	95.12	0	0	0.48	0.03	0.02	4.88

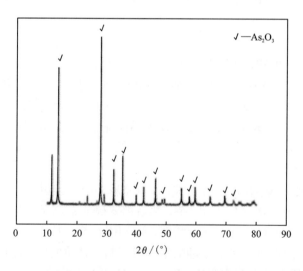

图 6－10 As_2O_3 产品的 XRD 图

回收砷后结晶母液为 467 mL，其砷含量为 6.96 g/L，铜为 24.67 g/L。还原渣 $Cu_3(SO_3)_2 \cdot 2H_2O$ 经过氧化可回收得到硫酸铜。制备 As_2O_3 和回收硫酸铜的母液返回酸浸进行循环回收。

著名的日本住友技术——硫酸铜置换法沉淀砷消耗大量硫化钠，置换硫化砷时消耗大量硫酸铜，其工艺流程冗长。与之相比，沉淀还原法节省了硫化钠，硫酸铜可得到循环使用，其工艺流程短，砷回收率高。因此，亚砷酸铜回收 As_2O_3 有利于降低含砷废水回收三氧化二砷的生产成本。

6.1.5　亚砷酸铜生成与还原化学反应分析

冶炼烟气中砷以 As_2O_3 形态存在，经过洗涤 As_2O_3 溶解进入洗涤液，与溶解在废水中的 SO_2 形成酸性含砷废水，通常称之为"污酸"，As_2O_3 微溶于水，溶解后形成亚砷酸（H_3AsO_3）。该酸仅存在于水溶液中，脱水后以 $HAsO_2$ 形态存在。根据测定结果，废水中除存在 As(Ⅲ)外，还有少量 As(Ⅴ)。水溶液中 As(Ⅴ)以 H_3AsO_4、$H_2AsO_4^-$、$HAsO_4^{2-}$、AsO_4^{3-} 形态存在。在污酸中加入硫酸铜，主要成分为 As(Ⅲ)，Cu^{2+}，SO_2。因此，废水中各物质存在形态复杂，相关平衡反应及平衡反应的 $\Delta G^{\ominus}$ 如表 6-5 所示[234-236]，其各形态分布如下。

表 6-5　废水体系相关平衡反应及平衡反应的 $\Delta G^{\ominus}$

序号	平衡反应	$\Delta G^{\ominus}/(kJ \cdot mol^{-1})$
1	$AsO_4^{3-} + H^+ = HAsO_4^{2-}$	-66.13
2	$HAsO_4^{2-} + H^+ = H_2AsO_4^-$	-38.54
3	$H_2AsO_4^- + H^+ = H_3AsO_4$	-12.71
4	$2AsO^+ + H_2O = As_2O_3 + 2H^+$	-125.48
5	$2AsO_2^- + 2H^+ = As_2O_3 + H_2O$	-32.27
6	$As_2O_3 + H_2O = 2HAsO_2$	-65.94
7	$Cu(OH)_2 + 2H^+ = Cu^{2+} + 2H_2O$	-52.46
8	$HCuO_2^- + H^+ = Cu(OH)_2$	-99.82
9	$CuO_2^{2-} + 2H^+ = Cu(OH)_2$	-174.72

当水溶液中 As 以亚砷酸 H_3AsO_3 及其电离形式存在时，H_3AsO_3、$H_2AsO_3^-$、$HAsO_3^{2-}$ 和 AsO_3^{3-} 之间的平衡关系式如式（6-7）~（6-9），其平衡常数分别为 K_1、K_2 和 K_3（25℃）[240]。

$$H_3AsO_3 \rightleftharpoons H^+ + H_2AsO_3^- \quad K_1 = 5.9 \times 10^{-10} \tag{6-7}$$

$$H_2AsO_3^- \rightleftharpoons H^+ + HAsO_3^{2-} \quad K_2 = 7.9 \times 10^{-13} \tag{6-8}$$

$$HAsO_3^{2-} \rightleftharpoons H^+ + AsO_3^{3-} \quad K_3 = 4.0 \times 10^{-14} \tag{6-9}$$

根据化学平衡可知，溶液中 $[As(\text{III})]_T = [H_3AsO_3] + [H_2AsO_3^-] + [HAsO_3^{2-}] + [AsO_3^{3-}]$，将各组分浓度与平衡常数关系式代入得 $[As(\text{III})]_T$ 表达式，如式(6-10)所示。

$$[As(\text{III})]_T = [H_3AsO_3](1 + K_1/[H^+] + K_1K_2/[H^+]^2 + K_1K_2K_3/[H^+]^3) \tag{6-10}$$

利用 As(III)各组分浓度除以 $[As(\text{III})]_T$ 得水溶液中各组分的分布系数，其表达式如式(6-11)~(6-14)所示。将 K_1、K_2 和 K_3 分别代入式(6-11)~式(6-14)计算得不同 pH 下溶液中 As(III)各组分的分布系数，图6-11 为 As(III)各组分分布系数与 pH 的关系图。

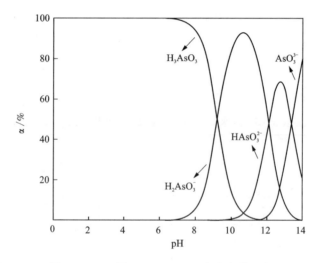

图6-11 不同 pH 下 As(III)在水中的分布

$$\alpha[H_3AsO_3] = [H^+]^3/([H^+]^3 + K_1[H^+]^2 + K_1K_2[H^+] + K_1K_2K_3) \times 100\% \tag{6-11}$$

$$\alpha[H_2AsO_3^-] = K_1[H^+]^2/([H^+]^3 + K_1[H^+]^2 + K_1K_2[H^+] + K_1K_2K_3) \times 100\% \tag{6-12}$$

$$\alpha[HAsO_3^{2-}] = K_1K_2[H^+]/([H^+]^3 + K_1[H^+]^2 + K_1K_2[H^+] + K_1K_2K_3) \times 100\% \tag{6-13}$$

$$\alpha[AsO_3^{3-}] = K_1K_2K_3/([H^+]^3 + K_1[H^+]^2 + K_1K_2[H^+] + K_1K_2K_3) \times 100\% \tag{6-14}$$

由图 6 – 11 可以看出，As(Ⅲ)在水溶液中的分布与溶液 pH 有关。pH 在 0 至 9.2 时，As(Ⅲ)在水溶液中主要以 H_3AsO_3 形式存在，而 pH 在 9.2 至 12.1 时，主要以 $H_2AsO_3^-$ 形式存在。当 pH 在 12.1 至 13.4 时，As(Ⅲ)主要以 $HAsO_3^{2-}$ 形式存在于水溶液中，而 pH > 13.4 时，主要以 AsO_3^{3-} 形式存在。

当水溶液中 As 以脱水亚砷酸 $HAsO_2$ 及其电离形式存在时，$HAsO_2$、AsO_2^-、和 AsO^+ 之间的平衡关系式如下[235]：

$$HAsO_2 \Longleftrightarrow H^+ + AsO_2^- \qquad K_1 = 10^{-9.20} \qquad (6-15)$$

$$HAsO_2 + H^+ \Longleftrightarrow AsO^+ + H_2O \qquad K_2 = 10^{-0.33} \qquad (6-16)$$

根据化学平衡可知，溶液中 $[As(Ⅲ)]_T = [HAsO_2] + [AsO_2^-] + [AsO^+]$，将各组分浓度与平衡常数关系式代入得 $[As(Ⅲ)]_T$ 表达式，如式(6-17)所示。

$$[As(Ⅲ)]_T = [HAsO_2](1 + K_1/[H^+] + K_2[H^+]) \qquad (6-17)$$

利用 As(Ⅲ)各组分浓度除以 $[As(Ⅲ)]_T$ 得水溶液中各组分的分布系数，其表达式如式(6-18)~式(6-20)所示。将 K_1 和 K_2 分别代入式(6-18)~式(6-20)计算得不同 pH 下溶液中 As(Ⅲ)各组分的分布系数，图 6-12 为脱水亚砷酸盐中 As(Ⅲ)各组分分布系数与 pH 的关系图。

$$\alpha[HAsO_2] = [H^+]/([H^+] + K_1 + K_2[H^+]^2) \times 100\% \qquad (6-18)$$

$$\alpha[AsO^+] = K_2[H^+]^2/([H^+] + K_1 + K_2[H^+]^2) \times 100\% \qquad (6-19)$$

$$\alpha[AsO_2^-] = K_1/([H^+] + K_1 + K_2[H^+]) \times 100\% \qquad (6-20)$$

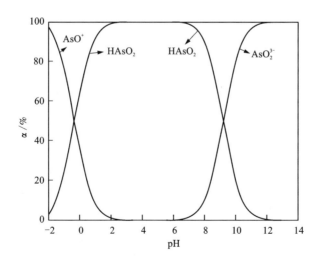

图 6 – 12　脱水亚砷酸盐中 As(Ⅲ)浓度组分 – pH 图

图 6 – 12 表明，As(Ⅲ)在强酸性溶液中以 AsO^+ 形态为主存在，在弱酸性、

中性及弱碱性溶液中以 $HAsO_2$ 为主存在。在碱性溶液中 As(Ⅲ)主要以 AsO_2^- 形式存在。

因此，水溶液中 As(Ⅲ)存在形态复杂，从亚砷酸溶液反应得到 Ag_3AsO_3、$Cu_3(AsO_3)_2$、$Cu(AsO_2)_2$、$AsCl_3$ 等物质可以佐证水溶液中 As(Ⅲ)存在各种状态。

根据表 6-5 中反应 7~9，用上述同样的方法可得到溶液中 Cu^{2+} 的总浓度及其组分百分率分别为：

$$[Cu^{2+}]_T = [Cu^{2+}] + [HCuO_2^-] + [CuO_2^{2-}] = 10^{9.19-2pH} + 10^{pH-17.49} + 10^{30.62-2pH} \tag{6-21}$$

$$\alpha[Cu^{2+}] = ([Cu^{2+}]/[Cu^{2+}]_T) \times 100\% = 10^{9.19-2pH}/(10^{9.19-2pH} + 10^{pH-17.49} + 10^{30.62-2pH}) \times 100\% \tag{6-22}$$

$$\alpha[HCuO_2^-] = ([HCuO_2^-]/[Cu^{2+}]_T) \times 100\% = 10^{pH-17.49}/(10^{9.19-2pH} + 10^{pH-17.49} + 10^{30.62-2pH}) \times 100\% \tag{6-23}$$

$$\alpha[CuO_2^{2-}] = ([CuO_2^{2-}]/[Cu^{2+}]_T) \times 100\% = 10^{30.62-2pH}/(10^{9.19-2pH} + 10^{pH-17.49} + 10^{30.62-2pH}) \times 100\% \tag{6-24}$$

根据计算，Cu(Ⅱ)在溶液中的存在形态如图 6-13 所示。

由图 6-13 可知，pH<8 时，Cu(Ⅱ)以 Cu^{2+} 存在，$HCuO_2^-$、CuO_2^{2-} 存在于碱性溶液中，在强碱性溶液中以 CuO_2^{2-} 的存在为主。

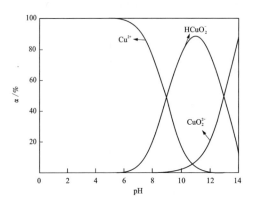

图 6-13 水溶液中 Cu(Ⅱ)组分浓度-pH 图

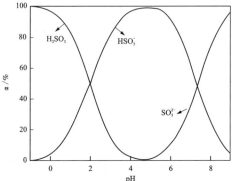

图 6-14 水溶液中 SO_2 组分分布图

当气体二氧化硫通入水溶液中首先生成 H_2SO_3，H_2SO_3 进一步离解为 HSO_3^- 和 SO_3^{2-}，存在的平衡如式(6-25)~式(6-27)所示，且水溶液中 SO_2 组分的总浓度 $[SO_2]_T = [H_2SO_3] + [HSO_3^-] + [SO_3^{2-}]$。

$$SO_2 + H_2O \rightleftharpoons H_2SO_3 \tag{6-25}$$

$$H_2SO_3 \rightleftharpoons HSO_3^- + H^+ \tag{6-26}$$

$$HSO_3^- \rightleftharpoons SO_3^{2-} + H^+ \tag{6-27}$$

在 $p_{SO_2} = 10^5$ Pa、$p^\ominus_{(大气压)} = 10^5$ Pa 条件下，$[H_2SO_3] = 1.2$ mol/L，根据热力学数据计算，25℃时 SO_2 溶于水各组分分布系数如式(6-28)~式(6-30)所示，图 6-14 为水溶液中 SO_2 组分分布系数与 pH 的关系图。

$$\alpha[H_2SO_3] = 1/(1 + 10^{pH-1.90} + 10^{2pH-9.23}) \tag{6-28}$$

$$\alpha[HSO_3^-] = 10^{pH-1.90}/(1 + 10^{pH-1.90} + 10^{2pH-9.23}) \tag{6-29}$$

$$\alpha[SO_3^{2-}] = 10^{2pH-9.23}/(1 + 10^{pH-1.90} + 10^{2pH-9.23}) \tag{6-30}$$

由图 6-14 可知，pH < 0，SO_2 在溶液中主要以 H_2SO_3 形态存在，在弱酸性及碱性溶液中以 HSO_3^- 和 SO_3^{2-} 形态为主。

根据上述计算，pH = 8 时，废水中 As(Ⅲ)主要以 AsO_2^- 形态存在，并存在 AsO_3^{3-}、$HAsO_3^{2-}$ 等，而 Cu(Ⅱ)以 Cu^{2+} 存在。加入硫酸铜后，废水中主要反应为：

$$2AsO_3^{3-} + 3Cu^{2+} =\!=\!= Cu_3(AsO_3)_2 \downarrow \tag{6-31}$$

$$2AsO_2^- + Cu^{2+} =\!=\!= Cu(AsO_2)_2 \downarrow \tag{6-32}$$

$$HAsO_3^{2-} + Cu^{2+} =\!=\!= CuHAsO_3 \downarrow \tag{6-33}$$

SO_2 和亚砷酸铜在溶液中会发生氧化还原反应，对于相应的反应机理，通常用如下方程式表示：

$$3Cu(AsO_2)_2 + 3SO_2 + 6H_2O =\!=\!= Cu_3(SO_3)_2 \cdot 2H_2O \downarrow + 6HAsO_2 + H_2SO_4 \tag{6-34}$$

在此反应体系中，溶液中 SO_2 主要以 HSO_3^- 和 $SO_{2(aq)}$ 的形式存在。因此上式也可由下列反应式表示：

$$3Cu(AsO_2)_2 + 3SO_{2(aq)} + 6H_2O =\!=\!= Cu_3(SO_3)_2 \cdot 2H_2O \downarrow + 6HAsO_2 + H_2SO_4 \tag{6-35}$$

$$3Cu(AsO_2)_2 + 3HSO_3^- + 3H^+ + 3H_2O =\!=\!= Cu_3(SO_3)_2 \cdot 2H_2O \downarrow + 6HAsO_2 + H_2SO_4 \tag{6-36}$$

6.1.6 还原渣中硫酸铜的回收

含砷废水经中和除杂、硫酸铜沉淀、SO_2 还原亚砷酸铜等工序制备得到三氧化二砷，绝大部分砷被回收利用。SO_2 还原亚砷酸铜生成亚砷酸和还原渣，XRD 分析证明还原渣主要成分为红盐 $[Cu_3(SO_3)_2 \cdot 2H_2O]$。采用硫酸浸出还原渣制备硫酸铜，使硫酸铜得到回收，从而大大降低成本，为含砷废水制备三氧化二砷奠定工业应用基础。

6.1.6.1 实验原料和工艺流程

本节实验所用原料为 SO_2 还原亚砷酸铜产出的还原渣，其化学成分如表 6-6 所示。由表可知，还原渣主要成分为 Cu、S 和 Ca 等元素。

表 6-6 还原渣化学成分

元素	Cu	As	O	S	Ca	Zn	Cd	Si
含量/%	30.31	2.30	40.24	13.28	4.20	2.27	2.84	1.62

还原渣经硫酸浸出、蒸发浓缩和冷却结晶回收硫酸铜,其工艺流程如图 6-15 所示。

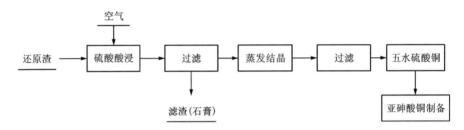

图 6-15 硫酸浸出还原渣制备硫酸铜工艺流程

6.1.6.2 浸出时间对铜和砷浸出率的影响

取还原渣 50 g,硫酸与铜物质的量之比[$n(H_2SO_4):n(Cu)$]为 2.28,硫酸质量分数为 24%,浸出温度为 80℃时,在通入氧气条件下,浸出时间对铜和砷浸出率影响如图 6-16 所示。

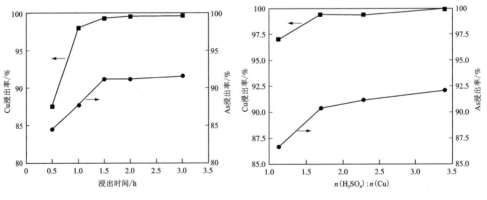

图 6-16 浸出时间对铜和
砷浸出率的影响

图 6-17 $n(H_2SO_4):n(Cu)$ 对铜和
砷浸出率的影响

由图6-16可知,铜浸出率和砷浸出率随浸出时间延长而增加。当浸出时间为1.5 h时,铜浸出率达到99.38%,砷浸出率达到91.17%,继续增加浸出时间,对铜和砷浸出率影响不大。因此,确定适宜的浸出时间为1.5 h。

在硫酸溶液和氧气作用下,还原渣中$Cu_3(SO_3)_2 \cdot 2H_2O$被氧化,反应如下:

$$2Cu_3(SO_3)_2 \cdot 2H_2O + 2H_2SO_4 + 3O_2 \Longrightarrow 6CuSO_4 + 6H_2O \qquad (6-37)$$

同时,随着红盐的溶解,还原渣中砷也被逐渐浸出。浸出液中铜浓度为50~60 g/L,砷为3~4 g/L。

6.1.6.3 $n(H_2SO_4):n(Cu)$对铜和砷浸出率的影响

上述其他反应条件不变,当反应时间为1.5 h时,$n(H_2SO_4):n(Cu)$对铜和砷浸出率的影响如图6-17所示。

由图6-17可知,铜浸出率和砷浸出率随$n(H_2SO_4):n(Cu)$增加而增加。当$n(H_2SO_4):n(Cu)$从1.13增加到1.70时,铜浸出率从97.01%增加到99.37%,砷浸出率从86.67%增加到90.39%;继续增加$n(H_2SO_4):n(Cu)$,浸出率没有明显变化。当$n(H_2SO_4):n(Cu)$为1.13时,浸出液铜含量为84.08 g/L,过滤时便产生硫酸铜晶体;当$n(H_2SO_4):n(Cu)$为1.70时,浸出液铜含量为69.40 g/L时,过滤后冷却析出硫酸铜晶体。

由浸出反应式(6-37)可知,理论上硫酸加入量只需反应物中铜物质的量的1/3,但在实际反应中,硫酸用量远大于理论量。根据浸出率和生产可操作性,确定适宜的$n(H_2SO_4):n(Cu)$为1.70。

6.1.6.4 硫酸质量分数对铜和砷浸出率的影响

其他条件不变,当$n(H_2SO_4):n(Cu)$为1.70时,硫酸质量分数对铜浸出率和砷浸出率影响如图6-18所示。

由图6-18可知,砷浸出率随硫酸浓度增加而增加,铜浸出率随硫酸浓度增加呈现先升高后降低的趋势。当硫酸浓度从10%增加到30%时,砷浸出率则从76.96%增加到90.86%,浸出液中铜浓度从41.43 g/L增加到82.56 g/L,砷浓度从2.50 g/L增加到5.77 g/L。硫酸质量分数为24%时,铜浸出率最大,达到99.37%。

当硫酸总用量相同时,加入的硫酸质量分数越高,液固比越小,则反应溶液中铜浓度越高。硫酸质量分数为30%时,铜浓度达到82.56 g/L,此时,溶液过滤时易析出结晶物。当硫酸质量分数过低时,会导致铜浸出率降低。因此,确定适宜的硫酸质量分数为24%。

6.1.6.5 浸出温度对铜和砷浸出率的影响

其他条件不变,当硫酸质量分数为24%时,浸出温度对铜和砷浸出率的影响如图6-19所示。

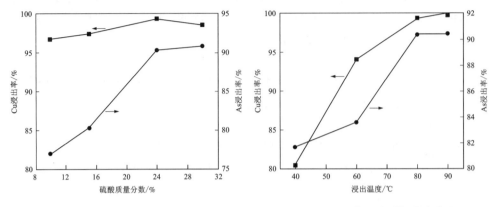

图 6-18　硫酸质量分数对铜和
砷浸出率的影响

图 6-19　浸出温度对铜浸出率和
砷浸出率的影响

由图 6-19 可知，铜和砷浸出率均随浸出温度升高而增加。当浸出温度从 40℃增加到 90℃时，铜浸出率从 80.49% 增加至 100%，砷浸出率从 81.69% 增加到 90.45%，浸出液铜浓度从 55.45 g/L 增加到 77.92 g/L，砷浓度从 4.27 g/L 增加到 5.33 g/L。浸出温度越高，浸出速度越快，单位时间浸出率增加。浸出温度达到 80℃后，继续升高温度，铜浸出率增幅减小。因此，选择适宜的浸出温度为 80℃。

综上所述，硫酸浸出还原渣适宜条件为：浸出时间 1.5 h、$n(H_2SO_4):n(Cu)=1.70$、硫酸质量分数 24%、浸出温度 80℃。

6.1.6.6　硫酸铜溶液的蒸发与结晶

还原渣浸出液密度为 1.20 g/mL，Cu 为 51.20 g/L，As 为 3.36 g/L。将浸出液蒸发浓缩至溶液密度为 1.42 g/mL，在搅拌速度为 100 r/min、结晶温度为 18℃条件下结晶，经过 12 h 后过滤得到硫酸铜，$CuSO_4 \cdot 5H_2O$ 含量为 94.29%，硫酸铜直收率为 76.20%。结晶母液成分如表 6-7 所示。由表可知，结晶母液中硫酸浓度较高，可用于循环浸出。

表 6-7　结晶母液成分

成分	As	Cu	H_2SO_4
浓度/(g·L^{-1})	7.71	28.01	245

6.1.6.7　硫酸铜结晶母液循环浸出

将上述结晶母液循环浸出还原渣，补加 H_2SO_4 使浸出液硫酸质量分数达到

24%，在反应时间为 1.5 h，$n(H_2SO_4):n(Cu)=1.70$，反应温度为 80℃ 条件下浸出后，浸出液经蒸发浓缩、冷却结晶回收硫酸铜。由于浸出液硫酸铜浓度高，反应过程中有硫酸铜晶体析出。为了使硫酸铜充分进入溶液，反应后加入少量水并加热至 100℃，硫酸铜晶体完全溶解后过滤，其循环浸出结果如表 6 - 8 所示。

表 6 - 8　循环浸出实验结果

循环浸出次数	浸出率/%		浸出液/(g · L⁻¹)		母液/(g · L⁻¹)	
	As	Cu	As	Cu	As	Cu
1	91.21	99.82	11.88	103.68	18.34	33.49
2	90.87	99.35	19.18	118.49	23.35	34.28
3	90.43	99.71	23.97	123.64	26.89	35.10

由表 6 - 8 可知，浸出液中 As 和 Cu 浓度随循环浸出次数增加而增加，浸出率基本不变。循环浸出从 1 次增加到 3 次时，砷浸出率 >90%，铜浸出率 >99%。实验结果说明结晶母液可用于循环浸出，不影响铜浸出率。

结晶母液中砷含量过高时，随硫酸铜结晶析出。由于所得硫酸铜砷含量不影响硫酸铜沉淀含砷废水制备亚砷酸铜，因此，母液砷含量不影响其循环利用。结晶所得硫酸铜产品分析结果和我国工业硫酸铜质量标准分别如表 6 - 9 和表 6 - 10 所示。

表 6 - 9　经不同返浸次数后的产品分析结果

循环次数	1	2	3
$w(CuSO_4 \cdot 5H_2O)/\%$	93.59	96.89	96.06
产品外观	深蓝色均匀颗粒	深蓝色均匀颗粒	深蓝色均匀颗粒

表 6 - 10　我国工业硫酸铜标准（GB 437—93）

指标	$w(CuSO_4 \cdot 5H_2O)$ /%	水不溶物 /%	游离酸 /%	外观
一级	≥96.0	≤0.2	≤0.1	蓝色或蓝绿色结晶，无可见杂质
二级	≥93.0	≤0.4	≤0.2	蓝色或蓝绿色结晶，无可见杂质

由表 6 - 9 和表 6 - 10 可知，结晶母液循环浸出还原渣得到的硫酸铜具有良

好外观质量，$w(CuSO_4 \cdot 5H_2O) \geqslant 93\%$，达到我国工业硫酸铜产品二级标准。

还原渣经过硫酸氧化浸出所得浸出渣成分和 XRD 分析结果分别如表 6–11 和图 6–20 所示。由表可知，浸出渣主要元素为 Ca、S、O，还含有 Cu、Si、Bi、As 等。由 XRD 图可知，浸出渣中 Ca、S、O 元素主要以 $CaSO_4 \cdot 1/2H_2O$ 和 $CaSO_4 \cdot 2H_2O$ 形态存在。

表 6–11　浸出渣成分

元素	Cu	As	O	S	Ca	Si	Bi
含量/%	1.17	0.55	55.93	16.82	18.58	5.27	0.78

结晶过程主要包括过饱和溶液的形成、晶核形成、晶核生长和再结晶[242–244]。

（1）过饱和溶液

过饱和是结晶过程的推动力。溶液转化到过饱和状态的最简单方法是蒸发脱除溶剂，同时制备过饱和溶液可以采用多温法。如果溶剂逐渐被蒸发，或者溶液逐渐冷却，结晶还没有开始，组分在溶液中的浓度在该温度下立即增加到其饱和浓度以上，此时即产生过饱和溶液。

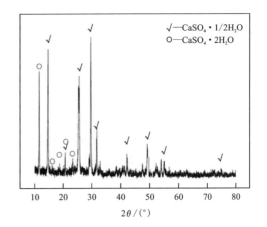

图 6–20　浸出渣 XRD 图

用过饱和系数 S 来确定溶液的过饱和程度。

$$S = C/C_0$$

式中：C 和 C_0 分别为给定温度下溶质在溶剂中的质量分数和在溶剂中饱和时的质量分数。

显然，如果 $S > 1$，则溶液呈过饱和状态；如果 $S = 1$，则溶液处于饱和状态。

（2）晶核的形成

晶核的生成有 3 种形式，即均相成核、非均相成核和二次成核。成核过程可以用溶解度曲线与超溶解度曲线（图 6–21）来说明。由图可知，稳定区，即不饱和区，位于溶解度曲线的下方，在此区域内即使有晶体也会溶解。亚稳区又称介稳区，位于溶解度曲线和超溶解度曲线的中间。介稳区内不会自发成核，当加入结晶颗粒时，结晶会生长，且接近超溶解度曲线处有新晶核产生的可能。不稳区是自发成核区域，瞬时出现大量微小晶核，发生晶核泛滥。

在通过蒸发、冷却获得硫酸铜晶体的过程中，均相成核为晶体成核的主要方式。本节主要探讨均相成核机理。

均相成核的速率是过饱和度的函数。晶核的形成特征见图 6－22。在 $S = 1$ 时，晶核的形成速率 $v = 0$；当过饱和度开始增加较快时，v 增加缓慢；当 S 继续增加时，v 上升，然后回落。

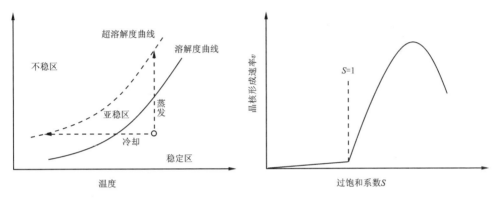

图 6－21　溶质的溶解度曲线　　　　图 6－22　溶液中晶核的形成速率
与超溶解度曲线　　　　　　　　与溶液过饱和系数间的关系

对于均相成核过程，基本上借鉴以下方程式来描述成核速率与温度、过饱和系数以及结晶物质物理性质的关系：

$$v = k_v \exp\left[-\frac{k\sigma^3 M^2}{(kT)^3 (\ln S)^2} \right]$$

式中：v 为晶体成核速率；k_v 为成核过程速率常数，在 $10^{22} \sim 10^{30}$ 时；σ 为相对过饱和度；T 为溶液温度；S 为过饱和度。

从上式可以看出，v 在很大程度上取决于过饱和度。新晶粒随着 S 的增大而急剧增多，随着 S 的减小而趋于零。此时的过饱和度为极限过饱和度 S_{lim}，成核速度为零。

（3）晶体生长

晶体成长指过饱和溶液中的溶质质点在过饱和度推动力作用下，向晶核或加入晶种运动并在其表面上层层有序排列，使晶核或晶种微粒不断长大的过程。

晶体生长是扩散和结合的过程，其影响因素非常复杂。晶体生长速率一般与系统过饱和度和温度相关，而与晶体粒度无关，但是对于某些物系，晶体生长速率是晶体粒度的函数，即晶体生长速率与晶体粒度相关。晶核一旦形成便在过饱和溶液中成长。如将晶体生长速率理解为晶体质量的增加，则溶质的沉积速率

$U[\text{kg}/(\text{m}^2 \cdot \text{s})]$ 与溶液浓度之间的关系可由下式表示:

$$U = f(C - C_0)g$$

式中:f 和 g 是常数,$g = 1 \sim 2$。

影响晶体生长速度的因素包括:

①杂质。

杂质可以改变晶体和溶液之间界面的滞留层特性,影响溶质长入晶体、改变晶体外形、导致晶体生长缓慢。

②搅拌。

当传递为控制因素时,搅拌会促进晶体的成长、加速晶核的生成,但当表面沉积属于控制因素时,搅拌无明显效果。

③温度。

温度可以促进表面化学反应速度的提高,增加结晶速度。

硫酸铜结晶的溶解度曲线与超溶解度曲线如图 6 – 23 所示。

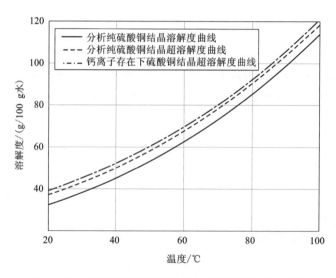

图 6 – 23　硫酸铜结晶的溶解度曲线和超溶解度曲线图

硫酸铜结晶介稳区宽度为 2 至 5℃,且随着温度升高介稳区变窄,即随溶解度的增大介稳区变窄。这可能是因为温度升高,溶液中的硫酸铜分子热运动加剧,使其碰撞成核的概率增大。溶液中分子束形成的可能性随溶液的浓度增大而增大。

各种杂质对硫酸铜介稳区的宽度有重大影响。以钙离子为例,钙离子可使硫酸铜过饱和溶液的稳定性提高,介稳区明显增大(见图 6 – 23 中最上方曲线)。杂质对介稳区的影响与它对所获得的晶形和晶粒大小的影响是一致的。随着介稳区宽度的增加，得到的晶体颗粒粒径也增大。

硫酸铜结晶生成稳定过饱和溶液的趋势很大。在没有晶种存在时，硫酸铜结晶溶液可以有很大的过冷度。在30℃时，硫酸铜饱和溶液依温度下降的速度不同，可以过冷4.5~10.7℃，相对饱和0.08~0.22[245]。

Mcabe等[246]对五水硫酸铜的成核速率进行了一些研究，得到了关于硫酸铜晶体生长的经验公式：

$$1/r_g = [1/r_0 + \beta\mu] + 1/r_i$$

式中：r_g为生长速率；μ为晶体与溶液间的相对速率；r_i为界面生长速率；r_0为速率为0时的生长速率。

通过经验公式得到如下结论：生长速率不是由晶体粒度直接影响的，但是当μ值比较小时，r_g受到r_i影响。随着μ增大，r_g对r_i的影响逐渐减小，最后可以忽略。

姜海洋等[247]对硫酸铜结晶动力学进行了研究，获得了硫酸铜结晶过程的成核速率v和生长速率G表达式：

$$G = 8.21 \times 10^{-5} \exp\left(\frac{-2.03 \times 10^5}{RT}\right)\sigma^{0.93}$$

$$v = 1.33 \times 10^{11} \exp\left(\frac{-1.32 \times 10^5}{RT}\right)G^{1.13}M^{1.46}$$

式中：σ为相对过饱和度；M为悬浮密度，kg/m^3。

硫酸铜晶体的粒度和晶形主要受以下操作因素的影响：

（1）结晶温度

升高结晶温度，晶体成核速率和生长速率都增大。采取的操作方式为：成核阶段温度较低，成长阶段温度较高，则可以获得较大的晶体。

（2）搅拌速度

搅拌速度对整个结晶过程有着持续的影响，如成核、生长等。当搅拌速度过低，溶液中的超溶解度的产生和分配受到了限制，可能引起晶体的聚结；当搅拌速度过高，可能诱导出较高的超溶解度发生率，会导致产品的粒度分布不均匀，也可能促进二次成核，使得成核速率增加，因此导致产品主粒度减小。搅拌速率也会影响五水硫酸铜晶体的纯度。

（3）晶种

加入硫酸铜晶种可以获得较大的晶体。晶种能很好地改善一次成核形成的晶体形状，也有诱导晶核形成作用。通过加硫酸铜晶种控制结晶，可以得到大粒度、粒度分布均匀、质量较好的硫酸铜结晶。

6.1.7 含砷废水硫酸铜沉淀法制备 As_2O_3 工业试验

含砷废水硫酸铜沉淀法制备 As_2O_3，实现了减量化、无害化以及资源化，与日本住友公司硫酸铜置换法相比，处理成本大大降低。含砷废水硫酸铜沉淀法制备 As_2O_3 工业化应用对我国治理含砷废水污染具有重大环境效益及经济效益。对含砷废水沉淀转化法制备 As_2O_3 进行了工业试验。

6.1.7.1 工业试验规模及流程

某冶炼厂含砷废水排放量为 600 m^3/d，工业试验规模按冶炼厂含砷废水排放量的 1/10 确定，其处理规模为 60 m^3/d。

根据含砷废水水质监测，确定含砷废水水质如表 6 - 12 所示。

表 6 - 12　工业试验含砷废水水质　　　　　　　　　　　　g/L

As	Cu	Zn	Ni	H_2SO_4
2.00 ~ 8.00	0.20 ~ 2.00	0.20 ~ 0.50	0.10 ~ 0.25	5.00 ~ 20.00

根据沉淀转化法制备三氧化二砷技术和工艺特点，将工业试验分为三个工艺流程，如图 6 - 24 ~ 图 6 - 26 所示，构筑物及设备流程如图 6 - 27 ~ 图 6 - 29 所示。

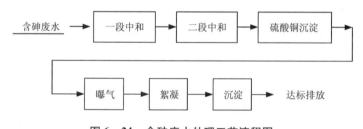

图 6 - 24　含砷废水处理工艺流程图

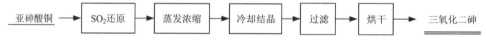

图 6 - 25　含砷废水硫酸铜沉淀法制备 As_2O_3 工艺流程图

图 6 - 26　硫酸铜回收工艺流程图

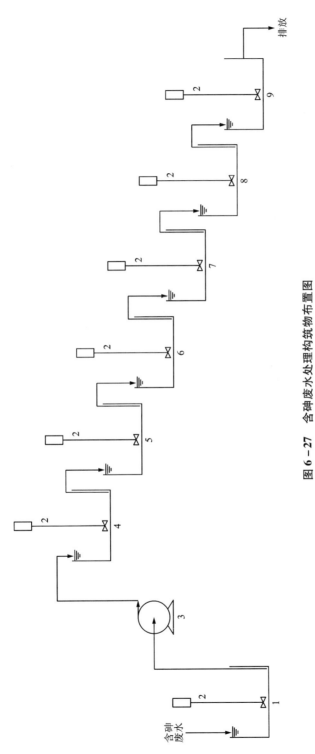

图 6 - 27 含砷废水处理构筑物布置图

1—调节池;2—搅拌器;3—泵;4——段中和池;5—二段中和池;
6—硫酸铜沉淀池;7—曝气池;8—絮凝池;9—沉淀池

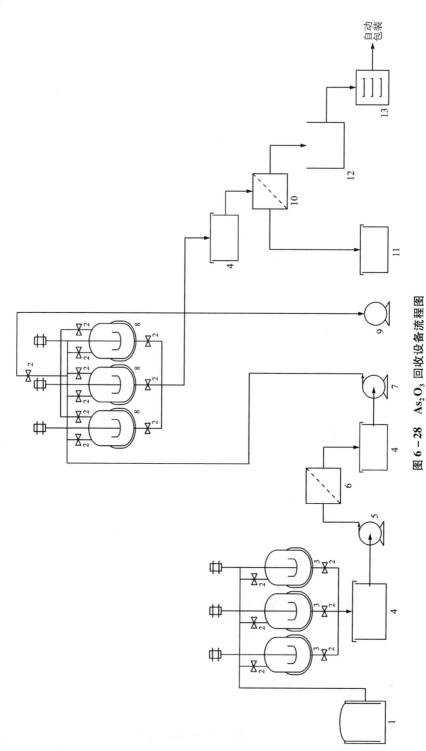

图 6 - 28 As₂O₃ 回收设备流程图

1—SO₂ 罐；2—阀门；3—还原釜；4—低位槽；5—过滤槽；6—真空过滤机；7—提升泵；8—蒸发器；
9—真空泵；10—真空过滤机；11—As₂O₃ 母液低位槽；12—转运贮槽；13—真空干燥箱

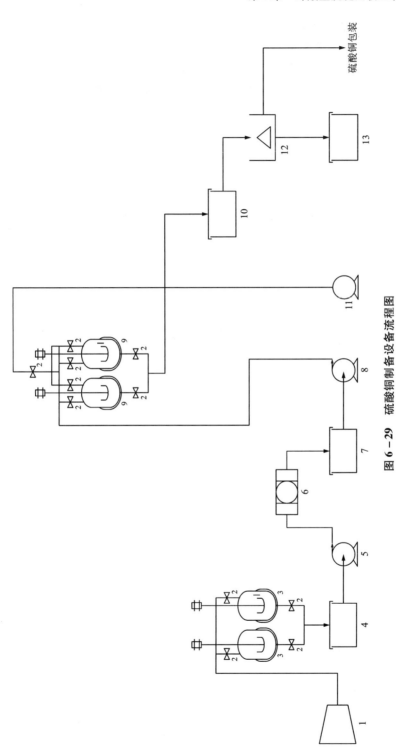

图 6 – 29　硫酸铜制备设备流程图

1—空压机；2—阀门；3—氧化釜；4—低位槽；5—过滤泵；6—箱式压滤机；7—低位槽；8—酸泵；
9—蒸发器；10—低位槽；11—真空泵；12—离心过滤机；13—硫酸铜母液低位槽

6.1.7.2 含砷废水处理工业试验

含砷废水处理包括石灰一段中和、氢氧化钠二段中和、硫酸铜沉淀、曝气、絮凝与沉淀，含砷废水处理后达标排放。

取 3 批废水进行工业试验，其成分及 As、Cu、Zn、Ni 总量如表 6 - 13 和表 6 - 14 所示。

表 6 - 13　工业试验含砷废水水质　　　　　　　　　g/L

批次	废水量/m³	As	Cu	Zn	Ni	H₂SO₄
1	120	6.2	0.73	0.20	0.15	9
2	160	3.8	1.68	0.54	0.23	11
3	140	4.65	0.23	0.36	0.12	10.52
平均		4.77	0.77	0.38	0.17	10.27

表 6 - 14　废水 As、Cu、Zn、Ni 总量　　　　　　　　kg

批次	废水量/m³	As	Cu	Zn	Ni
1	120	744	87.6	24	18
2	160	608	268.8	86.4	36.8
3	140	651	32.2	50.4	16.8
总量	420	2003	388.6	160.8	71.6

石灰乳中和废水 pH 为 1.8 ~ 2.2，经沉淀后压滤，石膏渣成分及渣量如表 6 - 15 所示，石灰中和后废水成分及废水量如表 6 - 16 所示。

表 6 - 15　石膏渣主要成分及渣量

批次	$w(As)/\%$	$w(CaSO_4 \cdot 2H_2O)/\%$	含水率/%	石灰用量/t	湿石膏渣/t
1	0.21	51.89	54	2.25	12.82
2	0.28	52.68	51	3.21	19.12
3	0.25	54.23	49	2.78	16.39

表 6-16 一段中和后废水主要成分及废水量

批次	废水量/m³	$\rho(As)/(g \cdot L^{-1})$	$\rho(Cu)/(g \cdot L^{-1})$	As 去除率/%
1	138	5.20	0.62	3.62
2	190	2.92	1.01	8.78
3	169	3.61	0.19	6.19

由于采用石灰乳液中和,石灰中和后废水体积增加 15% ~ 21%,石灰用量平均为 19.6 kg/m³,石膏产量平均为 115 kg/m³,砷损失率平均为 6.02%,石膏砷含量为 0.21% ~ 0.28%。

石灰中和后,采用固体氢氧化钠中和废水 pH 为 6,经沉淀后压滤,氢氧化钠用量、渣量及 As、Cu、Ni、Zn 总量如表 6-17 所示,氢氧化钠中和渣主要成分及沉淀率见表 6-18。

表 6-17 NaOH 中和渣 As、Cu、Zn、Ni 质量及渣量   kg

批次	As	Cu	Zn	Ni	NaOH	中和渣
1	64.82	81.5	7.17	11.70	264	1158
2	52.89	242.9	26.64	23.18	320	2574
3	41.01	28.73	15.10	11.15	294	726
总量	158.72	353.13	48.91	46.03	878	4458

表 6-18 氢氧化钠中和渣主要成分及沉淀率

批次	中和渣主要成分/%				沉淀率/%			
	As	Zn	Cu	Ni	As	Cu	Zn	Ni
1	3.60	0.62	7.04	1.01	5.60	93.03	29.87	65.01
2	2.74	1.04	9.44	1.03	8.70	90.36	30.83	62.99
3	5.64	2.08	3.96	1.53	5.51	89.22	29.96	66.02
平均	3.56	1.10	7.92	1.03	7.92	90.87	30.41	64.28

由表 6-17 可知,NaOH 耗量平均为 2.09 kg/m³,NaOH 中和渣率为 10.06

kg/m^3。由表 6 – 18 可知，Cu、Zn、Ni、As 平均沉淀率分别为 90.87%、30.41%、64.28% 和 7.92%，NaOH 中和渣 Cu、Zn、Ni 平均含量分别为 7.92%、1.10% 和 1.03%，具有较高回收价值。经过石灰和氢氧化钠中和，砷总沉淀率为 13.94%。

NaOH 中和后，按 $n_{Cu}:n_{As}$ 为 2:1 加入纯度为 96.46% 硫酸铜，沉淀后废水水质如表 6 – 19 所示，物料消耗及 Cu 和 As 沉淀率如表 6 – 20 所示，亚砷酸铜外观和成分分别如图 6 – 30 和表 6 – 21 所示。

表 6 – 19　硫酸铜沉淀后废水水质

批次	废水量/m^3	pH	$\rho(Cu)/(mg \cdot L^{-1})$	$\rho(As)/(mg \cdot L^{-1})$
1	138	8.01	0.98	88.23
2	190	7.99	0.53	59.32
3	169	8.10	0.48	66.74

表 6 – 20　物料消耗及 Cu、As 沉淀率

批次	$m(NaOH)/kg$	$m(CuSO_4)/kg$	Cu 沉淀率/%	As 沉淀率/%
1	610	4600	99.95	98.23
2	500	3400	99.98	97.77
3	570	3900	99.96	98.03
平均	2.57 kg/m^3	19.30 kg/m^3	99.96	98.03

表 6 – 21　亚砷酸铜产量及成分　　　　　　　　　　　　　　%

批次	亚砷酸铜/kg	Cu	As	Zn	Ni	Ca	Cd	Na
1	4522	24.87	14.92	0.37	0.14	3.69	1.98	0.23
2	3267	25.49	15.03	0.19	0.34	3.21	2.25	0.22
3	3455	27.65	16.32	0.89	0.18	3.30	2.01	0.38

由表 6 – 19 和表 6 – 20 可知，硫酸铜沉淀后废水，$\rho(As) \leq 90$ mg/L，$\rho(Cu) \leq 1$ mg/L，As 平均沉淀率为 98.03%，Cu 平均沉淀率为 99.96%，NaOH 平均耗量为 2.57 kg/m^3，硫酸铜平均耗量为 19.3 kg/m^3，亚砷酸铜平均产量为 26.77 kg/m^3。由表 6 – 21 可知，亚砷酸铜杂质含量低，Cu 含量为 24.87% ~ 27.65%，同时 As 含量为 14.92% ~ 16.32%，产物中 $n_{Cu}:n_{As}$ 约为 2。亚砷酸铜为绿色，颜色均匀，见图 6 – 30。

图 6-30　工业试验亚砷酸铜外观

经过硫酸铜沉淀后废水中 $\rho(As) \leqslant 90$ mg/L，$\rho(Cu) \leqslant 1$ mg/L，pH 约为 8，废水水质稳定。因此，采取相同工艺条件处理：石灰乳调节废水 pH 为 12，曝气 1 h，PPFS 絮凝剂用量（$n_{Fe} : n_{As}$）为 3.5，沉淀时间为 4 h。工业试验时，采用间歇性操作，将冶炼厂污酸处理设施的一个单元用于处理硫酸铜沉淀废水，处理结果如表 6-22 和表 6-23 所示。

表 6-22　聚磷硫酸铁处理废水水质比较

批次	处理前				处理后		
	废水/m^3	pH	$\rho(Cu)$/(mg·L^{-1})	$\rho(As)$/(mg·L^{-1})	pH	$\rho(Cu)$/(mg·L^{-1})	$\rho(As)$/(mg·L^{-1})
1	130	8.01	0.98	88.23	6.97	0	0.07
2	185	7.99	0.53	59.32	7.23	0	0.05
3	160	8.10	0.48	66.74	7.12	0	0.09

表 6-23　聚磷硫酸铁处理硫酸铜沉淀废水药剂与渣量

批次	废水/m^3	石灰/kg	絮凝剂/kg	渣量/kg	渣 As 含量/%	As 去除率/%
1	130	286	253	270	4.25	99.92
2	185	425	243	262	4.18	99.91
3	160	330	237	268	3.98	99.86
平均		2.47 kg/m^3	1.74 kg/m^3	1.90 kg/m^3	4.14	99.90

所用液体聚磷硫酸铁是用氯酸钠氧化绿矾制备聚合硫酸铁后加入磷酸钠制备而得，其盐基度为10%，n_P:n_{Fe}为0.05，总铁为3.20 mol/L。

由表6-22和表6-23可知，经过絮凝处理后废水As去除率平均值为99.90%，排放废水As为0.05~0.09 mg/L，远远低于国家排放标准。渣量平均为1.90 kg/m³，渣中砷平均含量为4.14%。

3批试验分别得到4522 kg、3267 kg、3455 kg亚砷酸铜。SO_2还原亚砷酸铜制备As_2O_3主要设备是反应釜(5 m³)、贮槽(5 m³)、压滤机(F=20 m²)、转液泵(Q=20 m³/h，H=10 m)、5 t吊车等。SO_2还原亚砷酸铜条件：液固比为4:1，反应温度为80℃，反应时间为4 h。SO_2还原后过滤得到亚砷酸溶液，调节亚砷酸溶液pH为0，真空蒸发至砷浓度约为90 g/L，于20℃以下冷却结晶、过滤、干燥，得到As_2O_3。

还原后过滤，各批次亚砷酸溶液总体积及成分如表6-24所示，还原渣质量及主要成分如表6-25所示，还原渣外观和XRD图如图6-31(a)和(b)所示。

表6-24 还原后亚砷酸滤液体积及成分

批次	体积/m³	$\rho(As_T)$/(g·L⁻¹)	$\rho(Cu)$/(g·L⁻¹)	$\rho(Ni)$/(g·L⁻¹)	$\rho(Zn)$/(g·L⁻¹)	$\rho(Na)$/(g·L⁻¹)	$\rho(H_2SO_4)$/(g·L⁻¹)
1	19.60	32.69	8.58	0.23	0.79	3.48	4.71
2	15.03	30.05	7.80	0.68	3.04	4.72	5.12
3	17.14	31.82	6.20	0.28	1.91	3.21	5.03

表6-25 还原渣质量及主要成分

批次	还原渣/kg	$w(Cu)$/%	$w(As)$/%	$w(S)$/%	$w(Ca)$/%
1	2475	38.61	1.40	17.59	2.25
2	1658	43.11	2.37	19.82	3.11
3	1979	42.88	1.02	18.08	2.93

根据表6-24和表6-25计算，亚砷酸铜中Cu、As在亚砷酸溶液和还原渣中分配如表6-26所示。

表 6 - 26　亚砷酸溶液和还原渣 Cu、As 分配比

批次	亚砷酸溶液分配比/%		还原渣分配比/%	
	Cu	As	Cu	As
1	14.95	95.01	85.05	4.99
2	14.05	92.00	85.95	8.00
3	11.10	96.60	88.90	3.40
平均	13.37	94.54	86.63	5.46

由表 6 - 24 可知，亚砷酸溶液中 As 为 30.05 ~ 32.69 g/L，Cu 为 6.20 ~ 8.58 g/L，并含有 Ni、Zn 等。由表 6 - 25 可知，还原渣砷低，说明亚砷酸铜反应完全。由表 6 - 26 可知，亚砷酸铜中 93.34% As 进入溶液，86.57% Cu 进入还原渣。

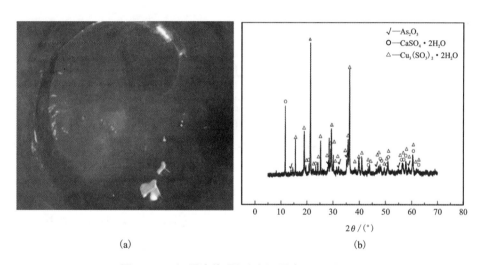

(a)　　　　　　　　　　　　(b)

图 6 - 31　还原渣外观(a)和还原渣 XRD 图(b)

由图 6 - 31(a)可知，还原渣为红色。由图 6 - 31(b)可知，还原渣可识别的主要物相为红盐 $[Cu_3(SO_3)_2 \cdot 2H_2O]$、硫酸钙及三氧化二砷等物质。

分别蒸发 3 批亚砷酸溶液，浓缩至约为原体积的 1/3 时，冷却过滤得到三氧化二砷产品，经洗涤、真空干燥后，产品质量和成分及直收率如表 6 - 27 所示，产品 XRD 结果如图 6 - 32 所示，结晶母液体积及成分如表 6 - 28 所示。

表 6 – 27   三氧化二砷产品质量和成分及直收率   %

产物质量/kg	As$_2$O$_3$	Cu	Zn	Fe	Pb	Bi	As 直收率
514	98.23	0.32	0.13	0.80	0.08	0.42	67.87
379	98.13	0.30	0.10	0.76	0.078	0.39	61.20
447	98.56	0.28	0.09	0.53	0.052	0.48	67.71

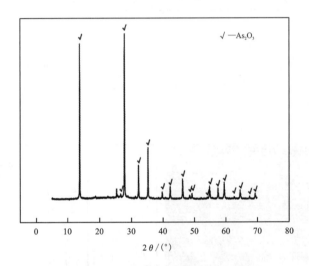

图 6 – 32   亚砷酸溶液中结晶产品 XRD 图

表 6 – 28   亚砷酸结晶母液体积及成分

体积 /m^3	$\rho(As_T)$ /(g·L^{-1})	$\rho(Cu)$ /(g·L^{-1})	$\rho(Ni)$ /(g·L^{-1})	$\rho(Zn)$ /(g·L^{-1})	$\rho(Na)$ /(g·L^{-1})	$\rho(H_2SO_4)$ /(g·L^{-1})
6.32	18.21	26.60	0.65	2.32	10.23	153.01
4.63	16.82	22.01	2.11	9.01	13.41	135.02
5.38	19.37	19.70	0.85	6.02	9.64	149.03

由表 6 – 27 可知，三氧化二砷产品质量达到二级标准（YS – T 99—1997），纯度 >95%，砷直收率平均为 65.79%。工业试验所得三氧化二砷为灰白色粉末，由图 6 – 32 可知，亚砷酸溶液蒸发结晶后产品可识别的主要物相为 As$_2$O$_3$。

由表 6 – 28 可知，亚砷酸结晶母液中 As 为 16.82 ~ 19.37 g/L，母液残留砷占总砷的 14.83%。Cu 为 19.70 ~ 26.60 g/L，Ni 为 0.65 ~ 2.11 g/L，Zn 为 2.32 ~

9.01 g/L，H_2SO_4 为 135.02 ~ 153.01 g/L。结晶母液 As 和 Cu 含量较高，As 占废水总砷的 14.83%，Cu 占硫酸铜中总铜的 13.43%。

为了进一步回收三氧化二砷和硫酸铜，采取连续蒸发结晶。工业试验时，将一次结晶得到的亚砷酸母液混合，进行二次蒸发。一次亚砷酸混合母液和二次亚砷酸母液体积和成分如表 6-29 所示。二次蒸发结晶得到的三氧化二砷经过稀硫酸洗涤烘干，其产量、质量及直收率如表 6-30 所示。

表 6-29 亚砷酸一次脱砷后母液和二次脱砷后母液成分

	体积 /m³	$\rho(As_T)$ /(g·L⁻¹)	$\rho(Cu)$ /(g·L⁻¹)	$\rho(Ni)$ /(g·L⁻¹)	$\rho(Zn)$ /(g·L⁻¹)	$\rho(Na)$ /(g·L⁻¹)	$\rho(H_2SO_4)$ /(g·L⁻¹)
一次母液	16.33	18.20	23.02	1.13	5.43	10.94	109.43
二次母液	10.05	9.88	37.01	1.83	8.80	17.08	178.32

表 6-30 二次结晶三氧化二砷产品质量、成分以及砷直收率

产物质量/kg	$w(As_2O_3)$/%	$w(MgO)$/%	$w(CaO)$/%	其他/%	As 直收率/%
277	95.20	0.53	2.39	1.88	9.88

经过二次蒸发，砷直收率提高 9.88%，总直收率达到 75.67%。二次亚砷酸母液铜达到 37.01 g/L，在硫酸铜回收工艺[248]中集中回收。

在质量分数为 24% 的硫酸溶液中加入还原渣，$n(H_2SO_4):n(Cu)$ 为 2.28:1，在 85℃下通入空气反应 3 h 后，过滤得到硫酸铜溶液和浸出渣。蒸发硫酸铜溶液至密度约为 1.42 g/L，慢速搅拌，冷却至 20℃ 得到硫化铜结晶。第一批还原渣（2475 kg）回收硫酸铜试验结果如表 6-31 所示。

表 6-31 第一批还原渣回收硫酸铜试验结果

浸出试验	浸出液/m³	$\rho(Cu)$ /(g·L⁻¹)	$\rho(As)$ /(g·L⁻¹)	Cu 浸出率/%	As 浸出率/%
	19.60	48.61	1.69	99.82	95.60
结晶试验	结晶母液/m³	$\rho(Cu)$ /(g·L⁻¹)	$\rho(As)$ /(g·L⁻¹)	$\rho(H_2SO_4)$ /(g·L⁻¹)	Cu 回收率/%
	7.54	27.80	1.74	238	25.44

注：铜回收率 = 回收的铜与沉淀废水总铜之比。

根据表 6-31 可知，铜和砷浸出率分别为 99.82% 和 95.60%，说明浸出效果

好。经过蒸发结晶，铜回收率为25.44%，20 kg As进入硫酸铜产品中。

亚砷酸二次结晶母液和硫酸铜结晶母液含较高浓度硫酸和硫酸铜，试验将两种母液混合后再次蒸发结晶，试验结果如表6-32所示。

表6-32　混合母液回收硫酸铜试验结果

混合母液 /m³	$\rho(Cu)$ /(g·L⁻¹)	$\rho(As)$ /(g·L⁻¹)	$\rho(Ni)$ /(g·L⁻¹)	$\rho(Zn)$ /(g·L⁻¹)	$\rho(H_2SO_4)$ /(g·L⁻¹)
17.60	33.03	6.44	1.52	7.12	203.64
结晶母液 /m³	$\rho(Cu)$ /(g·L⁻¹)	$\rho(As)$ /(g·L⁻¹)	$\rho(Ni)$ /(g·L⁻¹)	$\rho(Zn)$ /(g·L⁻¹)	$\rho(H_2SO_4)$ /(g·L⁻¹)
9.85	12.97	9.27	2.72	12.72	364

由表6-32可知，混合母液蒸发结晶回收得到1925 kg硫酸铜，硫酸铜含量为94.22%，砷含量达到1.14%，铜回收率为15.52%。

回收硫酸铜后母液硫酸浓度高，直接用于浸出第二批还原渣，$n(H_2SO_4):n(Cu)$为3.32:1。第二批硫酸铜结晶母液补加适量水后浸出第三批还原渣，$n(H_2SO_4):n(Cu)$为2.53:1，浸出与结晶试验结果分别如表6-33和表6-34所示。

表6-33　母液浸出第二批还原渣回收硫酸铜试验结果

浸出液/m³	$\rho(Cu)/(g·L⁻¹)$	$\rho(As)/(g·L⁻¹)$	Cu浸出率/%	As浸出率/%
10.67	79.00	12.13	99.93	96.93
结晶母液/m³	$\rho(Cu)/(g·L⁻¹)$	$\rho(As)/(g·L⁻¹)$	$\rho(H_2SO_4)/(g·L⁻¹)$	铜回收率/%
8.20	11.58	13.56	388	25.60

表6-34　母液浸出第三批还原渣回收硫酸铜试验结果

浸出液/m³	$\rho(Cu)/(g·L⁻¹)$	$\rho(As)/(g·L⁻¹)$	Cu浸出率/%	As浸出率/%
10.71	91.36	12.20	99.56	97.39
结晶母液/m³	$\rho(Cu)/(g·L⁻¹)$	$\rho(As)/(g·L⁻¹)$	$\rho(H_2SO_4)/(g·L⁻¹)$	铜回收率/%
8.5	19.92.	14.23	327	27.70

由表6-33和表6-34可知，硫酸铜结晶母液浸出还原渣，铜浸出率达到了99.56%～99.93%，硫酸铜结晶含As分别为20.18 kg和9.7 kg。试验说明硫酸铜结晶母液可用于浸出还原渣。

　　硫酸铜回收工业试验共回收 4 批硫酸铜，铜回收率分别达到了 25.44%、15.52%、25.60%、27.70%，总回收率达到 94.26%，母液铜残留率为 5.79%，通过循环利用母液，可继续提高铜回收率。

　　硫酸浸出还原渣，所得浸出渣成分如表 6－35 所示。由表可知，硫酸浸出还原渣后滤渣主要成分为 S 和 Ca。浸出渣的 XRD 图如图 6－33 所示，该图证实滤渣主要成分为硫酸钙。

表 6－35　还原渣硫酸浸出后渣成分　　　　　　　　%

Cu	As	S	Ca	Si	Bi
0.11	0.30	19.61	21.65	7.59	0.72

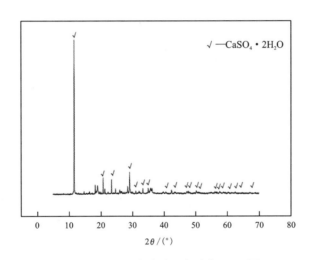

图 6－33　还原渣硫酸浸出后渣 XRD 图

　　含砷废水制备三氧化二砷，涉及的主要元素为 As 和 Cu，根据工业试验结果，As 和 Cu 物料走向分别如表 6－36 和表 6－37 所示。

表 6－36　砷物料走向

	石膏渣	NaOH 中和渣	絮凝渣	As$_2$O$_3$	硫酸铜	母液	其他	废水
$m(As)$/kg	120.58	70.10	17.43	1515.67	69.90	120.95	87.33	2003
比例/%	6.02	3.56	0.87	75.67	3.49	6.03	4.34	100

表 6 – 37　铜物料平衡

	硫酸铜	母液	其他
$m(\text{Cu})/\text{kg}$	2753	169.3	废水及损失
比例/%	94.26	5.79	

注：由于废水中约10%的铜进入亚砷酸铜中，因此回收的硫酸铜和母液中硫酸铜之和大于100%。

　　工业试验结果表明废水制备三氧化二砷，As 直收率达到 75.67%，硫酸铜和母液得到循环利用，As 总回收率可达到 85.19%。Cu 直收率达到 94.26%，循环利用母液，Cu 总回收率可达到 100%。

6.2　氧化铅脱砷沉淀物中砷回收

　　由 5.7.4 节可知，氧化铅处理 0.5 g/L 含砷溶液所得脱砷沉淀物主要为砷铅矿，也含少量氧化铅。有研究表明，砷铅矿与硫酸反应会生成硫酸铅，而砷被释放进入水溶液[205]，因此，砷铅矿较难在酸性硫酸介质中稳定存在。本研究利用硫酸浸出氧化铅脱砷沉淀物，使砷浸出进入浸出液，后续加以回收，而铅转化为硫酸铅。浸出过程涉及的反应如下式所示。

$$Pb_5(AsO_4)_3Cl + 5H_2SO_4 \Longrightarrow 3H_3AsO_4 + 5PbSO_4 + HCl$$
$$PbO + H_2SO_4 \Longrightarrow PbSO_4 + H_2O$$

　　将 5.7.4.2 节放大实验所得脱砷沉淀物混合样品（含 As 10.9%，Pb 70.6%）用 7.5 mol/L 硫酸浸出，研究发现，砷和铅浸出率分别为 99.0% 和 0.0081%，所得浸出液含砷和铅浓度分别为 121.6 g/L 和 0.065 g/L，所得浸出渣为白色沉淀物。图 6 – 34(a) 为浸出渣的 XRD 图，由图可知，浸出渣可识别的主要物相为硫酸铅（JCPDS 36—1461），未检测到其他物相。另外，浸出渣结晶性较好。由 XRD 图和浸出实验结果可知，硫酸浸出实现了砷的高效浸出，而铅以硫酸铅形式保留在浸出渣中。对浸出渣进行化学分析，发现砷含量为 0.10%，铅含量为 66.4%（硫酸铅纯度为 97.2%），为得到高纯度的硫酸铅，还需进一步纯化，纯化后硫酸铅可再生用于铅蓄电池、颜料、涂料和印刷等领域。浸出液中砷浓度平均达到 121.6 g/L，相对低浓度洗涤 As_2O_3 后废水，通过氧化铅脱砷和硫酸浸出，实现了含砷溶液中砷的高效富集，有利于砷回收。

　　浸出液 pH 为 – 0.96，由第 3 章图 3 – 1 可知，pH < 2.2 时，As(V) 主要以 H_3AsO_4 形式存在。然而，有研究表明[249, 250]，酸度过高时，溶液中 H_3AsO_4 与 H^+ 会发生反应生成 $H_4AsO_4^+$，而 $H_4AsO_4^+$ 的反应活性低于 H_3AsO_4。另外，酸度增大会降低二氧化硫溶解度。这些因素均会降低二氧化硫还原 As(V) 效率。因此，采

用二氧化硫直接还原浸出液，二氧化硫消耗量大，同时As(V)还原效果差。所以考虑先用氢氧化钠调节浸出液 pH 到 0，再利用二氧化硫还原溶液中 As(V)，砷以三氧化二砷形式回收。

研究表明，浸出液经 pH 调节后采用二氧化硫还原，砷回收率为 87.6%，而脱砷后液含砷 18.2 g/L。砷回收产物经去离子水洗涤，所得三氧化二砷产品为灰白色粉末，其化学成分含量与 GB 26721—2011 比较结果如表6–38 所示。由表可知，三氧化二砷产品纯度为 97.3%，可以达到 GB 26721—2011 中 As₂O₃–3 产品标准。脱砷后液和洗涤后液合并，经浓缩和冷却结晶回收硫酸钠副产品，结晶母液并入浸出液，减少砷损失以及对环境的危害。图 6–34(b) 为三氧化二砷产品的 XRD 图，由图可知，该产品识别的主要物相为 As₂O₃，未检测到其他物相，且产品结晶性能好。

表 6–38　As₂O₃ 产品与 GB 26721—2011 化学组分比较 w　　　　%

级别	As₂O₃	Cu	Zn	Fe	Pb	Bi
As₂O₃ 产品	97.3	0.00023	0.00041	0.0021	0.0078	<0.00066
As₂O₃–1	≥99.5	≤0.005	≤0.001	≤0.002	≤0.001	≤0.001
As₂O₃–2	≥98.0	—	—	—	—	—
As₂O₃–3	≥95.0	—	—	—	—	—

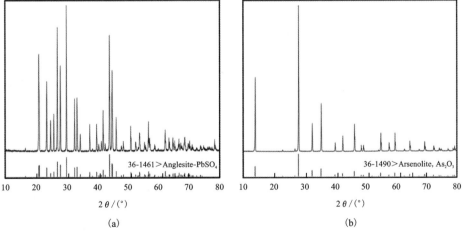

图 6–34　浸出渣(a)和三氧化二砷产品(b)的 XRD 图

6.3 复合盐脱砷沉淀物回收三氧化二砷

采用复合盐沉淀废水中砷,不仅沉淀效果好,而且更有利于沉淀中砷的回收。

6.3.1 复合盐沉淀物中砷的回收

6.3.1.1 复合盐沉淀物硫酸浸出优化实验

探索实验结果表明,复合盐脱砷沉淀物易溶于硫酸,根据探索实验条件,按照 $L_9(3^4)$ 正交表进行。将所得复合盐脱砷沉淀物混合,沉淀物中主要元素含量和硫酸浸出实验结果分别如表 6-39 和表 6-40 所示。

表 6-39　混合沉淀物中主要元素含量 w　　　　　%

As	Ca	Cu	Fe	Zn
7.04	2.76	2.86	9.96	9.48

表 6-40　硫酸浸出 $L_9(3^4)$ 正交实验结果

试验序号	A, 硫酸浓度 /(mol·L^{-1})	B, 液固比 (mL:g)	C, 浸出时间 /h	D, 温度/℃	砷浸出率/%
1	0.70	2:1	0.5	25	6.43
2	0.70	6:1	1.0	50	45.76
3	0.70	10:1	1.5	75	99.53
4	0.87	2:1	1.0	75	17.55
5	0.87	6:1	1.5	25	60.52
6	0.87	10:1	0.5	50	99.8
7	1.05	2:1	1.5	50	30.95
8	1.05	6:1	0.5	75	98.39
9	1.05	10:1	1.0	25	99.87
I	151.72	54.93	204.62	166.82	
II	177.87	204.67	163.18	176.51	
III	229.21	299.20	191.00	215.47	
K_1	50.57	18.31	68.21	55.61	
K_2	59.29	68.22	54.39	58.84	
K_3	76.40	99.73	63.67	71.82	
R	25.83	81.42	4.54	16.22	

　　由表 6 - 40 可知，各因素对砷浸出率影响顺序由大到小为：液固比，硫酸浓度，浸出温度，浸出时间。最优条件为 $A_3B_3C_1D_3$。当液固比为 10:1(mL:g) 时、As 浸出率均在 99% 以上。为了减少液固比、提高浸出液中 As 浓度，在此基础上进行优化实验。控制温度为 25℃、浸出时间为 0.5 h、硫酸浓度为 0.87 mol/L 条件不变，研究了不同液固比对砷浸出率的影响，其结果如表 6 - 41 所示。

表 6 - 41　不同液固比下砷浸出效果

液固比	渣中相关组分含量/%					砷浸出率/%
	As	Ca	Cu	Fe	Zn	
10:1	0.056	25.50	0.28	1.11	0.83	99.49
6:1	0.78	26.40	0.28	1.11	0.83	99.18
5:1	0.95	22.70	0.54	1.35	1.08	99.01
3:1	1.72	22.22	0.56	1.67	1.67	98.24

　　由表 6 - 41 可以看出，在液固比为 10:1、6:1、5:1、3:1 时，As 浸出率均达到 98% 以上，为使 As 浸出率达到最优且浸出液中各元素得到高度富集，以便再利用，选择液固比 3:1 为适宜浸出液固比。浸出渣烘干后用 XRF 进行全元素分析，其结果如表 6 - 42 所示，浸出渣 SEM 和 XRD 图如图 6 - 35 所示。

表 6 - 42　浸出渣的主要元素含量 w　　　　　　　%

Ca	S	O	Zn	Fe	As	Na	Cu	其他
35.20	27.94	27.07	2.47	2.33	2.04	1.35	0.95	0.64

　　由图 6 - 35(a) 可知，浸出渣形状为不规则片状，且颗粒团聚严重。由图 6 - 35(b) 可以看出，浸出渣物相组成较单一，主要物相为硫酸钙[190]。

6.3.1.2　酸浸液中砷的回收

　　采用液固比为 3:1 对脱砷沉淀物进行硫酸浸出，所得浸出液体积 3.25 L，$\rho(As_T)$ 20.56 g/L [As(III) 17.33 g/L]。在室温条件下，向浸出液中通入 SO_2 气体还原 1 h[217, 238]，浸出液中 As(V) 由 3.23 g/L 变为 0.76 g/L，As(V) 还原率达到 74.28%。将还原后液浓缩至约总体积 1/10，冷却结晶后过滤，砷回收率为 72.38%，回收砷产品经烘干得结晶产物 90.13 g，该产品经溶解分析，其主要元素含量如表 6 - 43 所示。由表可知，回收产物中存在少量杂质。

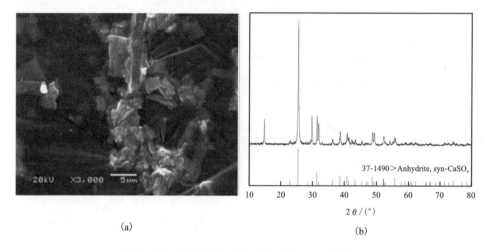

(a)　　　　　　　　　　　　(b)

图 6 – 35　浸出渣的 SEM 图(a)和 XRD 图(b)

表 6 – 43　回收产物主要元素含量 w　　　　　　　　%

序号	As	Ca	Cu	Fe	Zn
1	61.88	2.27	0.004	0.006	0.005
2	59.82	2.52	0.004	0.004	0.003
3	58.07	2.39	0.004	0.003	0.003
平均	59.92	2.39	0.004	0.004	0.004

　　回收砷产品的 SEM 图和 XRD 图如图 6 – 36 所示。由图 6 – 36(a)可以看出颗粒较分散,存在片状、矩形状及八面体状颗粒。由图 6 – 36(b)XRD 图可知,一次回收砷产物主要为三氧化二砷。

6.3.2　结晶母液的循环利用

　　以结晶母液进行循环回用实验,处理 4 L 含 50 mg/L As(Ⅲ)废水,表 6 – 44 为母液中主要元素浓度。

表 6 – 44　母液中主要元素浓度　　　　　　　　g/L

Ca	Cu	Fe	Zn	As
2.41	33.29	80.47	104.91	20.01

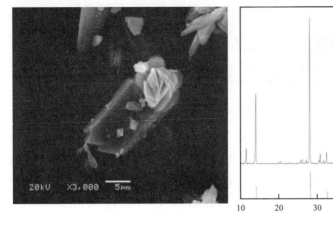 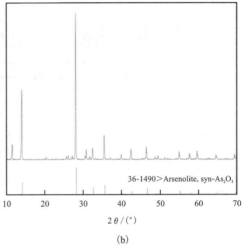

(a)　　　　　　　　　　　　　(b)

图 6 – 36　回收砷产品的 SEM 图(a)和 XRD 图(b)

根据 5.4.1.1 节中所得最佳复合盐配比 $n(Ca)/n(As) = 1.05$、$n(Cu)/n(As)$ $= 0.45$、$n(Fe)/n(As) = 1.20$、$n(Zn)/n(As) = 1.20$，来调整加入母液的体积(总砷包括母液中砷量)，取 5 mL 母液加入废水中，并补加适量复合盐，在室温条件下反应，搅拌 0.5 h，控制最终溶液 pH = 8.5 ~ 9.0，静置后取上清液进行测定，滤液中各元素浓度如表 6 – 45 所示。

表 6 – 45　结晶母液回用脱砷实验结果

组分残留浓度/(mg·L^{-1})					砷沉淀率/%
Ca	Cu	Fe	Zn	As	
24.18	0.10	0.10	1.57	8.50	83.65

由表 6 – 45 可看出，将结晶母液回用处理低浓度含 As(Ⅲ)废水，As 脱除率可达 83.65%。增大复合盐用量进行二次处理后废水中 As 浓度可达排放标准。复合盐的利用率均为 80% 以上，实现了资源回收与循环利用[251 – 252]。

复合盐沉淀回收三氧化二砷与日本住友法(硫化钠沉淀—硫酸铜置换—二氧化硫还原技术)回收三氧化二砷比较，复合盐酸浸还原得到循环利用，其处理成本大大降低，复合盐沉淀法工艺简单，更具有优势。与著作者原有发明的硫酸铜沉淀二氧化硫还原法比较，复合盐沉淀法更为简洁，大大降低回收沉淀剂的成本。

第7章　硫化砷渣回收三氧化二砷及三氧化二砷的精制

含砷废水经过硫化处理产生硫化砷渣，硫化砷渣一般砷含 28% ~ 32%，为危险固体废弃物，不能填埋处理。常采用火法和湿法处理后回收 As_2O_3，但是火法回收 As_2O_3 存在严重环保问题，湿法回收 As_2O_3 相对火法更有利于环境保护及砷污染的控制。

7.1　硫化砷渣的碱浸

7.1.1　实验原料和原理

本试验所用原料为硫化沉砷过滤后所得硫化砷渣，该渣中各元素的含量如表 7 - 1 所示。由表可知，硫化砷渣中 As、Cu、S 质量分数分别为 18.17%、10.90% 和 19.25%，说明其主要成分为硫化砷和硫化铜。

表 7 - 1　烘干后的硫化砷渣中各元素含量　　　　　　　　%

Cu	As	S	Bi	Pb	Zn	Fe	Ni	Re
10.90	18.17	19.25	1.85	0.22	0.21	0.32	0.06	0.023

硫化砷渣中加入氢氧化钠溶液，As_2S_3 沉淀发生溶解，反应如式(7 - 1)所示。

$$As_2S_3 + 6NaOH \Longrightarrow Na_3AsO_3 + Na_3AsS_3 + 3H_2O \qquad (7 - 1)$$

7.1.2　氢氧化钠与硫化砷渣摩尔比对砷浸出率的影响

用水浆化 300 g 硫化砷渣，再加入 30% 的 NaOH 溶液，当反应温度为 26℃，固液比为 1:6，反应时间为 1.5 h 时，不同氢氧化钠与硫化砷渣摩尔比[$n(NaOH):n(As_2S_3)$]对砷浸出率的影响如图 7 - 1 所示。

由图 7 - 1 可知，当 $n(NaOH):n(As_2S_3)$ 为 2:1、3.2:1、4:1、6:1、7.2:1、8:1、10:1 和 12:1 时，砷浸出率分别为 35.03%、39.23%、56.35%、72.00%、92.72%、92.73%、92.70% 和 93.00%。砷浸出率随 $n(NaOH):n(As_2S_3)$ 增大而

增大，$n(\mathrm{NaOH}):n(\mathrm{As_2S_3})$ 为 7.2:1 时，砷浸出率达到 92.72%，$n(\mathrm{NaOH}):$ $n(\mathrm{As_2S_3})$ 继续增加，砷浸出率基本不变。由反应式（7-1）可知，NaOH 与 $\mathrm{As_2S_3}$ 摩尔比为 6:1 时，理论上 $\mathrm{As_2S_3}$ 可完全溶解，然而硫化铜和硫化铋等不溶于碱的硫化物包裹在 $\mathrm{As_2S_3}$ 表面，阻碍浸出。因此，浸出硫化砷时需过量氢氧化钠。由于氢氧化钠成本较高，应尽量减少使用量，所以 $n(\mathrm{NaOH}):n(\mathrm{As_2S_3})$ 选择 7.2:1。

7.1.3　反应温度对砷浸出率的影响

用水浆化 300 g 硫化砷渣，再加入 30% 的 NaOH 溶液，当 $n(\mathrm{NaOH}):n(\mathrm{As_2S_3})$ 为 7.2:1，固液比为 1:6，反应时间为 1.5 h 时，反应温度对砷浸出率的影响如图 7-2 所示。

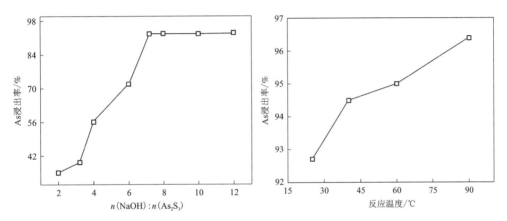

图 7-1　$n(\mathrm{NaOH}):n(\mathrm{As_2S_3})$ 对砷浸出率的影响　　图 7-2　反应温度对砷浸出率的影响

由图 7-2 可知，当反应温度为 25℃、40℃、60℃ 和 90℃ 时，砷浸出率分别为 92.72%、94.50%、95.00% 和 96.40%。砷浸出率随反应温度的升高而增大，90℃ 时达最大值，为 96.40%。温度的升高可以促进砷硫键的断裂，增大 $\mathrm{As_2S_3}$ 的溶解，并且反应的平衡常数和反应速率也会呈数量级变化，有利于浸出反应平衡的右移，砷浸出率升高。然而温度过高，能耗也较高，所以，选择适宜的反应温度为 90℃。

7.1.4　固液比对砷浸出率的影响

用水浆化 300 g 硫化砷渣，再加入 30% 的 NaOH 溶液，当 $n(\mathrm{NaOH}):n(\mathrm{As_2S_3})$ 为 7.2:1，反应温度为 90℃，反应时间为 1.5 h 时，固液比对砷浸出率的影响如图 7-3 所示。

由图 7-3 可知，当固液比为 1:10、1:8、1:6 和 1:4 时，浸砷率分别为

94.93%、95.74%、96.40%和95.32%。砷浸出率随固液比增大而先升高后减小，固液比为1:6时最大，为96.40%。固液比为1:4时，硫化砷渣的浆化不充分，氢氧化钠与硫化砷的接触还不充分，碱性浸出反应也就不充分，浸砷率较低。固液比为1:8和1:10时，体系中水较多，降低了反应物的浓度，反应速率随之减慢，一定时间内浸出的砷较少，浸砷率较低。因此，选择适宜的固液比为1:6。

7.1.5 反应时间对砷浸出率的影响

用水浆化300 g硫化砷渣，再加入30%的NaOH溶液，当$n(\text{NaOH}):n(\text{As}_2\text{S}_3)$为7.2:1，反应温度为90℃，固液比为1:6时，反应时间对砷浸出率的影响如图7-4所示。

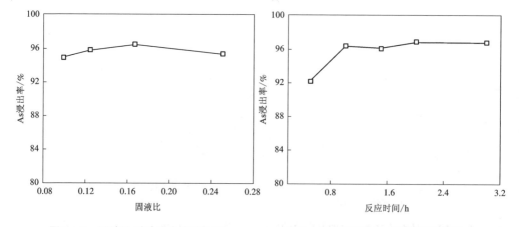

图7-3　固液比对砷浸出率的影响　　图7-4　反应时间对砷浸出率的影响

由图7-4可知，当反应时间为0.5 h、1 h、1.5 h、2 h和3 h时，砷浸出率分别为92.20%、96.17%、96.40%、96.83%和96.82%。砷浸出率随反应时间增加而增大，反应时间为2 h时最大，为96.83%，继续延长时间，由于反应物和氢氧化钠浓度的逐渐降低，以及浸出渣即硫化铜和硫化铋的包裹作用，浸出反应减慢，浸砷率变化不大，且时间太长，能耗过高，造成浪费。故选择适宜的反应时间为2 h。

综上所述，硫化砷渣碱浸的适宜条件为氢氧化钠与硫化砷渣的摩尔比$n(\text{NaOH}):n(\text{As}_2\text{S}_3)$为7.2:1，固液比为1:6，反应温度为90℃，反应时间为2 h。

7.1.6 硫化砷渣碱浸优化及实验室放大实验

在上述硫化砷渣碱浸的适宜条件下进行硫化砷渣碱浸的优化及实验室放大实验，结果如表7-2所示。

表 7 - 2　硫化砷渣碱浸的优化及实验室放大实验的砷浸出率

硫化砷渣/g	300	3000
砷浸出率/%	96.83	96.80

由表 7 - 2 可知,在硫化砷渣碱浸适宜条件下,优化实验的砷浸出率较高,重现性较好,实验室放大实验结果较理想。

产物碱浸渣的 XRF 结果、XRD 图、粒度分析结果和 SEM 图分别如表 7 - 3、图 7 -5(a) ~ (c)所示。由表 7 - 3 可知,碱浸渣中 Cu、Bi 含量分别高达50.00% 、10.63% ,砷仅为 2.62% ,铜铋得到富集,砷与之分离。由 XRD 图可以看出,碱浸渣中可识别的主要物相为硫化铜。结合粒度分析和 SEM 图可知,碱浸渣颗粒呈平均粒径为 1920 nm 的片状结构。

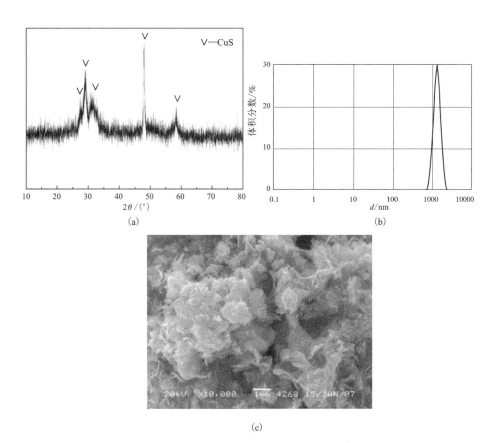

图 7 -5　碱浸渣的 XRD 图(a)、粒径分析(b)和 SEM 图(c)

表 7 - 3　碱浸渣化学成分　　　　　　　　　　　　　　　%

元素	As	Cu	Bi	S	Pb	Zn	Na	Fe
含量	2.62	50.00	10.63	24.42	0.61	0.64	0.95	1.22

7.1.7　硫化沉砷和碱浸的 φ - pH 图

经计算，硫化沉砷和碱浸[253]过程中各物质在标准状态下的电极反应和电动势方程如表 7 - 4 所示[254, 255 - 257]，根据电动势方程绘制硫化沉砷和碱浸过程 φ - pH 图，如图 7 - 6 所示。

表 7 - 4　硫化沉砷和碱浸过程电极反应及电动势方程

电极反应	电动势方程
$(1) H_3AsO_4 + 3H^+ + 2e \rightleftharpoons AsO^+ + 3H_2O$	$\varphi = 0.55 - 0.07021pH$
$(2) H_3AsO_4 + 2H^+ + 2e \rightleftharpoons HAsO_2 + 2H_2O$	$\varphi = 0.56 - 0.07021pH$
$(3) H_2AsO_4^- + 3H^+ + 2e \rightleftharpoons HAsO_2 + 2H_2O$	$\varphi = 0.67 - 0.0739pH$
$(4) HAsO_4^{2-} + 4H^+ + 2e \rightleftharpoons HAsO_2 + 2H_2O$	$\varphi = 0.88 - 0.07879pH$
$(5) 2AsO^+ + 3HSO_4^- + 25H^+ + 24e \rightleftharpoons As_2S_3 + 14H_2O$	$\varphi = 0.39 - 0.04431pH$
$(6) As_2O_3 + 3HSO_4^- + 27H^+ + 24e \longrightarrow As_2S_3 + 15H_2O$	$\varphi = 0.39 - 0.0492pH$
$(7) As_2O_3 + 3SO_4^{2-} + 30H^+ + 24e \rightleftharpoons As_2S_3 + 15H_2O$	$\varphi = 0.40 - 0.0197pH$
$(8) As_2S_3 + 6H^+ + 6e \rightleftharpoons 2As + 3H_2S$	$\varphi = -0.15 - 0.1183pH$
$(9) As_2S_3 + 3H^+ + 6e \rightleftharpoons 2As + 3HS^-$	$\varphi = -0.36 - 0.1183pH$
$(10) AsO_4^{3-} + 4H^+ + 2e \rightleftharpoons AsO_2^- + 2H_2O$	$\varphi = 0.98 - 0.0492pH$
$(11) As_2O_3 + 2H^+ \rightleftharpoons 2AsO^+ + H_2O$	$pH = -1.02$
$(12) H_3AsO_4 \rightleftharpoons H^+ + H_2AsO_4^-$	$pH = 3.59$
$(13) 2As_2S_3 + 2H_2O \rightleftharpoons 3H^+ + As_3S_6^{3-} + HAsO_2$	$pH = 8.40$
$(14) As_2O_3 + H_2O \rightleftharpoons 2AsO_2^- + 2H^+$	$pH = 8.64$

含砷废水 pH 为 - 1.5，加入 Na_2S 溶液后，由图 7 - 6 可知，砷从 AsO^+ 和 H_3AsO_4 的稳定区进入 As_2S_3 的稳定区。碱浸过程 As_2S_3 溶于 NaOH 溶液，pH 升高至 8.8，此时砷的存在形式为 $As_3S_6^{3-}$ 和 AsO_2^-。

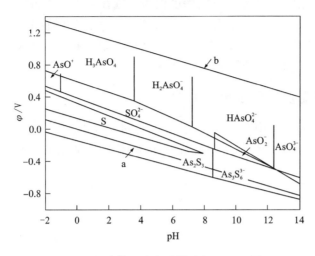

图 7 - 6　硫化沉砷和碱浸过程 φ - pH 图

7.2　碱浸液的氧化

本实验所用物料为硫化砷渣的碱浸液，溶液 pH 为 8.8，其组分 As、Cu 和 S 含量如表 7 - 5 所示。由表可知，碱浸液中砷和硫的含量较高。采用空气氧化的方法脱硫，使砷硫分离，涉及的主要反应如式（7 - 2）和式（7 - 3）所示。

表 7 - 5　碱浸液各主要元素含量

元素	As	Cu	S
含量/(g·L^{-1})	20.25	0.012	10.59

$$Na_3AsS_3 + 2O_2 \xrightarrow{\hspace{1.5cm}} Na_3AsO_4 + 3S \downarrow \qquad (7-2)$$

$$2Na_3AsO_3 + O_2 \xrightarrow{\hspace{1.5cm}} 2Na_3AsO_4 \qquad (7-3)$$

7.2.1　反应时间对脱硫率的影响

向 400 mL 碱浸液中通入空气，当反应温度为 30℃，空气流量为 80 L/h，对苯二酚质量浓度为 1.5 g/L 时，反应时间对脱硫率的影响如图 7 - 7 所示。

由图 7 - 7 可知，当反应时间为 4 h、6 h、8 h、10 h 和 12 h 时，脱硫率分别为 9.42%、32.51%、57.19%、84.09% 和 86.32%。脱硫率随氧化时间增加而增加，10 h 时达到 84.09%，氧化时间继续增加，脱硫率变化不大。反应式（7 - 3）为气液反应,30℃时氧气在溶液中的溶解度仅为空气在溶液中溶解度的33.60%[258],溶解量少,氧气的扩散速率自然就小[259],氧气与溶液接触较少,氧化速率慢。而10 h后,溶液中生成的硫易结成膜,进一步阻碍氧气扩散,减慢氧化速率。因此10 h后,延长反应时间对脱硫率影响不大。

7.2.2 反应温度对脱硫率的影响

向400 mL碱浸液中通入空气,当反应时间为10 h,空气流量为80 L/h,对苯二酚质量浓度为1.5 g/L时,反应温度对脱硫率的影响如图7-8所示。

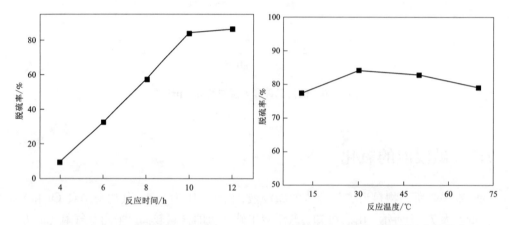

图7-7 反应时间对脱硫率的影响   图7-8 反应温度对脱硫率的影响

由图7-8可知,当反应温度为10℃、30℃、50℃和70℃时,脱硫率分别为77.25%、84.09%、82.81%和79.06%。脱硫率随反应温度的升高先增加后降低,30℃时最大,为84.09%。反应温度为10℃时,反应速率较慢,反应温度高于35℃时,发生下列副反应[260]:

$$Na_3AsS_3 + H_2O \Longrightarrow Na_2AsS_2OH + Na^+ + SH^- \tag{7-4}$$

$$SH^- + H_2O \Longrightarrow OH^- + H_2S\uparrow \tag{7-5}$$

$$2SH^- + 2O_2 \Longrightarrow S_2O_3^{2-} + H_2O \tag{7-6}$$

这些反应使得部分硫或以硫化氢气体的形式释放出来污染环境,或以SH^-、$S_2O_3^{2-}$等其他形式留在溶液中,降低脱硫率,而且反应温度过高,能耗较高。因此选择氧化脱硫适宜温度为30~35℃。

7.2.3 空气流量对脱硫率的影响

向400 mL碱浸液中通入空气,当反应时间为10 h,反应温度为30℃,对苯二酚质量浓度为1.5 g/L时,空气流量对脱硫率的影响如图7-9所示。

由图 7 – 9 可知, 当空气流量为 60 L/h、80 L/h、120 L/h 和 160 L/h 时, 脱硫率分别为 79.42%、84.09%、85.96% 和 89.33%。脱硫率随空气流量的增大而增加, 当空气流量为 160 L/h 时达到 89.33%。空气流量增大, 空气与溶液的接触面积增大, 脱硫率增加。而空气流量太大, 又不利于空气溶解, 因此脱硫率增幅不明显。空气流量为 160 L/h 时反应对设备要求及能耗都较高。因此 120 L/h 的空气流量比较合适, 其脱硫率为 85.96%。

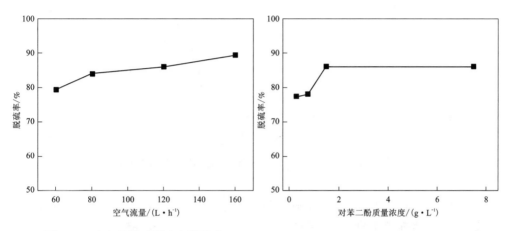

图 7 – 9　空气流量对脱硫率的影响　　图 7 – 10　对苯二酚质量浓度对脱硫率的影响

7.2.4　对苯二酚用量对脱硫率的影响

向 400 mL 碱浸液中通入空气, 当反应时间为 10 h, 反应温度为 30℃, 空气流量为 120 L/h 时, 对苯二酚质量浓度对脱硫率的影响如图 7 – 10 所示。

由图 7 – 10 可知, 当对苯二酚质量浓度为 0.3 g/L、0.75 g/L、1.5 g/L 和 7.5 g/L 时, 脱硫率分别为 77.43%、78.01%、85.96% 和 85.93%。脱硫率随对苯二酚用量的增加而增加, 对苯二酚质量浓度达 1.5 g/L 后, 继续增加对苯二酚, 脱硫率几乎不变。对苯二酚的载氧作用与用量有一定关系[261], 使用量较少时, 载氧作用明显。过量的对苯二酚在一定条件下被空气氧化为醌, 产生少量的双氧水[262], 可将少量 S^{2-} 氧化为 SO_4^{2-}, 降低脱硫率。

为进一步提高脱硫率, 使用 1.5 g/L 对苯二酚和 0.5 g/L 高锰酸钾的混合催化剂[263], 脱硫率增加明显, 可达 95%, 高锰酸钾起到一定的氧化作用。

7.2.5　表面活性剂种类和用量对脱硫率的影响

向 400 mL 碱浸液中通入空气, 当反应时间为 10 h, 反应温度为 30℃, 空气流量为 120 L/h, 对苯二酚质量浓度为 1.5 g/L 时, 表面活性剂种类和用量对脱硫率的影响如图 7 – 11 所示。

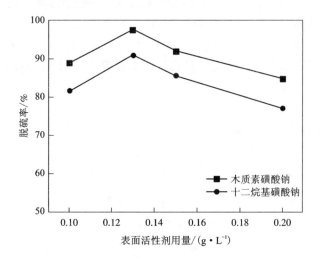

图 7 – 11　不同表面活性剂种类和用量对脱硫率的影响

由图 7 – 11 可知，当木质素磺酸钠用量为 0.1 g/L、0.13 g/L、0.15 g/L 和 0.2 g/L 时，脱硫率分别为 88.93%、97.67%、92.04% 和 84.85%；十二烷基磺酸钠用量为 0.1 g/L、0.13 g/L、0.15 g/L、0.2 g/L 时，脱硫率分别为 81.85%、91.07%、85.63% 和 77.09%。表面活性剂用量增加，脱硫率先增后减，表面活性剂为 0.13 g/L 时，脱硫率最大，用十二烷基磺酸钠时脱硫率为 91.07%，用木质素磺酸钠时脱硫率为 97.67%，可见，木质素磺酸钠的亲硫效果更好。表面活性剂亲油基会富集硫，破坏硫膜，增加溶液与氧的接触，提高脱硫率。表面活性剂过量时，富集后的硫在溶液中聚团[264]，阻碍氧的扩散，降低氧化脱硫的反应速率。

上述实验表明，碱浸液氧化脱硫的适宜条件是反应时间为 10 h，反应温度为 30℃，空气流量为 120 L/h，催化剂为 1.5 g/L 的对苯二酚和 0.5 g/L 的高锰酸钾，表面活性剂为 0.13 g/L 的木质素磺酸钠。

7.2.6　碱浸液氧化脱硫的优化

在上述碱浸液氧化脱硫的适宜条件下进行碱浸液氧化脱硫的小实验及实验室放大实验，其结果如表 7 – 6 所示。由表可知，在碱浸液氧化脱硫的适宜条件下，实验室放大实验结果较理想，其脱硫率均达到 97.6%。

放大实验脱硫产物的 XRF 分析结果和 XRD 图分别如表 7 – 7 和图 7 – 12 所示。结合 XRF 数据和 XRD 图可知，氧化产物主要成分为硫磺。

表 7 - 6　碱浸液氧化脱硫优化及实验室放大实验结果

碱浸液/L	0.4	10
脱硫率/%	97.67	97.60

表 7 - 7　脱硫产物成分

组成	As$_2$O$_3$	S	O	Na	Mn	Fe	K	Si
含量/%	5.85	78.01	11.59	0.83	4.56	0.083	0.026	0.077

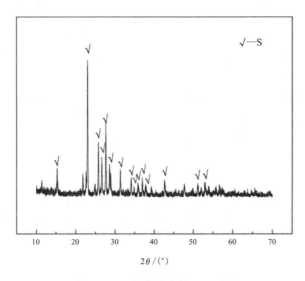

图 7 - 12　氧化产物的 XRD 图

7.2.7　碱浸液氧化脱硫过程 φ - pH 图

经计算，碱浸液氧化过程中各物质标准状态下的电极反应和电动势方程如表 7 - 8 所示。根据各电极反应的电动势方程绘制碱浸液氧化过程 φ - pH 图，如图 7 - 13 所示。

由图 7 - 13 可知，碱浸液起始 pH 为 8.8 时，溶液中砷以 As$_3$S$_6^{3-}$ 和 AsO$_2^-$ 的形式存在。通入空气后，pH 逐渐降低，电位逐渐升高，As$_3$S$_6^{3-}$ 先进入 S 的稳定区，产生硫。电位继续升高，氧化过程结束时，pH 为 6.8，此时砷被氧化为 H$_2$AsO$_4^-$，硫被氧化为 SO$_4^{2-}$。而实际过程中由于添加了表面活性剂木质素磺酸钠，使得产生的硫大部分团聚沉淀，从而得到副产品硫单质。

表 7-8 碱浸液氧化脱硫过程电极反应及电动势方程

电极反应	电动势方程
$(1) H_3AsO_4 + 3H^+ + 2e \Longrightarrow AsO^+ + 3H_2O$	$\varphi = 0.55 - 0.07021pH$
$(2) H_2AsO_4^- + 3H^+ + 2e \Longrightarrow HAsO_2 + 2H_2O$	$\varphi = 0.67 - 0.0739pH$
$(3) HAsO_4^{2-} + 4H^+ + 2e \Longrightarrow HAsO_2 + 2H_2O$	$\varphi = 0.88 - 0.07879pH$
$(4) 2AsO^+ + 3HSO_4^- + 25H^+ + 24e \Longrightarrow As_2S_3 + 14H_2O$	$\varphi = 0.39 - 0.04431pH$
$(5) 3AsO_2^- + 6SO_4^{2-} + 60H^+ + 48e \Longrightarrow As_3S_6^{3-} + 30H_2O$	$\varphi = 0.40 - 0.0492pH$
$(6) SO_4^{2-} + 8H^+ + 6e \Longrightarrow S + 4H_2O$	$\varphi = 0.35 - 0.0197pH$
$(7) S + 2H^+ + 2e \Longrightarrow H_2S_{(aq)}$	$\varphi = 0.14 - 0.1183pH$
$(8) S + H^+ + 2e \Longrightarrow HS^-$	$\varphi = -0.065 - 0.1183pH$
$(9) As_2S_3 + 6H^+ + 6e \Longrightarrow 2As + 3H_2S$	$\varphi = -0.15 - 0.1183pH$
$(10) As_2S_3 + 3H^+ + 6e \Longrightarrow 2As + 3HS^-$	$\varphi = -0.36 - 0.1183pH$
$(11) AsO_4^{3-} + 4H^+ + 2e \Longrightarrow AsO_2^- + 2H_2O$	$\varphi = 0.98 - 0.0492pH$
$(12) H_3AsO_4 \Longrightarrow H^+ + H_2AsO_4^-$	$pH = 3.59$
$(13) H_2AsO_4^- \Longrightarrow H^+ + HAsO_4^{2-}$	$pH = 7.26$
$(14) 2As_2S_3 + 2H_2O \Longrightarrow 3H^+ + As_3S_6^{3-} + HAsO_2$	$pH = 8.40$
$(15) As_2O_3 + H_2O \Longrightarrow 2AsO_2^- + 2H^+$	$pH = 8.64$
$(16) HAsO_4^{2-} \Longrightarrow H^+ + AsO_4^{3-}$	$pH = 12.43$

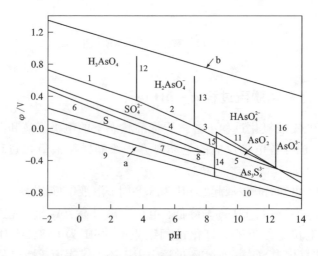

图 7-13 碱浸液氧化过程 $\varphi - pH$ 图

7.3 氧化液还原

在氧化液中通入二氧化硫，发生如下反应：

$$AsO_4^{3-} + SO_2 + H^+ \Longrightarrow SO_4^{2-} + HAsO_2 \downarrow \qquad (7-7)$$

7.3.1 pH 对产物中 As_2O_3 含量和砷回收率的影响

向 200 mL 氧化液中通入 SO_2 气体，当反应时间为 40 min，反应温度为 30℃，反应物砷质量浓度为 20.25 g/L 时，pH 对产物中 As_2O_3 含量和砷回收率的影响如图 7-14 所示。

由图 7-14 可知，当 pH 为 0、1、2 和 5 时，产物中 As_2O_3 含量分别为 81.02%、80.57%、77.81% 和 44.55%，砷回收率分别为 96.35%、93.11%、92.84% 和 90.69%。产物中 As_2O_3 含量和砷回收率随着 pH 升高而降低。pH 为 0 时产物中 As_2O_3 含量和砷回收率最大，分别为 81.02% 和 96.35%。温度一定的条件下 As_2O_3 的溶解度随 pH 的减小而减小[265,266]，pH 的降低有利于产生的 As_2O_3 析出。因此，pH 越低，产物中 As_2O_3 含量和砷回收率越高。

7.3.2 反应时间对产物中 As_2O_3 含量和砷回收率的影响

向 200 mL 氧化液中通入 SO_2 气体，当 pH 为 0，反应温度为 30℃，反应物砷质量浓度为 20.25 g/L 时，反应时间对产物中 As_2O_3 含量和砷回收率的影响如图 7-15 所示。

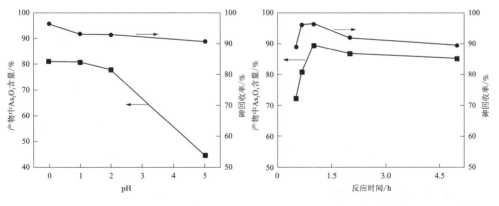

图 7-14 pH 对产物中 As_2O_3 含量
和砷回收率的影响

图 7-15 反应时间对产物中 As_2O_3 含量
和砷回收率的影响

由图 7-15 可知，当反应时间为 0.5 h、0.67 h、1 h、2 h 和 5 h 时，产物中 As_2O_3 含量分别为 72.39%、81.02%、89.67%、89.68% 和 89.70%，砷回收率分别为 88.99%、96.35%、96.62%、96.62% 和 96.62%。随着反应时间的延长，产物中 As_2O_3 含量和砷回收率逐渐增加。反应 1 h 时，产物中 As_2O_3 含量和砷回收率分别达到 89.67% 和 96.62%，继续延长时间，产物中 As_2O_3 含量和砷回收率基本不变。因此，选择适宜的反应时间为 1 h。

二氧化硫还原反应也是气液反应，二氧化硫较易溶于溶液，因此比空气氧化反应速率快，1 h 后产物中 As_2O_3 含量和砷回收率就已较高且基本不变。由于随反应时间延长，二氧化硫溶解达到饱和，反应速率逐渐减慢，产物中 As_2O_3 含量和砷回收率增幅减小。

7.3.3 反应温度对产物中 As_2O_3 含量和砷回收率的影响

向 200 mL 氧化液中通入 SO_2 气体，当 pH 为 0，反应时间为 1 h，反应物砷质量浓度为 20.25 g/L 时，反应温度对产物中 As_2O_3 含量和砷回收率的影响如图 7-16 所示。

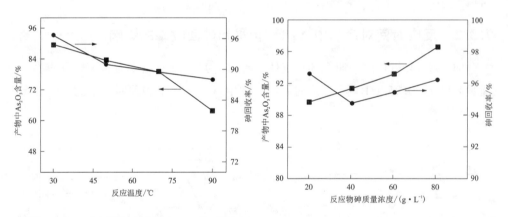

图 7-16　反应温度对产物中 As_2O_3 含量　　图 7-17　反应物砷质量浓度对产物中 As_2O_3
　　　　和砷回收率的影响　　　　　　　　　　　含量和砷回收率的影响

由图 7-16 可知，当反应温度为 30℃、50℃、70℃ 和 90℃ 时，产物中 As_2O_3 含量分别为 89.67%、86.33%、78.99% 和 63.90%，砷回收率分别为 96.62%、90.94%、89.46% 和 88.05%。30℃ 时产物中 As_2O_3 含量和砷回收率最高，分别为 89.67% 和 96.62%。随着反应温度的升高，产物中 As_2O_3 含量和砷回收率逐渐降低。还原反应式(7-7)是放热反应[267]，实验过程中反应容器放热也证实这点。因此，反应温度的升高不利于二氧化硫还原反应平衡右移，产生的 $HAsO_2$ 减少，

产物中 As_2O_3 含量和砷回收率则降低。因此，选择适宜的反应温度为30℃。

7.3.4 反应物砷质量浓度对产物中 As_2O_3 含量和砷回收率的影响

向 200 mL 氧化液中通入 SO_2 气体，当 pH 为 0，反应时间为 1 h，反应温度为 30℃时，反应物砷质量浓度对产物中 As_2O_3 含量和砷回收率的影响如图 7 - 17 所示。

由图 7 - 17 可知，当反应物砷质量浓度为 20.25 g/L、40.5 g/L、60.75 g/L 和 81.00 g/L 时，产物中 As_2O_3 含量分别达到了 89.67%、91.38%、95.01% 和 96.64%，砷回收率分别为 96.62%、94.75%、95.46% 和 96.24%。随着反应物砷质量浓度的增加，产物中 As_2O_3 含量和砷回收率均逐渐升高，砷质量浓度为 81.00 g/L 时，产物中 As_2O_3 含量和砷回收率较高，分别为 96.64% 和 96.24%，此时虽然砷回收效果较好，但蒸发浓缩的时间太长，能耗较高。又因为 As_2O_3 溶解度较低[90]，砷质量浓度为 60.00 g/L 时，还原反应进程中自动析出了白色沉淀 As_2O_3，纯度较高，且此时蒸发浓缩的时间较短，能耗较低。

综上所述，氧化液通 SO_2 还原的适当条件是 pH 为 0，反应时间为 1 h，反应温度为 30℃，砷质量浓度为 60.00 g/L。

根据上述氧化液还原的适宜条件进行实验室放大实验，结果如表 7 - 9 所示，三氧化二砷产品化学组分和 XRD 分析结果分别如表 7 - 10 和图 7 - 18 所示。

表 7 - 9　氧化液还原的优化及实验室放大实验结果

氧化液体积/L	0.2	2
产物中 As_2O_3 含量/%	95.02	95.00
砷回收率/%	95.46	95.40

表 7 - 10　三氧化二砷产品组分含量

组成	As_2O_3	S	Na	Fe	K	Si
含量/%	95.14	1.51	3.09	0.034	0.013	0.41

由表 7 - 9 可知，在氧化液还原的适宜条件下，回收砷产物中 As_2O_3 含量和砷回收率较高，重现性较好，放大实验结果较理想。结合三氧化二砷产品化学组分和 XRD 图可知，还原产物为含 95.14% 的 As_2O_3。

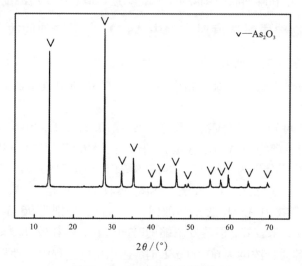

图 7 - 18 还原产物的 XRD 图

7.3.5 氧化液还原过程 φ - pH 图

经计算，氧化液还原过程中各物质标准状态下的电极反应和电动势方程如表 7 - 11 所示。根据各电极反应的电动势方程绘制氧化液还原过程 φ - pH 图，如图 7 - 19 所示。

表 7 - 11 氧化液还原过程电极反应及电动势方程

电极反应	电动势方程
$(1) H_3AsO_4 + 3H^+ + 2e \Longrightarrow AsO^+ + 3H_2O$	$\varphi = 0.55 - 0.07021 pH$
$(2) H_2AsO_4^- + 3H^+ + 2e \Longrightarrow HAsO_2 + 2H_2O$	$\varphi = 0.67 - 0.0739 pH$
$(3) HAsO_4^{2-} + 4H^+ + 2e \Longrightarrow HAsO_2 + 2H_2O$	$\varphi = 0.88 - 0.07879 pH$
$(4) 2AsO^+ + 3HSO_4^- + 25H^+ + 24e \Longrightarrow As_2S_3 + 14H_2O$	$\varphi = 0.39 - 0.04431 pH$
$(5) 2HAsO_2 + 3HSO_4^- + 27H^+ + 24e \Longrightarrow As_2S_3 + 16H_2O$	$\varphi = 0.39 - 0.0492 pH$
$(6) 2HAsO_2 + 3SO_4^{2-} + 30H^+ + 24e \Longrightarrow As_2S_3 + 16H_2O$	$\varphi = 0.40 - 0.0197 pH$
$(7) As_2O_3 + 2H^+ \Longrightarrow 2AsO^+ + H_2O$	$pH = -0.72$
$(8) As_2O_3 + H_2O \Longrightarrow 2AsO_2^- + 2H^+$	$pH = 1.30$
$(9) H_3AsO_4 \Longrightarrow H^+ + H_2AsO_4^-$	$pH = 3.59$
$(10) H_2AsO_4^- \Longrightarrow H^+ + HAsO_4^{2-}$	$pH = 7.26$

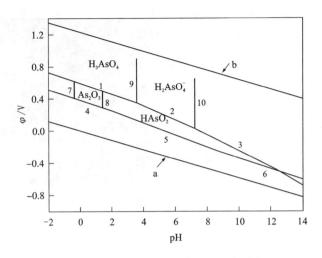

图 7 - 19　氧化液还原过程 φ - pH 图

氧化液还原之前，pH 调为 0，此时溶液中砷从 $H_2AsO_4^-$ 的稳定区进入 H_3AsO_4 的稳定区。通入 SO_2，体系电位降低，pH 略有降低，但变化不大。此时砷从 H_3AsO_4 的稳定区进入 As_2O_3 的稳定区。由于 As_2O_3 的溶解度较低，As_2O_3 会自动从溶液中析出。

7.4　三氧化二砷的精制[268]

实验所用原料为某粗三氧化二砷样品，经 ICP 和化学分析，其相关组分含量如表 7 - 12 所示。由表可知，粗三氧化二砷纯度为 93.6%，该产品中 As_2O_3 含量低于 GB 26721—2011 中三氧化二砷相关产品标准 $[w(As_2O_3) \geqslant 95\%]$。图 7 - 20 为粗三氧化二砷的 XRD 图和 SEM 图。XRD 分析表明粗三氧化二砷可识别的主要物相为 As_2O_3（JCPDS 36 - 1490），未检测到其他物相，且产品结晶性好。由 SEM 图可以看出，粗三氧化二砷颗粒主要呈不规则碎石状，粒径大小为 1~5 μm。

表 7 - 12　粗三氧化二砷中相关组分含量 w　　　　　　　　　　　%

As_2O_3	Sb	Se	Cu	Fe	Zn
93.6	0.35	0.079	0.0044	0.0077	0.0022

将粗三氧化二砷通过硫酸 - 双氧水氧化浸出后，再利用二氧化硫还原制备符合 As_2O_3 - 1 标准（GB 26721—2011）的三氧化二砷产品，涉及的主要反应如式

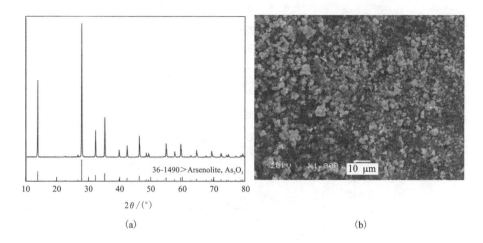

图 7 – 20　粗三氧化二砷的 XRD 图(a)和 SEM 图(b)

(7 – 8)~式(7 – 10)所示。

$$As_2O_{3(s)} + 2H_2O_{2(aq)} + H_2O_{(l)} \Longrightarrow 2H_3AsO_{4(aq)} \tag{7 – 8}$$

$$SO_{2(g)} + H_2O \Longleftrightarrow H_2SO_3 \tag{7 – 9}$$

$$H_2SO_3 + H_3AsO_4 \Longrightarrow H_3AsO_3 + HSO_4^- + H^+ \tag{7 – 10}$$

　　实验所用浸出试剂为硫酸与双氧水混合溶液(硫酸浓度为 0.05 mol/L),为证明硫酸、双氧水体系浸出粗三氧化二砷的可行性,研究了 $n(H_2O_2):n(As(\mathrm{III}))$、浸出温度、浸出时间和液固比对粗三氧化二砷浸出的影响,以得出适宜的浸出工艺。

7.4.1　粗三氧化二砷酸性氧化浸出工艺研究

7.4.1.1　$n(H_2O_2):n(As(\mathrm{III}))$ 对砷浸出率和渣率的影响

　　由式(7 – 8)可知,双氧水用量对粗三氧化二砷浸出起重要作用。在浸出温度为 60℃,液固比为 13:1 和浸出时间为 90 min 条件下采用硫酸 – 双氧水体系对粗三氧化二砷进行浸出,$n(H_2O_2):n(As(\mathrm{III}))$ 对砷浸出率和渣率的影响如图 7 – 21 所示。由图可知,当 $n(H_2O_2):n(As(\mathrm{III}))$ 从 0 增加到 4.7 时,砷浸出率从 43.1% 增大到 93.4%,渣率从 64.6% 减少到 8.6%,可见,双氧水用量越多,砷浸出效果越好。双氧水在粗三氧化二砷浸出过程中主要起氧化作用,它将 As_2O_3 溶解得到的 H_3AsO_3 氧化为高溶解度的 H_3AsO_4,从而打破 As_2O_3 和 H_3AsO_3 之间的沉淀溶解平衡,促使砷浸出。增大双氧水量有利于粗 As_2O_3 的氧化浸出,故砷浸出率增加。当 $n(H_2O_2):n(As(\mathrm{III}))$ 大于 0.93 时,砷浸出率增加幅度变小。出于砷浸出率和成本考虑，选择 $n(H_2O_2):n(As(\mathbb{II}))$ 为 0.93 用于后续实验。

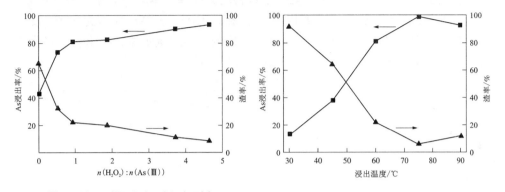

图 7-21　$n(H_2O_2):n(As(\mathbb{II}))$ 对砷浸出率和渣率的影响

图 7-22　浸出温度对砷浸出率和渣率的影响

7.4.1.2　浸出温度对砷浸出率和渣率的影响

温度是影响浸出过程的一个重要因素。在 $n(H_2O_2):n(As(\mathbb{II}))$ 为 0.93，液固比为 13∶1 和浸出时间为 90 min 条件下采用硫酸－双氧水体系浸出粗三氧化二砷，浸出温度对砷浸出率和渣率的影响如图 7-22 所示。

由图 7-22 可知，浸出温度从 30℃ 增加到 75℃，砷的浸出率从 12.5% 增大到 99.7%，渣率从 91.8% 下降到 6.0%，这说明升高温度有利于粗 As_2O_3 中砷的浸出。升高温度砷浸出率变化主要是受到三氧化二砷溶解度、浸出反应活化能、悬浊液黏度等因素的影响[150, 268, 269]。然而，温度从 75℃ 升至 90℃ 时，砷浸出率减小，从 97.8% 下降至 93.1%，且渣率增加，从 6.1% 上升至 12.0%，这可能是由于浸出温度过高使双氧水分解速率加快，从而降低了双氧水的氧化效果。结合砷浸出效果和能耗，选择适宜的浸出温度为 75℃。

7.4.1.3　浸出时间对砷浸出率和渣率的影响

在 $n(H_2O_2):n(As(\mathbb{II}))$ 为 0.93，液固比为 13∶1 和浸出温度为 75℃ 条件下采用硫酸－双氧水体系浸出粗三氧化二砷，浸出时间对砷浸出率和渣率的影响如图 7-23 所示。由图可知，浸出时间的延长在一定程度上有利于砷的浸出。当浸出时间从 15 min 延长到 90 min，砷的浸出率从 76.2% 增大到 99.7%，渣率从 26.0% 减少到 6.0%。此结果表明浸出反应达到平衡前，浸出剂与粗 As_2O_3 接触时间的延长可以增大砷浸出率，但增加幅度减小。然而，浸出时间大于 90 min 后，砷浸出率和渣率变化不大，说明该条件下粗 As_2O_3 浸出已达到平衡。因此，选择适宜的浸出时间为 90 min。

7.4.1.4　液固比对砷浸出率和渣率的影响

浸出反应在液固界面进行，而高液固比下固相颗粒周围的产物浓度相对较小，这有利于浸出剂与固相颗粒之间的反应。然而，对于粗 As_2O_3 浸出，液固比增大会增大浸出液体积和稀释砷浓度，这将增大处理成本且不利于后续砷回收。因此，考虑降低粗三氧化二砷浸出液固比。在 $n(H_2O_2):n(As(III))$ 为 0.93，浸出温度为 75℃和浸出时间为 90 min 条件下采用硫酸 – 双氧水体系浸出粗三氧化二砷，不同液固比下粗三氧化二砷浸出效果如图 7 – 24 所示。

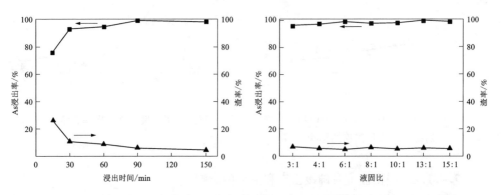

图 7 – 23　浸出时间对砷浸出率和渣率的影响　　图 7 – 24　液固比对砷浸出率和渣率的影响

　　液固比从 15:1 下降到 3:1 时，砷的浸出率和渣率变化不大，由此可知，粗三氧化二砷浸出可以在低液固比下进行。然而，在研究过程中发现，当浸出液固比小于 4:1 时，加入双氧水后悬浊液中产生大量气泡，并产生剧烈喷涌现象。考虑到生产安全及成本因素，选择液固比为 4:1，该条件下砷浸出率为 97.1%，渣率为 5.8%。

　　基于上述研究结果，硫酸 – 双氧水体系浸出粗三氧化二砷的优化工艺条件如下：$n(H_2O_2):n(As(III))$ 为 0.93，浸出温度为 75℃，浸出时间为 90 min，液固比为 4:1。为进一步验证浸出工艺的可行性，本研究在优化的工艺条件下对粗三氧化二砷浸出进行放大实验，扩大规模为 10 倍(250 g 粗三氧化二砷)，其实验结果如表 7 – 13 所示。

表 7 – 13　粗 As_2O_3 浸出放大实验结果

	As	Sb	Cu	Fe	Zn
浸出率/%	95.5	34.5	56.4	69.9	59.7
浸出液成分/$(g \cdot L^{-1})$	165.6	0.30	0.0060	0.013	0.0032
浸出渣成分 w/%	41.5	3.0	0.025	0.030	0.012

由表 7 - 13 可知，As 浸出率为 95.5%，相比小规模实验稍有下降。另外，杂质元素也有部分被浸出进入溶液，故后续制备三氧化二砷时杂质含量需严格把控。研究发现，浸出后渣率为 7.6%，相比小规模实验稍有增加。由上述结果可以看出，硫酸 - 双氧水体系浸出粗三氧化二砷放大实验浸出效果较好。与表 7 - 12所示粗三氧化二砷中杂质含量相比，浸出渣中 Sb、Se、Cu、Fe 和 Zn 含量被富集。浸出渣中砷含量为 41.5%，将其返回浸出过程。

由图 7 - 25 可知，浸出渣可识别的主要物相为 As_2O_3，并未检测到其他物相。相比粗三氧化二砷而言，浸出渣中 As_2O_3 的衍射峰强度显著降低，这是由于粗As_2O_3 中砷大部分被浸出，而一些杂质富集在浸出渣中，使得浸出渣中 As_2O_3 含量降低。

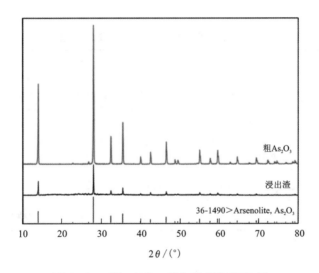

图 7 - 25   粗三氧化二砷与浸出渣 XRD 图

7.4.2   三氧化二砷的制备

对粗三氧化二砷浸出液采用 SO_2 还原制备符合 As_2O_3 - 1 标准的三氧化二砷，选择反应温度为 40℃。浸出液中相关组分含量如表 7 - 13 所示，利用二氧化硫直接还原浸出液中 As(Ⅴ) 以回收砷，其实验结果如表 7 - 14 所示。由表 7 - 14 可知，砷回收率为 94.6%，Sb、Fe 和 Zn 等杂质均有一定的脱除。另外，脱砷后液含11.2 g/L 砷，将其浓缩后并入浸出液中，以减少有价组分的损失和后续处理成本。

表 7 – 14   浸出液中砷回收实验结果

	As	Sb	Cu	Fe	Zn
脱除率/%	94.6	99.4	5.6	50.5	36.8
脱砷后液/(g·L^{-1})	11.2	0.0022	0.0071	0.0081	0.0025

回收的三氧化二砷($1^\#$As$_2$O$_3$ 产品)为白色粉末,将该产品的化学组成与 GB 26721—2011 进行比较,结果如表 7 – 15 所示。由表 7 – 15 可知,除铁超出三氧化二砷一类产品标准(As$_2$O$_3$ – 1)外,其他指标达到一类产品标准。

表 7 – 15   As$_2$O$_3$ 产品和 GB 26721—2011 化学组分比较 w %

级别	As$_2$O$_3$	Cu	Zn	Fe	Pb	Bi
As$_2$O$_3$ – 1	≥99.5	≤0.005	≤0.001	≤0.002	≤0.001	≤0.001
As$_2$O$_3$ – 2	≥98.0	—	—	—	—	—
As$_2$O$_3$ – 2	≥95.0	—	—	—	—	—
$1^\#$As$_2$O$_3$ 产品①	99.5	<0.00016	0.00057	0.0032	<0.00081	<0.00065
$2^\#$As$_2$O$_3$ 产品②	99.7	<0.00016	0.00026	<0.00016	<0.00082	<0.00066

注:①表示一次纯化所得 As$_2$O$_3$ 产品;②表示二次纯化所得 As$_2$O$_3$ 产品。

为制备符合 As$_2$O$_3$ – 1 标准的三氧化二砷,对 $1^\#$As$_2$O$_3$ 产品进一步纯化,以降低产品中杂质铁含量。研究发现,$1^\#$As$_2$O$_3$ 产品经水洗和稀盐酸洗涤,产品中铁含量较难达到 As$_2$O$_3$ – 1 产品标准。因此,对 $1^\#$As$_2$O$_3$ 产品再次进行氧化浸出和二氧化硫还原,以进行第二次纯化。由表 7 – 15 可以看出,经两次纯化后所得三氧化二砷产品($2^\#$As$_2$O$_3$ 产品)质量可达到 As$_2$O$_3$ – 1 产品标准。二次纯化所得浸出渣并入 $1^\#$As$_2$O$_3$ 产品中,而脱砷后液经浓缩后并入浸出液,以减少砷损失和对环境的危害。粗三氧化二砷经两次纯化制备符合 As$_2$O$_3$ – 1 标准的三氧化二砷,砷直收率为 85.8%。

图 7 – 26 为 $2^\#$As$_2$O$_3$ 产品的 XRD 图和 SEM 图。由 XRD 图可知,$2^\#$As$_2$O$_3$ 产品中可识别的主要物相为三氧化二砷,未检测到其他物相,且产品结晶性能好。由 SEM 图可以看出,$2^\#$As$_2$O$_3$ 产品颗粒主要呈八面体状,粒径为 4 ~ 20 μm。与图

7 − 20(a)中粗三氧化二砷的形貌比较可知，粗三氧化二砷经过纯化后所得产品颗粒更规整，粒径变大。

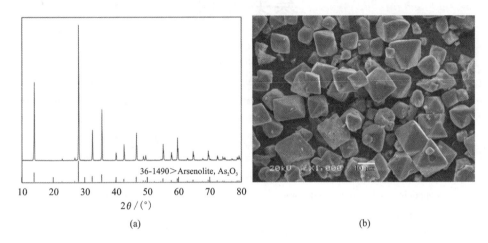

(a)   (b)

图 7 − 26   2$^{\#}$As$_2$O$_3$ 产品的 XRD 图(a)和 SEM 图(b)

参考文献

[1] Nazari A M, Radzinski R, Ghahreman A, et al. Review of arsenic metallurgy: Treatment of arsenical minerals and the immobilization of arsenic [J]. Hydrometallurgy, 2017, 174: 258 – 281.

[2] 水志良, 陈起超, 水浩东. 砷化学与工艺学[M]. 北京: 化学工业出版社, 2014.

[3] 项斯芬, 严宣申. 无机化学丛书(第四卷)[M]. 北京: 科学出版社, 1998.

[4] Long H, Zheng Y J, Peng Y L, et al. Comparison of arsenic(V) removal with different lead-containing substances and process optimization in aqueous chloride solution [J]. Hydrometallurgy, 2019, 183: 199 – 206.

[5] 张胜华. 沉淀 – 溶解法回收污酸中砷的新工艺研究[D]. 长沙: 中南大学, 2013.

[6] 李玉虎. 有色冶金含砷烟尘中砷的脱除与固化[D]. 长沙: 中南大学, 2012.

[7] 中化化工标准化所, 全国化学标准化技术委员会化学试剂分会. 化学试剂标准汇编: 无机试剂卷[M]. 北京: 中国标准出版社, 2005.

[8] 邓卫华. 锑冶炼砷碱渣有价资源综合回收研究[D]. 长沙: 中南大学, 2014.

[9] 迪安 J A. 兰氏化学手册[M]. 北京: 科学出版社, 2003.

[10] Long H, Zheng Y J, Peng Y L, et al. Recovery of alkali, selenium and arsenic from antimony smelting arsenic – alkali residue [J]. Journal of Cleaner Production, 2020, 251: 119673.

[11] 曹南星. 三氧化二砷的性质、用途生产及其"三废"处理[J]. 江西冶金, 1997, 17(5): 105 – 107.

[12] Geological Survey US. Arsenic statistics and information — Mineral commodity summaries [EB/OL]. https://www. usgs. gov/centers/nmic/arsenic – statistics – and – information.

[13] 贾海. 高砷冶金废料的回收与综合利用[D]. 长沙: 中南大学, 2013.

[14] 郑春宇. 生物氧化提金废液中单质砷的回收及高值化利用研究[D]. 沈阳: 东北大学, 2010.

[15] 李倩. 生物氧化提金液中有价元素回收利用研究[D]. 沈阳: 东北大学, 2011.

[16] 丁祥沁. 土壤砷污染及其防治[J]. 江西铜业工程, 1994(2): 38 – 47.

[17] 杨居荣. 砷在土壤中的蓄积与迁移特征[J]. 环境科学, 1986, 7(2): 26 – 31.

[18] Ng J C. Environmental contamination of arsenic and its toxicological impact on humans[J]. Environmental Chemistry, 2005, 2(3): 146 – 160.

[19] Saint-Jacques N, Brown P, Nauta L, et al. Estimating the risk of bladder and kidney cancer from exposure to low-levels of arsenic in drinking water, Nova Scotia, Canada [J].

Environment International, 2018, 110: 95 – 104.

[20] Elwakeel K Z. Removal of arsenate from aqueous media by magnetic chitosan resin immobilized with molybdate oxoanions[J]. International Journal of Environmental Science and Technology, 2013, 11(4): 1051 – 1062.

[21] 廖自基. 环境中微量重金属的污染危害与迁移转化[M]. 北京: 科学出版社, 1989.

[22] 夏光祥. 难浸金矿提金新技术[M]. 北京: 冶金工业出版社, 1996.

[23] 邹家庆, 等. 工业废水处理技术[M]. 北京: 化学工业出版社, 2003.

[24] 陈维平. 清洁生产方法制备砷新工艺及其基础理论研究[D]. 长沙: 湖南大学, 2000.

[25] 牛秋雅. 砷污染治理及砷资源回收利用的清洁生产新技术研究[D]. 长沙: 湖南大学, 2001.

[26] 邱立萍. 高浓度含砷废水处理技术研究与环境经济分析[D]. 西安: 长安大学, 2004.

[27] Koch M, Tayor J C. Productivity and technology in the metallurgical industries[C]. New York: The Minerals & Metals Materials Society, 1989: 735 – 824.

[28] 王贤勇. 超声和磁场作用下砷酸钠结晶热力学和动力学研究[D]. 南昌: 南昌航空大学, 2014.

[29] 罗中秋. 钠明矾石沉淀除砷应用基础研究[D]. 昆明: 昆明理工大学, 2015.

[30] 大连理工大学无机化学教研室. 无机化学[M]. 北京: 高等教育出版社, 2002.

[31] 管玉江, 陈毓琛. 石灰 – 聚铁法处理硫酸厂废水的研究[J]. 化工环保, 1999, 19(6): 328 – 335.

[32] 李水芳. 生石灰 – $Al_2(SO_4)_3$ 体系处理硫酸生产废水研究[J]. 邵阳学院学报(自然科学), 2003, 2(5): 87 – 89.

[33] 郭翠梨, 张凤仙, 杨新宇. 石灰 – 聚合硫酸铁法处理含砷废水的试验研究[J]. 工业水处理, 2000, 20(9): 29 – 31.

[34] 赵洪波. 石灰 – 硫酸亚铁法处理硫酸生产废水的试验研究[J]. 硫酸工业, 1996(4): 41 – 45, 60.

[35] Binbing Han, Timothy Runnellsb, Julio Zimbronb, et al. Arsenic removal from drinking water by flocculation and microfiltration[J]. Desalination, 2002, 145(1 – 3): 293 – 298.

[36] 巫瑞中. 石灰 – 铁盐法处理含重金属及砷工业废水[J]. 江西理工大学学报, 2006, 27(3): 61 – 64.

[37] 易德莲, 周华. 用聚合硫酸铁处理硫酸生产中含砷废水的实验研究[J]. 硫酸工业, 1996(2): 42 – 43, 48, 58.

[38] 张志, 刘如意, 孙水裕, 等. 氧化 – 混凝工艺处理碱性含砷废水的试验研究[J]. 工业水处理, 2004, 24(11): 36 – 38.

[39] Yasuyuki Matsushita, Toyoki Inomata, Tatsuya Hasegawa. Solubilization and functionalization of sulfuric acid lignin generated during bioethanol production from woody biomass[J]. Bioresource Technology, 2009, 100(2): 1024 – 1026.

[40] 王绍文. 硫化法与铁氧体法处理重金属废水的实践与新发展[J]. 冶金环保情报, 2003(2): 36 – 47.

[41] 丁治元,周兴芳. Na₂S 法处理含砷废酸的生产实践[J]. 硫酸工业,2000(4):41-43.

[42] 彭根槐,吴上达. 电石渣-铁屑法去除硫酸废水中的氟和砷[J]. 化工环保,1995,15(5):280-284.

[43] 徐根良,肖大松,肖敏. 重金属废水处理技术综述[J]. 水处理技术,1991,17(2):77-86.

[44] Marcel Mulder. 膜技术基本原理[M]. 北京:清华大学出版社,1999.

[45] Gupta Shailendra K, Chen Kenneth Y. Arsenic removal by adsorption[J]. Journal WPCF, 1978(3):493-506.

[46] Singh D B, rasad G, Rupainwar D C. Adsorption technique for the treatment of As(V)-rich effluents[J]. Colloids and Surfaces A, 1996, 111(1):49-56.

[47] Maeda S, Ohki A. Iron (Ⅲ) hydroxide-loaded coral limestone as an adsorbent for arsenic (Ⅲ)and arsenic(V)[J]. Separation Science and Technology, 1992, 27(5):681-689.

[48] Xu Yanhua, Akira Ohki, Shigere Maeda. Adsorption of arsenic(V) by use of aluminium-loaded Shirasu-zeolite[J]. Chemistry Letters, 1998:1015-1016.

[49] Xu Yanhua, Akira Ohki, Shigere Maeda. Removal of arsenate, phosphate, and fluoride ions by aluminium-loaded Shirasu-zeolite[J]. Toxicological and Environmental Chemistry, 2000, 76:111-124.

[50] Xu Yanhua, Tsunenori Nakajima, Akira Ohki. Adsorption and removal of arsenic(V) from drinking water by alumiium-loaded Shirasu-zeolite[J]. Journal of Hazardous Materisls B, 2002, 92:275-287.

[51] Driehaus W, Jekel M. Granular ferric hydroxide—A new adsorbent for the removal of arsenic from natural water[J]. J. Water SRT-Aqua. , 1998, 47(1):30-35.

[52] Tokunaga S, Haron M J. Removal of fluoride ion from aqueous solution by multivalent metal compounds[J]. International Journal of Environmental Studies, 1995, 48(1):17-28.

[53] Wasay S A, Haron M J. Adsorption of fluoride, phosphate, and arsenate ions on lanthanum-impregnated silica gel[J]. Water Environment Research, 1996, 68(3):295-300.

[54] Suzuki T M, Bomani J O, Matsunaga H, et al. Removal of As(Ⅲ) and As(V) by a porous spherical resin loaded with monoclinic hydrous zirconium oxide[J]. Chemistry Letters, 1997, 26(11):1119-1120.

[55] Min J H, Hering J G. Arsenate sorption by Fe (Ⅲ)-doped alginate gels[J]. Water Research, 1998, 32(5):1544-1552.

[56] 胡觉天,曾光明. 选择性高分子离子交换树脂处理含砷废水[J]. 湖南大学学报, 1998, 25(6):25-28.

[57] 刘瑞霞,王亚雄,汤鸿霄. 新型离子交换纤维去除水中砷酸根离子的研究[J]. 环境科学, 2002, 23(5):88-94.

[58] 王勇. 铜冶炼含砷废水处理新工艺及其基础理论研究[D]. 长沙:中南大学, 2009.

[59] 邱立萍. 砷污染危害极其治理技术[J]. 新疆环境保护, 1999, 21(3):15-19.

[60] 刘壮,杨造燕,田淑媛. 活性污泥胞外多聚物的研究进展[J]. 城市环境与城市生态, 1999, 12(5):55-56.

［61］ 蒋成爱，吴启堂，吴顺辉. 活性污泥吸附重金属的研究进展［J］. 土壤与环境，2001，10(4)：331－332.

［62］ 许晓路. 三价砷和五价砷对活性污泥几种酶活性的影响［J］. 环境科学学报，1991，11(4)：447－449.

［63］ 许晓路，申秀英，等. 半连续活性污泥法对水中五价砷的去除［J］. 环境科学与技术，1995(3)：32－34.

［64］ 周群英，高廷耀. 环境工程微生物学［M］. 2版. 北京：高等教育出版社，2000.

［65］ 廖敏，谢正苗，王锐. 菌藻共生体去除废水中砷初探［J］. 环境污染与防治，1997，19(2)：11－12.

［66］ 杨力. 砷污染及含砷废水的治理［J］. 有色金属加工，1999，28(4)：27－29.

［67］ 陶有胜. 电化学法添加铁和化学氧化法相结合治理含砷废水［J］. 国外环境科学技术，1997(1)：39－40.

［68］ 邱立萍，高俊发，莫小丹，等. 中和－氧化－絮凝调节法处理硫酸废水［J］. 环境污染治理技术与设备，2004，5(9)：71－75.

［69］ 邱立萍，刘宏儒. 高浓度含砷盐酸废水处理的试验研究［J］. 中国给排水，2000，16(9)：58－60.

［70］ 钟细斌. 硫酸生产中废水治理工艺的改进［J］. 化工环保，1995，15(5)：307－311.

［71］ 郑雅杰，张胜华，龚昶. 一种含砷废水沉淀转化为三氧化二砷的方法. CN102718259A［P］. 2012－10－10.

［72］ Ishiguro S. Industries using arsenic and arsenic compounds［J］. Applied Organometallic Chemistry，1992，6(4)：323－331.

［73］ Nanseunjiki C，Alonzo V，Bartak D，et al. Electrolytic arsenic removal for recycling of washing solutions in a remediation process of CCA-treated wood［J］. Science of the Total Environment，2007，384(1－3)：48－54.

［74］ Wang A，Zhou K，Zhang X，et al. Arsenic removal from highly-acidic wastewater with high arsenic content by copper-chloride synergistic reduction［J］. Chemosphere，2020，238：124675.

［75］ Sanz M A，Fenaux P，Coco F L，et al. Arsenic trioxide in the treatment of acute promyelocytic leukemia：A review of current evidence［J］. Haematologica，2005，90(9)：1231－1235.

［76］ Miodragovic D U，Swindell E P，Waxali Z S，et al. Beyond cisplatin：Combination therapy with arsenic trioxide［J］. Inorganica Chimica Acta，2019，496：119030.

［77］ 郑雅杰，龙华. 一种回收锑冶炼砷碱渣中碱、硒和砷的方法. CN110143604A［P］. 2019－08－20.

［78］ 中国冶金百科全书总编辑委员会. 中国冶金百科全书：有色金属冶金［M］. 北京，冶金工业出版社，1998.

［79］ 段学臣. 高砷锑烟尘中砷锑的回收［J］. 中南矿冶学院学报，1991(4)：151－155.

［80］ 董四禄. 湿法处理硫化砷渣研究［J］. 硫酸工业，1994(5)：3－8.

[81] 余宝元. 前苏联有色冶金工业应用的脱砷工艺[J]. 有色矿冶, 1992(1): 33 – 40.

[82] 郑雅杰, 刘万宇, 白猛, 等. 采用硫化砷渣制备三氧化二砷工艺[J]. 中南大学学报(自然科学版), 2008, 39(6): 1157 – 1163.

[83] 肖若珀. 砷的提取、环保和应用方向[R]. 南宁: 广西金属学会, 1992.

[84] 裘荣庆. 银金混合精矿中砷的细菌脱除[J]. 黄金, 1991, 12(6): 24 – 28.

[85] 杨洪英, 杨立, 赵玉山, 等. 氧化亚铁硫杆菌对黄铁矿和毒砂氧化行为的研究[J]. 有色金属, 2002, 54(B07): 114 – 116.

[86] 殷德洪, 黄其兴, 刘特明. 砷害治理与白砷提取流程的选择[J]. 有色金属(选冶部分), 1984(6): 11 – 13.

[87] 黄孔宣. 关于回收三氧化二砷的建议[J]. 有色金属(冶炼部分), 1981(2): 43 – 45.

[88] Itakura T, Sasai R, Itoh H, et al. Arsenic recovery from water containing arsenite and arsenate ions by hydrothermal mineralization[J]. Journal of Hazardous Materials, 2007, 146(1): 328 – 333.

[89] 欧阳辉. 贵溪冶炼厂亚砷酸工艺综述[J]. 有色金属(冶炼部分), 1999(4): 10 – 12.

[90] 刘昌勇. 贵溪冶炼厂亚砷酸生产工艺[J]. 有色冶炼, 1998, 27(2): 8 – 10.

[91] 郑雅杰, 王勇, 赵攀峰. 一种利用含砷废水制备亚砷酸铜或砷酸铜的方法砷酸铜或砷酸铜的方法[P]. ZL200710035704. 2, 2009 – 12 – 23.

[92] Chen Y, Liao T, Li G, et al. Recovery of bismuth and arsenic from copper smelter flue dusts after copper and zinc extraction[J]. Minerals Engineering, 2012, 39: 23 – 28.

[93] 陈白珍, 仇勇海, 唐仁衡, 等. 硫酸铜结晶母液制备砷酸铜的工艺技术[J]. 中南工业大学学报, 2000, 31(4): 300 – 302.

[94] Turygin V V, Smirnov M K, Smetanin A V, et al. Electrochemical arsenic extraction from nonferrous metals industry waste[J]. Inorganic Materials, 2008, 44(9): 946 – 953.

[95] 彭想军, 田琦峰, 袁华, 等. 工业磷酸中 As(Ⅲ) 的电化学沉积[J]. 应用化工, 2008, 37(10): 1121 – 1124.

[96] Smetanin A V, Pyshkin A S, Osipov G N, et al. Arsenic extraction from nonferrous metals industry waste[J]. Inorganic Materials, 2007, 43(10): 1093 – 1102.

[97] 赵侣璇, 刘凯, 覃楠钧, 等. 硫化砷渣氯化铜浸出及制备单质砷的研究[J]. 轻工科技, 2018, 34(7): 95 – 97.

[98] 李倩, 田彦文, 郑春宇, 等, 从生物氧化提金废液中回收砷的热力学分析及试验[J]. 2011, 30(4): 851 – 855.

[99] Cao H, Zhong Y, Wu L, et al. Electrodeposition of As – Sb alloy from high arsenic-containing solutions[J]. Transactions of Nonferrous Metals Society of China, 2016, 26(1): 310 – 318.

[100] 徐利时, 刘琼. 炼锑砷碱渣浸出液硫化脱砷过程的研究[J]. 化工环保, 1997(5): 284 – 286.

[101] 肖细元, 陈同斌, 廖晓勇, 等. 中国主要含砷矿产资源的区域分布与砷污染问题[J]. 地理研究, 2008, 27(1): 201 – 210.

［102］ 庄明龙, 柴立元, 闵小波, 等. 含砷废水处理研究进展［J］. 工业水处理, 2004, 24 (7): 13 – 17.

［103］ Lee J S, Nriagu J O. Stability constants for metal arsenates［J］. Environmental Chemistry, 2007, 4(2): 123 – 133.

［104］ 陈白珍, 唐仁衡, 龚竹青, 等. 砷酸铜制备工艺过程热力学分析［J］. 中国有色金属学报, 2001, 11(3): 510 – 513.

［105］ 郑雅杰, 张胜华, 龚昶. 含砷污酸资源化回收铜和砷的新工艺［J］. 中国有色金属学报, 2013(10): 2985 – 2992.

［106］ Ke Y, Shen C, Min X B, et al. Separation of Cu and As in Cu – As – containing filter cakes by Cu²⁺ – assisted acid leaching［J］. Hydrometallurgy, 2017, 172: 45 – 50.

［107］ 吴玉林, 徐志峰, 郝士涛. 炼铜烟灰碱浸脱砷的热力学及动力学［J］. 有色金属(冶炼部分), 2013(4): 3 – 7.

［108］ 彭云辉. 含砷硫酸生产废水的治理研究［D］. 武汉: 武汉科技大学, 2002.

［109］ 张鹏. 次氧化锌中砷的脱除与固化研究［D］. 长沙: 中南大学, 2009.

［110］ 朱义年, 张华, 梁延鹏, 等. 砷酸钙化合物的溶解度及其稳定性随 pH 的变化［J］. 环境科学学报, 2005, 25(12): 1652 – 1660.

［111］ 张明琴, 周新涛, 罗中秋, 等. 石灰 – 铁盐法处理工业含砷废水研究进展［J］. 硅酸盐通报, 2016, 35(8): 2447 – 2453.

［112］ 刘鹏程, 阳海棠, 陈艺锋, 等. 预氧化 – 钙盐法处理含砷废水试验研究［J］. 湿法冶金, 2017, 36(6): 493 – 497.

［113］ 鲁君乐, 张训鹏. Fe – As – H₂O 系 φ – pH 图及湿法炼锌除砷过程分析［J］. 有色金属(冶炼部分), 1985(4): 48 – 53.

［114］ 陈春宁. 零价铁(Fe)除砷机理及应用基础研究［D］. 广州: 华南理工大学, 2006.

［115］ 蒋国民, 王云燕, 柴立元, 等. 高铁酸钾处理含砷废水［J］. 过程工程学报, 2009, 9(6): 1109 – 1114.

［116］ 熊珊. 含砷废液臭葱石沉砷研究［D］. 长沙: 中南大学, 2012.

［117］ Amstaetter K, Borch T, Larese-Casanova P, et al. Redox transformation of arsenic by Fe (Ⅱ)-activated goethite (alpha-FeOOH)［J］. Environmental Science and Technology, 2010, 44(1): 102 – 108.

［118］ Langmuir D, Mahoney J, Rowson J. Solubility products of amorphous ferric arsenate and crystalline scorodite (FeAsO₄ · 2H₂O) and their application to arsenic behavior in buried mine tailings［J］. Geochimica Et Cosmochimica Acta, 2006, 70(12): 2942 – 2956.

［119］ 招国栋. 碱浸 – 电解法资源化处理氧化型含锌危险废料研究［D］. 长沙: 中南大学, 2011.

［120］ Li Y H, Liu Z H, Li Q H, et al. Removal of arsenic from Waelz zinc oxide using a mixed NaOH – Na₂S leach［J］. Hydrometallurgy, 2011, 108(3 – 4): 165 – 170.

［121］ 古岩. 硫化锌精矿的富氧浸出及后处理研究［D］. 沈阳: 东北大学, 2012.

［122］ Liu Q, Zhao Y C, Zhao G D. Thermodynamics of Zn(Ⅱ) – NaOH – H₂O system［J］.

Journal of Shanghai University (English Edition), 2010, 14(5): 332 – 336.

[123] Li E P, Min X B, Shu D Y, et al. Thermodynamic equilibrium of $Zn^{2+} – S^{2-} – H_2O$ system [J]. Environmental Science & Technology, 2010, 33(3): 1 – 5.

[124] 金哲男, 蒋开喜, 魏绪钧, 等. 高温 $As – S – H_2O$ 系 $\varphi – pH$ 图[J]. 矿冶, 8(4): 45 – 50.

[125] 刘万宇. 含砷废水硫化处理及 As_2O_3 的制备[D]. 长沙: 中南大学, 2008.

[126] 金创石, 张廷安, 牟望重, 等. 难处理金矿浸出预处理过程的 $\varphi – pH$ 图[J]. 东北大学学报(自然科学版), 2011, 32(11): 82 – 85.

[127] Yu X, Tong S, Ge M, et al. One-step synthesis of magnetic composites of cellulose @ iron oxide nanoparticles for arsenic removal[J]. Journal of Materials Chemistry A, 2013, 1(3): 959 – 965.

[128] 李大塘, 郭军. 水解平衡与三硫化二砷的溶解性[J]. 化学教育, 2000(2): 34 – 35.

[129] 孙康. 宏观反应动力学及其解析方法[M]. 北京: 冶金工业出版社, 1998.

[130] 朱炳辰. 化学反应工程[M]. 北京: 化学工业出版社, 1993.

[131] Tkacovo K, Balaz P. Selective leaching of Zinc from mechanically activated complex Cu – Pb – Zn concentrate[J]. Hydrometallurgy, 1993, 33: 291 – 300.

[132] Pankaj Kasliwal, P S T Sai. Enrichment of titanium dioxide in red mud: A kinetic study[J]. Hydrometallurgy, 1999, 53: 73 – 87.

[133] Edward Olanipekun. Kinetic study of the leaching of a Nigerian ilmenite one by hydrochloric acid[J]. Hydrometallurgy, 1999, 53: 1 – 10.

[134] 魏晓娜, 夏光祥. 砷黄铁矿在催化氧化酸浸体系中心反应[J]. 中国有色金属学报, 1994, 4(2): 31 – 33.

[135] 刘志宏, 钟竹前, 梅光贵. 金属铜与二氧化锰同时浸出的动力学研究[J]. 中国有色金属学报, 1994, 4(3): 41 – 44.

[136] 王明华, 都兴红, 隋智通. H_2SO_4 分解富钛精矿的反应动力学[J]. 中国有色金属学报, 2001, 11(1): 131 – 134.

[137] Ekinci Z, Colak S, Cakici A. Technical note leaching kinetics of sphalerite with pyrite in chloride saturated water[J]. Minerals Engineering, 1998, 11(3): 279 – 283.

[138] Breed A W, Hansford G S. Studies on the mechanism and kinetics of bioleaching[J]. Mineral Engineering, 1999, 12(4): 383 – 392.

[139] Dickinson C F, Heal G R. Solid-liquid diffusion controlled rate equations [J]. Thermochimica Acta, 1999, 340 – 341: 89 – 103.

[140] 畅永锋, 翟秀静, 符岩, 等. 还原焙烧红土矿的硫酸浸出动力学[J]. 分子科学学报, 2008, 24(4): 241 – 245.

[141] DemirkiRan N, Künkül A M. Dissolution kinetics of ulexite in perchloric acid solutions[J]. International Journal of Mineral Processing, 2007, 83(1 – 2): 76 – 80.

[142] Okur H, Tekin T, Ozer A K, et al. Effect of ultrasound on the dissolution of colemanite in H_2SO_4[J]. Hydrometallurgy, 2002, 67(1-3): 79 – 86.

[143] Mellvin Avrami. Kinetics of phase change. I. General theory [J]. Journal of Chemical

Physics, 1939, 7(12): 1103 – 1112.

[144] 郑雅杰, 陈昆昆, 孙召明. SO₂还原沉金后液回收硒碲及捕集铂钯[J]. 中国有色金属学报, 2011, 21(9): 2258 – 2264.

[145] 郑雅杰, 陈昆昆. 采用Na₂SO₃溶液从硒渣中选择性浸出Se及其动力学[J]. 中国有色金属学报, 2012, 22(2): 585 – 591.

[146] Levenspiel O. Chemical reaction engineering, third edition[M]. New York: John Wiley & Sons, 1999.

[147] Dickinson C F, Heal G R. Solid-liquid diffusion controlled rate equations [J]. Thermochimica Acta, 1999, 340 – 341: 89 – 103.

[148] 畅永锋, 翟秀静, 符岩, 等. 还原焙烧红土矿的硫酸浸出动力学[J]. 分子科学学报, 2008, 24(4): 241 – 245.

[149] 李洪桂. 冶金原理[M]. 北京: 科学出版社, 2005.

[150] 傅献彩, 沈文霞, 姚天扬, 等. 物理化学. 第五版[M]. 北京: 高等教育出版社, 2005.

[151] Jeffer A L, Robert F S, Christopher T D. Environmental toxicants [M]. Priority Health Conditions, 1993.

[152] Ioannis A Katsoyiannis, Anastasios I, et al. Application of biological processes for the removal of arsenic from groundwaters[J]. Water Research, 2004, 38(1): 17 – 26.

[153] Dutre V, Ecasteele C. Solidification stabilization of hazardous arsenic containing waste from a copper refining process[J]. Journal of Hazardous Materials, 1995, 40(1): 55 – 68.

[154] 张荣良, 丘克强, 谢永金, 等. 铜冶炼闪速炉烟尘氧化浸出与中和脱砷[J]. 中南大学学报(自然科学版), 2006, 37(1): 73 – 78.

[155] 陈维平, 李仲英, 边可君, 等. 湿式提砷法在处理工业废水及废渣中的应用[J]. 中国环境科学, 1999, 19(4): 310 – 312.

[156] 田文增, 陈白珍, 仇勇海. 有色冶金工业含砷物料的处理及利用现状[J]. 湖南有色金属, 2004, 20(6): 11 – 15.

[157] 郑雅杰, 王勇, 赵攀峰. 一种利用含砷废水制备亚砷酸铜和砷酸铜的方法. 中国: 200610032456. 1[P]. 2006 – 10 – 25.

[158] Nan L, Lawson F. Kinetics of heterogeneous reduction of arsenic(Ⅴ) to arsenic(Ⅲ) with sulphur dioxide[J]. Hydrometallurgy, 1989, 22(3): 339 – 351.

[159] Gu K, Liu W, Han J, et al. Arsenic and antimony extraction from high arsenic smelter ash with alkaline pressure oxidative leaching followed by Na₂S leaching [J]. Separation and Purification Technology, 2019, 222: 53 – 59.

[160] Ashraf M, Zafar Z I, Ansari T M. Selective leaching kinetics and upgrading of low-grade calcareous phosphate rock in succinic acid[J]. Hydrometallurgy, 2005, 80(4): 286 – 292.

[161] Yang Z, Li H, Yin X, et al. Leaching kinetics of calcification roasted vanadium slag with high CaO content by sulfuric acid[J]. International Journal of Mineral Processing, 2014, 133: 105 – 111.

[162] 田宝珍, 汤鸿霄. 聚合铁的红外光谱和电导特征[J]. 环境化学, 1990, 9(6): 72 – 78.

[163]　张希衡. 水污染控制工程[M]. 北京：冶金工业出版社，2004.

[164]　丛日敏. 有机高分子絮凝剂的合成及应用研究[D]. 成都：西南石油学院. 2003.

[165]　张莉，李本高. 水处理絮凝剂的研究进展[J]. 工业用水与废水，2001，32(3)：5-7.

[166]　姚重华. 混凝剂与絮凝剂[M]. 北京：中国环境科学出版社，1991.

[167]　常青. 聚合铁的形态特征和凝聚-絮凝机理[J]. 环境科学学报，1985，5(2)：185-194.

[168]　Song S, Lopez-Valdivieso A, Hernandez-Campos D J, et al. Arsenic removal from high-arsenic water by enhanced coagulation with ferric ions and coarse calcite[J]. Water Research, 2006, 40(2)：364-372.

[169]　Jiang Q J. Removing arsenic from groundwater for the developing world — A review[J]. Water Science and Technology, 2001, 44(6)：89-98.

[170]　王颖，吕斯丹，李辛，等. 去除水体中砷的研究进展与展望[J]. 环境科学与技术，2010，33(9)：102-107.

[171]　赵金艳，王金生，郑骥. 含砷废渣的处理处置技术现状[J]. 资源再生，2011(11)：58-59.

[172]　Bednar A J, Garbarino J R, Ranville J F, et al. Effects of iron on arsenic speciation and redox chemistry in acid mine water[J]. Journal of Geochemical Exploration, 2005, 85(2)：55-62.

[173]　李娜，孙竹梅，阮福辉，等. 三氯化铁除砷(Ⅲ)机理[J]. 化工学报，2012，63(7)：2224-2228.

[174]　廖天鹏，祝星，祁先进，等. 铜冶炼污泥形成机理及其特性[J]. 化工进展，2013，32(9)：2246-2252.

[175]　王勇，赵攀峰，郑雅杰. 含砷废酸制备亚砷酸铜及其在铜电解液净化中的应用[J]. 中南大学学报(自然科学版)，2007(6)：1115-1120.

[176]　Daus B, Wei B H, Wennrich R. Arsenic speciation in iron hydroxide precipitates[J]. Talanta, 1998, 46(5)：867-873.

[177]　聂静. 硫酸生产中含砷废水处理方法[J]. 水处理技术，2005，31(12)：5-7.

[178]　徐慧，闵小波，梁彦杰，等. 机械力活化 Fe-MnO₂ 稳定含砷废渣[J]. 中国有色金属学报，2017，27(10)：2170-2179.

[179]　赵宗昇. 氧化铁砷体系除砷机理探讨[J]. 中国环境科学，1995，15(1)：18-21.

[180]　Ruan H D, Frost R L, Kloprogge J T. The behavior of hydroxyl units of synthetic goethite and its dehydroxylated product hematite[J]. Spectrochimica Acta (Part A)：Molecular & Biomolecular Spectroscopy, 2001, 57(13)：2575-2586.

[181]　Chai L Y, Yue M Q, Yang J Q, et al. Formation of tooeleite and the role of direct removal of As(Ⅲ) from high-arsenic acid wastewater[J]. Journal of Hazardous Materials, 2016, 320：620-627.

[182]　刘辉利，梁美娜，朱义年，等. 氢氧化铁对砷的吸附与沉淀机理[J]. 环境科学学报，2009，29(5)：1011-1020.

[183]　张昱，豆小敏，杨敏，等. 砷在金属氧化物/水界面上的吸附机制Ⅰ. 金属表面羟基的表征和作用[J]. 环境科学学报，2006，26(10)：1586-1591.

［184］ 徐昕，吕鑫，王南钦，等. 金属氧化物表面化学吸附和反应的量子化学簇模型方法研究［J］. 物理化学学报，2004，20（Z1）：1045 – 1054.

［185］ 夏薪怡. 石灰 – 铜盐 – 氧化法处理高浓度含砷废水的实验研究［J］. 环保科技，2018，24（3）：12 – 15.

［186］ 郑雅杰，罗园，王勇. 采用含砷废水沉淀还原法制备三氧化二砷［J］. 中南大学学报（自然科学版），2009，40（1）：48 – 54.

［187］ 叶恒朋，杜亚光，严立爽. 三氯化铁除砷的工艺研究［J］. 化学与生物工程，2012，29（9）：67 – 69.

［188］ Myneni S C B, Traina S J, Waychunas G A, et al. Experimental and theoretical vibrational spectroscopic evaluation of arsenate coordination in aqueous solutions, solids, and at mineral-water interfaces［J］. Geochimica Et Cosmochimica Acta, 1998, 62（19 – 20）：3285 – 3300.

［189］ 刘璟，黄晰，谌书，等. 人工合成图水羟砷铁矾的矿物学研究［J］. 岩石矿物学，2012，31（6）：901 – 906.

［190］ 李小亮，张丹妮，王少锋，等. 铁砷共沉淀中的硫酸钙对砷固定作用［J］. 生态学，2014，33（10）：2803 – 2809.

［191］ 陈晓娟，杨柳春，陈曲仙，等. 脱硫石膏重结晶法制备硫酸钙晶须及其除砷性能初探［J］. 人工晶体学报，2013，42（9）：1889 – 1895.

［192］ 肖愉. 硫化砷渣的无害化处理研究［J］. 环境科技，2015，28（5）：8 – 11.

［193］ 王勇，赵攀峰，郑雅杰，等. 洗涤冶炼烟气产生的含砷酸性废水的利用及处理［J］. 矿冶工程，2008（3）：60 – 63.

［194］ Mirkova L, Petkova N, Popova I, et al. The effect of some surface active additives upon the quality of cathodic copper deposits during the electro-refining process［J］. Hydrometallurgy, 1994, 36（2）：201 – 213.

［195］ 刘景清. 舍勒对化学的重大贡献［J］. 周口师范学院学报，2002，19（5）：39 – 42.

［196］ 刘建超，贺红武，冯新民. 化学农药的发展方向——绿色化学农药［J］. 化学通报，2005，44（1）：1 – 3.

［197］ 郑雅杰，许卫，肖发新，等. 亚砷酸铜净化铜电解液工业实验研究［J］. 矿冶工程，2008（1）：51 – 54.

［198］ Zheng Ya-jie, Xiao Fa-xin. Preparation technique of copper arsenite and its application in purification of copper electrolyte［J］. Journal of China Nonferrous Metal, 2008, 18（2）：474 – 479.

［199］ 彭映林，郑雅杰，陈文汩. 铜电解过程中 As（Ⅲ）净化作用及其氧化动力学［J］. 中国有色金属学报，2012，22（6）：1798 – 1803.

［200］ 陈寿椿. 重要无机化学反应［M］. 3 版. 上海：上海科学技术出版社，1994.

［201］ 郑雅杰，肖发新，王勇，等. 亚砷酸铜的制备及应用：CN101108744［P］. 2008 – 01 – 23.

［202］ Nishimura T, Itoh C T, Tozawa K. Stabilities and solubility's of metal arsenates and arsenates in water and effect of sulfate ions on their solubility's［C］//Ramana G Reddy, James L Hendrix, Paul B Queneau. Arsenic Metallurgy Fundamentals and Applications.

Reno, Nevada, America：University of Nevada-Reno, 1988：77 – 98.

[203] 常青, 傅金镒, 郦兆龙. 絮凝原理[M]. 兰州：兰州大学出版社, 1992.

[204] 吴兆清, 陈燎原, 许国强, 等. 石灰 – 铁盐法处理硫酸厂高砷废水的研究与应用[J]. 矿冶, 2003, 12(1)：79 – 81

[205] 陈燎原, 曾光明. 含砷废水处理工程实践[J]. 环境工程, 2005, 23(1)：31 – 32.

[206] Papassiopi N, Edita Viriková, Nenov V, et al. Removal and fixation of arsenic in the form of ferric arsenates. Three parallel experimental studies[J]. Hydrometallurgy, 1996, 41(2 – 3)：243 – 253.

[207] 方兆珩, 石伟, 韩宝玲, 等. 高砷溶液中和脱砷过程[J]. 化工冶金, 2000, 21(4)：359 – 362.

[208] 沈龙大, 丁建军, 楼森, 等. 10 万 t 铜电解周期反向稳流装置及监控系统[J]. 冶金自动化, 2000, 24(1)：46 – 48.

[209] 白猛, 刘万宇, 郑雅杰, 等. 冶炼厂含砷废水的硫化沉淀与碱浸[J]. 铜业工程, 2007(2)：19 – 22

[210] 田占欣. 从湿法净化烟气的溶液中除砷(Ⅲ)[J]. 有色矿冶, 1993, 9(6)：24 – 26.

[211] 尹爱君, 刘肇华, 蒋作宏, 等. 硫化钠法处理 SO_2 烟气的吸收液脱砷研究[J]. 中南工业大学学报, 1999, 30(4)：386 – 388.

[212] 余磊, 余翔. 废酸处理分布硫化工艺浅析[J]. 江西冶金, 2003, 23(3)：40 – 44.

[213] Bajda T. Solubility of mimetite $Pb_5(AsO_4)_3Cl$ at 5 ~ 55℃ [J]. Environmental Chemistry, 2010, 7(3)：268 – 278.

[214] Frost R L, Bouzaid J M, Palmer S. The structure of mimetite, arsenian pyromorphite and hedyphane — A Raman spectroscopic study[J]. Polyhedron, 2007, 26(13)：2964 – 2970.

[215] Magalhaes M C F, Silva M C M. Stability of lead(Ⅱ) arsenates[J]. Monatshefte Fur Chemie, 2003, 134(5)：735 – 743.

[216] Pal M, Pal U, Jimenez J M, et al. Effects of crystallization and dopant concentration on the emission behavior of TiO_2: Eu nanophosphors[J]. Nanoscale Research Letters, 2012, 7(1)：1 – 12.

[217] Tang X, Hao J, Xu W, et al. Low temperature selective catalytic reduction of NO_x with NH_3 over amorphous MnO_x catalysts prepared by three methods[J]. Catalysis Communications, 2007, 8(3)：329 – 334.

[218] H Long, Y J Zheng, Y L Peng, et al. Study on arsenic removal in aqueous chloride solution with lead oxide[J]. International Journal of Environmental Science and Technology, 2019, 16(11)：6999 – 7010.

[219] Pawlowski L, Dudzińska M, Pawlowski A. Environmental Engineering[M]. London：Taylor & Francis, 119 – 124.

[220] Garrett A B, Vellenga S, Fontana C M, et al. The solubility of red, yellow, and black lead oxides(2) and hydrated lead oxide in alkaline solutions. The character of the lead-bearing ion[J]. Journal of the American Chemical Society, 1939, 61(2)：367 – 373.

[221] Sheng G, Wang S, Hu J, et al. Adsorption of Pb(Ⅱ) on diatomite as affected via aqueous solution chemistry and temperature[J]. Colloids and Surfaces A: Physicochemical and Engineering Aspects, 2009, 339(1): 159 – 166.

[222] Bajda T. Dissolution of mimetite $Pb_5(AsO_4)_3Cl$ in low-molecular-weight organic acids and EDTA[J]. Chemosphere, 2011, 83(11): 1493 – 1501.

[223] Bajda T, Mozgawa W, Manecki M, et al. Vibrational spectroscopic study of mimetite-pyromorphite solid solutions[J]. Polyhedron, 2011, 30(15): 2479 – 2485.

[224] Flis J, Manecki M, Bajda T. Solubility of pyromorphite $Pb_5(PO_4)_3Cl$-mimetite $Pb_5(AsO_4)_3Cl$ solid solution series[J]. Geochimica et Cosmochimica Acta, 2011, 75(7): 1858 – 1868.

[225] Bordoloi S, Nath M, Dutta R K. pH-conditioning for simultaneous removal of arsenic and iron ions from groundwater[J]. Process Safety and Environmental Protection, 2013, 91(5): 405 – 414.

[226] Magalhaes M C F. Arsenic — An environmental problem limited by solubility[J]. Pure and Applied Chemistry, 2002, 74(10): 1843 – 1850.

[227] Frost R L, Palmer S J, Xi Y. The molecular structure of the multianion mineral hidalgoite $PbAl_3(AsO_4)(SO_4)(OH)_6$-Implications for arsenic removal from soils[J]. Journal of Molecular Structure, 2011, 1005(1 – 3): 214 – 219.

[228] Peng Y, Zheng Y, Chen W, et al. The oxidation of arsenic from As(Ⅲ) to As(Ⅴ) during copper electrorefining[J]. Hydrometallurgy, 2012, 129 – 130: 156 – 160.

[229] Weng C. Modeling Pb(Ⅱ) adsorption onto sandy loam soil[J]. Journal of Colloid and Interface Science, 2004, 272(2): 262 – 270.

[230] Easley R A, Byrne R H. The ionic strength dependence of lead(Ⅱ) carbonate complexation in perchlorate media[J]. Geochimica Et Cosmochimica Acta, 2011, 75(19): 5638 – 5647.

[231] Ioannidis T A, Zouboulis A I, Matis K A, et al. Effective treatment and recovery of laurionite-type lead from toxic industrial solid wastes[J]. Separation and Purification Technology, 2006, 48(1): 50 – 61.

[232] Regenspurg S, Driba D L, Zorn C, et al. Formation and significance of laurionite in geothermal brine[J]. Environmental Earth Sciences, 2016, 75: 865.

[233] Yinglin Peng, Yajie Zheng, Wenke Zhou, et al. Separation and recovery of Cu and As during purification of copper electrolyte[J]. Transactions of Nonferrous Metals Society of China, 2012, 22(9): 2268 – 2273.

[234] 朱元保, 等. 电化学数据手册[M]. 长沙: 湖南科学技术出版社, 1985.

[235] 钟竹前, 梅光贵. 化学位图在湿法冶金和废水净化中的应用[M]. 长沙: 中南工业大学出版社, 1986.

[236] McPhail. Thermodynamic properties of aqueous tellurium species between 25 and 350℃[J]. Geochimica Et Cosmochimica Acta, 1995, 59(5): 851 – 866.

[237] Chiban M, Zerbet M, Carja G, et al. Application of low-cost adsorbents for arsenic removal:

A review [J]. Journal of Environmental Chemistry and Ecotoxicology, 2012, 4 (5): 91 – 102.

[238] 王琪. 化学动力学导论[M]. 吉林: 吉林人民出版社, 1980.

[239] 任志凌, 朱晓帆, 蒋文举, 等. 软锰矿浆烟气脱硫动力学研究[J]. 环境污染治理技术与设备, 2006, 7(6): 89 – 91.

[240] 赵学庄. 化学反应动力学原理[M]. 北京: 高等教育出版社. 1984.

[241] 臧雅茹. 化学反应动力学[M]. 天津: 南开大学出版社. 1995.

[242] Mydlarz J, Jones A G. On modelling the size-dependent growth rate of potassium sulphate in an MSMPR crystallizer[J]. Chemical Engineering Communications, 1990, 90(1): 47 – 56.

[243] Seader J D, Henley E J. 朱开宏, 吴俊生, 译. 分离过程原理[M]. 上海: 华东理工大学出版社, 2006.

[244] 蔡云升. 结晶原理和冰淇淋中的结晶现象[J]. 冷饮与速冻食品工业, 2006, 12 (1): 1 – 5.

[245] 叶铁林. 结晶过程原理及应用[M]. 北京. 北京工业大学出版社, 2006.

[246] Mcabe W L, EStevens I L. Rate of growth of crystals in aqueous solutions[J]. Chem Eng Progress, 1951, 47: 168 – 174.

[247] 姜海洋. 五水硫酸铜冷却结晶过程研究[D]. 天津: 天津大学, 2007.

[248] Yajie Zheng, Yong Wang, Faxin Xiao, et al. Recovery of copper sulfate after treating As-containing wastewater by precipitation method[J]. Journal of Central South University of Technology, 2009, 16(2): 242 – 246.

[249] Zhou W, Peng Y, Zheng Y, et al. Reduction and deposition of arsenic in copper electrolyte [J]. Transactions of Nonferrous Metals Society of China, 2011, 21(12): 2772 – 2777.

[250] Palmer B R, Nami F, Fuerstenau M C, et al. Reduction of arsenic acid with aqueous sulfur dioxide[J]. Metallurgical and Materials Transactions B—Process Metallurgy and Materials Processing Science, 1976, 7(3): 385 – 390.

[251] 郑雅杰, 崔涛, 彭映林. 二段脱铜液还原结晶法脱砷新工艺[J]. 中国有色金属学报, 2012, 22(7): 2103 – 2108.

[252] 郑雅杰, 徐蕾, 龙华. 一种利用可回收的复合盐沉淀剂处理含砷废水的方法. CN110627179A[P]. 2019 – 12 – 31.

[253] 徐蕾, 郑雅杰. 采用复合盐沉淀法从含砷废水中回收三氧化二砷及复合盐的循环[J]. 中国有色金属学报, 2020, 30(7): 1667 – 1676.

[254] 白猛, 郑雅杰, 刘万宇, 等. 硫化砷渣的碱性浸出及浸出动力学[J]. 中南大学学报 (自然科学版), 2008, 39(2): 268 – 272.

[255] 傅崇说. 冶金溶液热力学原理及计算[M]. 北京: 冶金工业出版社, 1979.

[256] 蒋汉瀛. 湿法冶金过程物理化学[M]. 北京: 冶金工业出版社, 1987.

[257] 梁英教. 无机物热力学手册[M]. 沈阳: 东北大学出版社, 1993.

[258] 顾庆超, 楼书聪, 戴庆平, 等. 化学用表[M]. 南京: 江苏科学技术出版社, 1979.

[259] 郭瑾龙, 程文, 周孝德, 等. 小气泡扩散曝气氧传质速率研究[J]. 西安理工大学学

报, 1999, 15(4): 86 - 90.

[260] 寇建军, 朱昌洛. 硫化砷矿合理利用的湿法氧化新工艺[J]. 矿产综合利用, 2001(3): 26 - 29.

[261] 施南赓, 贺小华. 几种工艺体系中离心传质机的传质性能[J]. 南京化工大学学报, 1999, 21(1): 39 - 43.

[262] 毕宝宽. 湿式氧化法脱硫过程副反应及腐蚀问题[J]. 氮肥与合成气, 2006, 34(11): 19 - 21.

[263] 孙天友, 王吉坤, 杨大锦, 等. 硫化锌精矿加压氧化酸浸动力学研究[J]. 有色金属 (冶炼部分), 2006(2): 21 - 23.

[264] 赵国玺, 朱步瑶. 表面活性剂作用原理[M]. 北京: 中国轻工业出版社, 2003.

[265] Rosen M J. Surfactants and Interfacial Phenomena[M]. New York: Wiley, 1989.

[266] Chukhlantsev V G. Solubility products of arsenates[J]. Journal of Inorganic of Chemistry. USSR, 1956, 1: 1975 - 1982.

[267] 孙世连, 赵文, 金思毅. 可逆放热反应过程流程结构的确定[J]. 化学工程, 2006, 34 (1): 24 - 27.

[268] Hua Long, Xingzhong Huang, Yajie Zheng, et al. Purification of crude As_2O_3 recovered from antimony smelting arsenic-alkali residue [J]. Process Safety and Environmental Protection, 2020, 139: 201 - 209.

[269] Gu K, Li W, Han J, et al. Arsenic removal from lead-zinc smelter ash by $NaOH - H_2O_2$ leaching[J]. Separation and Purification Technology, 2019, 209: 128 - 135.

[270] Habashi F. Principles of Extractive Metallurgy[M]. Hydrometallurgy(Volume 2). New York: Gordon and Breach, 1970.